Christoph Mayer / Carsten Weber / David Francas

Lineare Algebra für Wirtschaftswissenschaftler

1 + 3 + 4
+ 6.1 - .3
8.1 - 8.3, 8.5
8.6

Lösen einer Matrixgleichung

$AX + B = \frac{1}{2}X - C + D \cdot X \cdot 3$

1) X-Terme auf eine Seite
2) $AX + BX = (A + B) \cdot X$! wichtig ! können wir lösen oder nicht?

$AX + XB \neq (A + B) X$

→ X auf linke oder rechte Seite aller Terme bringen

3) X ausklammern
4) X isolieren

$(A + B) X = D$ → $X = (A + B)^{-1} \cdot D$

5) vereinfachen

Christoph Mayer / Carsten Weber
David Francas

Lineare Algebra für Wirtschaftswissenschaftler

Mit Aufgaben und Lösungen

4., durchgesehene
und korrigierte Auflage

GABLER

Bibliografische Information der Deutschen Nationalbibliothek
Die Deutsche Nationalbibliothek verzeichnet diese Publikation in der Deutschen Nationalbibliografie; detaillierte bibliografische Daten sind im Internet über <http://dnb.d-nb.de> abrufbar.

Dr. Christoph Mayer arbeitet im Konzernrisikomanagement der EnBW Energie Baden-Württemberg AG. Daneben ist er Lehrbeauftragter für Wirtschaftsmathematik an der Fachhochschule Ludwigshafen.

Dr. Carsten Weber arbeitet bei der BASF SE. Er betreute zunächst die betriebliche Altersversorgung und ist nun verantwortlich für Vergütung innerhalb der BASF Gruppe weltweit.

Dr. David Francas arbeitet als Berater bei der Camelot Management Consultants AG und berät Unternehmen in den Bereichen Netzwerkdesign, Lean Supply Chain Management und mehrstufige Bestandsoptimierung.

1. Auflage 2004
2. Auflage 2005
3. Auflage 2007
Nachdruck 2008
4., durchgesehene und korrigierte Auflage 2011

Lektorat: Irene Buttkus | Renate Schilling

Gabler Verlag ist eine Marke von Springer Fachmedien.
Springer Fachmedien ist Teil der Fachverlagsgruppe Springer Science+Business Media.
www.gabler.de

Umschlaggestaltung: KünkelLopka Medienentwicklung, Heidelberg
Druck und buchbinderische Verarbeitung: Ten Brink, Meppel
Gedruckt auf säurefreiem und chlorfrei gebleichtem Papier
Printed in the Netherlands

ISBN 978-3-8349-2970-9

Geleitwort

Fundierte mathematische Kenntnisse sind ein integrativer Bestandteil des Studiums der Wirtschaftswissenschaften. Insbesondere ein tief greifendes Verständnis der Linearen Algebra ist unumgänglich. Die sich aus der Matrixrechnung ergebenden Vereinfachungen in struktureller Hinsicht zählen zum Standardrepertoire der grundlegenden und weiterführenden wirtschaftswissenschaftlichen Methoden. Ohne eine Kenntnis dieser Grundlagen sind der akademischen Weiterbildung Grenzen gesetzt.

Das vorliegende Lehrbuch ermöglicht es, diese Grenzen zu durchbrechen. Es setzt keinerlei Vorwissen im Bereich der Linearen Algebra voraus und befähigt somit jeden Leser, sich umfassende Kenntnisse zu verschaffen. Das Buch eignet sich besonders für den Einsatz während des wirtschaftswissenschaftlichen Studiums, bzw. dessen Vorbereitung, ist aber auch bei einer praktischen Implementierung matrixgestützter Anwendungen sehr hilfreich.

Den Autoren gelingt es in ihrem Werk, durch das Einbinden zahlreicher Beispiele das Verständnis der theoretischen Erklärungen zu erleichtern. Die gewählte Untergliederung in mathematische Grundlagenkapitel und ökonomische Anwendungen, welche einen Bezug zu betriebs- und volkswirtschaftlichen Problemen herstellen, überzeugt dabei in vollem Maße. So finden die wichtigsten ökonomischen Modellformulierungen aus der Linearen Algebra, wie beispielsweise das Leontief-Modell und ein Modell der linearen Programmierung, besonderen Eingang in das Lehrbuch.

Diesem rundum gelungenen Buch wünsche ich die verdiente breite Anerkennung in der akademischen Lehre.

Mannheim, Januar 2004 — Prof. Dr. Peter Albrecht

Vorwort zur vierten Auflage

Das vorliegende Lehrbuch ermöglicht einen Einstieg in die Lineare Algebra ohne jegliche Vorkenntnisse und schafft ein Basiswissen, welches einen Großteil der Anwendungen der Matrixrechnung aus Betriebs- und Volkswirtschaftslehre abdeckt. Zunächst als ein die Lehre begleitendes Skriptum konzipiert, hat sich der Inhalt dieses Lehrbuches an der Universität Mannheim über Jahre hinweg bewährt und wurde ständig verbessert, überarbeitet und erweitert. Die vierte Auflage setzt wenige kleinere Änderungen um und ist im Vergleich zur dritten Auflage weitgehend unverändert.

Der Aufbau des Buches ist zweckmäßig und aus systematischer Sicht naheliegend. Nach einer Definition des Rechenobjektes Matrix und der grundlegenden Matrixoperationen folgt eine Anwendung der Matrixrechnung zur Lösung linearer Gleichungssysteme. Anschließend wird die Matrixinversion, die Determinante sowie der Rang einer Matrix eingeführt und deren vielseitige Verwendung, insbesondere bei der Lösung linearer Gleichungssysteme, ausführlich dargestellt. Anhand der innerbetrieblichen Leistungsverrechnung, der innerbetrieblichen Materialverflechtung und des Leontief-Modells werden ökonomische Anwendungen der vermittelten Kenntnisse demonstriert. Nach einer Einordnung der Matrixrechnung innerhalb der Vektorraumtheorie folgt schließlich die Betrachtung der linearen Programmierung.

Um dem Leser die theoretischen Formulierungen zu verdeutlichen, werden Definitionen und Herleitungen nicht lediglich aneinandergereiht. Ausführliche Beispiele veranschaulichen die dargestellten Sachverhalte. Einen besonderen Höhepunkt bildet die umfangreiche Aufgabensammlung zu jedem Kapitel inklusive Lösungsteil. Somit wird eine Anwendung des vermittelten Wissens und die Überprüfung des Lernerfolges ermöglicht, was ein Selbststudium erleichtert.

Wir bedanken uns bei allen, die uns bei der Verwirklichung dieses Buches unterstützt haben. Unser besonderer Dank gilt den Herren Simon Hilpert und Frank Schilbach, die einige Übungsaufgaben entwarfen.

Wir wünschen Ihnen viel Freude bei der Lektüre dieses Buches.

Mannheim, Februar 2011 Christoph Mayer, Carsten Weber, David Francas

Inhaltsverzeichnis

Griechisches Alphabet und mathematische Symbole

A	α	alpha
B	β	beta
Γ	γ	gamma
Δ	δ	delta
E	ε	epsilon
Z	ζ	zeta
H	η	eta
Θ	θ	theta
I	ι	iota
K	κ	kappa
Λ	λ	lambda
M	μ	my
N	ν	ny
Ξ	ξ	xi
O	o	omikron
Π	π	pi
P	ρ	rho
Σ	σ	sigma
T	τ	tau
Υ	υ	ypsilon
Φ	ϕ, φ	phi
X	χ	chi
Ψ	ψ	psi
Ω	ω	omega

$\forall$	für alle (der Allquantor)
$\exists$	es existiert ein (der Existenzquantor)
$\sum_{i=1}^{n} x_i$	die Summe über x_i von $i = 1$ bis n
$\wedge$	das logische Und
$\vee$	das logische Oder
$\neg$	das logische Nicht
$[a;b]$	das geschlossene Intervall von a bis b
$(a;b)$	das offene Intervall von a bis b
$\varnothing$, $\{\ \}$	die leere Menge
$a \in \mathbb{B}$	a ist ein Element der Menge $\mathbb{B}$
$a \notin \mathbb{B}$	a ist kein Element der Menge $\mathbb{B}$
$\mathbb{A} \subset \mathbb{B}$	die Menge $\mathbb{A}$ ist eine echte Teilmenge der Menge $\mathbb{B}$
$\mathbb{A} \subseteq \mathbb{B}$	die Menge $\mathbb{A}$ ist eine unechte Teilmenge der Menge $\mathbb{B}$
$\mathbb{A} \cup \mathbb{B}$	die Vereinigungsmenge der Mengen $\mathbb{A}$ und $\mathbb{B}$
$\mathbb{A} \cap \mathbb{B}$	die Schnittmenge der Mengen $\mathbb{A}$ und $\mathbb{B}$

1 Grundlagen der Matrixrechnung

1.1 Matrizen und Vektoren

Definition 1-1: Matrix

Ein zweidimensionales, geordnetes Zahlenschema $A \in \mathbb{R}^{m \times n}$ mit den Komponenten $a_{ij} \in \mathbb{R}$, welches aus m Zeilen und n Spalten besteht, heißt $(m \times n)$-Matrix und wird wie folgt dargestellt:

$$A = \begin{pmatrix} a_{11} & \cdots & a_{1j} & \cdots & a_{1n} \\ \vdots & \ddots & \vdots & & \vdots \\ a_{i1} & \cdots & a_{ij} & \cdots & a_{in} \\ \vdots & & \vdots & \ddots & \vdots \\ a_{m1} & \cdots & a_{mj} & \cdots & a_{mn} \end{pmatrix}$$

Dabei bezeichnet $(m \times n)$ [gesprochen: "m Kreuz n"] die Ordnung der Matrix. Matrizen werden gewöhnlich mit lateinischen Großbuchstaben benannt. Unabhängig von ihrer Ordnung besitzt jede Matrix genau eine Hauptdiagonale, welche alle Komponenten a_{ij} mit $i = j$ enthält.

Beispiel 1-1: Anwendung der Matrixdarstellung

Ein Unternehmen stellt n Produkte unter Verwendung von m Rohstoffen her. a_{ij} ist die Menge des Rohstoffs i, die zur Herstellung einer Einheit des Produkts j benötigt wird (Produktionskoeffizient). Neben einer tabellarischen Darstellung der Produktionskoeffizienten (links) ist auch eine Darstellung in Matrixform (rechts) möglich, durch welche die Produktionskoeffizienten in einer Form zusammengefasst werden, die eine Anwendung von Rechenoperationen erlaubt.

	1	…	j	…	n	Produkt
1	a_{11}	…	a_{1j}	…	a_{1n}	
⋮	⋮	⋱	⋮		⋮	
i	a_{i1}	…	a_{ij}	…	a_{in}	
⋮	⋮		⋮	⋱	⋮	
m	a_{m1}	…	a_{mj}	…	a_{mn}	
Rohstoff						

$$\begin{pmatrix} a_{11} & \cdots & a_{1j} & \cdots & a_{1n} \\ \vdots & \ddots & \vdots & & \vdots \\ a_{i1} & \cdots & a_{ij} & \cdots & a_{in} \\ \vdots & & \vdots & \ddots & \vdots \\ a_{m1} & \cdots & a_{mj} & \cdots & a_{mn} \end{pmatrix}$$

Es existieren einige spezielle Matrizen, welchen besondere Bedeutung in der Matrixrechnung zukommt. Im Folgenden sei A eine beliebige $(m \times n)$-Matrix.

Definition 1-2: Spezielle Matrizen

Eine Matrix ist quadratisch, falls die Anzahl der Zeilen der Anzahl der Spalten entspricht, das heißt falls $m = n$ gilt, so beispielsweise:

$$A = \begin{pmatrix} 6 & 0 \\ -1 & 8 \end{pmatrix}$$

Sind sämtliche Komponenten einer Matrix Null, handelt es sich um eine Nullmatrix, die mit 0 bezeichnet wird, so beispielsweise:

$$A = \begin{pmatrix} 0 & 0 & 0 \\ 0 & 0 & 0 \end{pmatrix} = 0$$

Enthält eine quadratische Matrix auf der Hauptdiagonale nur Einsen und außerhalb der Hauptdiagonale nur Nullen, ist A eine Einheitsmatrix E, so beispielsweise:

Einheitsmatrix E

$$A = \begin{pmatrix} 1 & 0 & 0 & 0 \\ 0 & 1 & 0 & 0 \\ 0 & 0 & 1 & 0 \\ 0 & 0 & 0 & 1 \end{pmatrix} = E$$

Als Diagonalmatrix bezeichnet man eine quadratische Matrix, deren Komponenten außerhalb der Hauptdiagonale Null sind, so beispielsweise:

Hauptdiagonale: jede beliebige Zahl

$$A = \begin{pmatrix} 1 & 0 & 0 \\ 0 & 0 & 0 \\ 0 & 0 & 2 \end{pmatrix}$$

Obere (untere) Dreiecksmatrizen sind Matrizen, bei denen alle Komponenten unterhalb (oberhalb) der Hauptdiagonale Null sind. Bei einer strengeren Definition muss A zudem quadratisch sein. Ein Beispiel für eine untere Dreiecksmatrix ist:

$$A = \begin{pmatrix} 4 & 0 & 0 \\ 3 & 1 & 0 \\ 2 & 0 & 0 \end{pmatrix}$$

Eine Treppenmatrix ist eine Matrix, in der jede Zeile mindestens eine die Zeile anführende Null mehr enthält als die vorhergehende Zeile. Sind alle Komponenten einer Zeile Null, müssen alle Folgezeilen ebenfalls ausschließlich aus Nullen bestehen. Eine Treppenmatrix ist beispielsweise:

$$A = \begin{pmatrix} -8 & 3 & 0 & 5 & -2 \\ 0 & 0 & -8 & 4 & 1 \\ 0 & 0 & 0 & 2 & 1 \\ 0 & 0 & 0 & 0 & 0 \\ 0 & 0 & 0 & 0 & 0 \end{pmatrix}$$

Besitzt eine Matrix nur eine Zeile bzw. eine Spalte (gilt also $m = 1$ bzw. $n = 1$), so handelt es sich um einen Zeilen- bzw. Spaltenvektor. Zeilen- und Spaltenvektoren werden in der Regel mit Kleinbuchstaben bezeichnet und sind lediglich Spezialfälle von Matrizen, so beispielsweise:

$$A = \begin{pmatrix} 2 & 5 & -6 \end{pmatrix} = a \qquad B = \begin{pmatrix} 3 \\ -1 \\ -5 \end{pmatrix} = b$$

Sind alle Komponenten eines Vektors Null, wird er als Nullvektor 0 bezeichnet.

> Besteht eine Matrix aus nur einer Zeile und einer Spalte (gilt also $m = n = 1$), so handelt es sich dabei um einen Skalar, der wie eine reelle Zahl behandelt wird.

Hieraus lassen sich vielfältige Relationen ableiten. Beispielsweise ist jede Treppenmatrix eine obere Dreiecksmatrix, nicht jedoch umgekehrt. Zudem sind quadratische Nullmatrizen gleichzeitig Diagonal-, Dreiecks- und Treppenmatrizen.

1.2 Matrixoperationen

Auf die Definition der Matrix folgen Definitionen von gängigen Operationen mit Matrizen. Dabei sind einzelne Verknüpfungen nur durchführbar, falls die zu verknüpfenden Matrizen bestimmte Bedingungen erfüllen.

Definition 1-3: Matrixoperationen

Die Transposition einer Matrix $A \in \mathbb{R}^{m \times n}$ (Operationszeichen "^{T}") ist uneingeschränkt möglich. Hierbei werden alle Komponenten der Matrix A an der Hauptdiagonale gespiegelt. Durch die Transposition ändert sich die Ordnung der Matrix von $(m \times n)$ zu $(n \times m)$. Sei beispielsweise:

$$A = \begin{pmatrix} 1 & 2 & 3 \\ 4 & 5 & 6 \end{pmatrix}$$

So folgt:

$$A^T = \begin{pmatrix} 1 & 4 \\ 2 & 5 \\ 3 & 6 \end{pmatrix}$$

-> Dimension ändert sich auch!

Addition / Subtraktion nur bei gleicher Dimension

Die Addition bzw. Subtraktion zweier Matrizen $A, B \in \mathbb{R}^{m \times n}$ (Operationszeichen "+" bzw. "−") ist hingegen nur für Matrizen gleicher Ordnung definiert, die Matrixaddition bzw. -subtraktion erfolgt komponentenweise. Sei beispielsweise:

$$A=\begin{pmatrix}1 & -2\\ 3 & 4\end{pmatrix} \text{ und } B=\begin{pmatrix}1 & 3\\ 2 & 1\end{pmatrix}$$

So folgt: $$A+B=\begin{pmatrix}1+1 & -2+3\\ 3+2 & 4+1\end{pmatrix}=\begin{pmatrix}2 & 1\\ 5 & 5\end{pmatrix}$$

Die Multiplikation eines Skalars $k\in\mathbb{R}$ mit einer Matrix $A\in\mathbb{R}^{m\times n}$ (Operationszeichen "$\cdot$") kann immer durchgeführt werden. Hier ergeben sich die Komponenten der resultierenden Matrix durch die Multiplikation jeder einzelnen Komponente der Matrix A mit dem Skalar k. Sei beispielsweise:

$$k=2 \text{ und } A=\begin{pmatrix}4 & -3 & 0\\ 8 & 7 & -12\end{pmatrix}$$

So folgt: $$k\cdot A=\begin{pmatrix}2\cdot 4 & 2\cdot(-3) & 2\cdot 0\\ 2\cdot 8 & 2\cdot 7 & 2\cdot(-12)\end{pmatrix}=\begin{pmatrix}8 & -6 & 0\\ 16 & 14 & -24\end{pmatrix}$$

Die Multiplikation zweier Matrizen $A\in\mathbb{R}^{m\times n}$, $B\in\mathbb{R}^{k\times l}$ (Operationszeichen "$\cdot$") in der Form $A\cdot B$ ist nur definiert, falls die Anzahl der Spalten von A mit der Anzahl der Zeilen von B übereinstimmt, falls also $n=k$ gilt. Die sich ergebende Matrix C hat dann die Ordnung $(m\times l)$. Deren Komponenten $c_{ij}\in\mathbb{R}$ bestimmen sich als Verknüpfung der i-ten Zeile von A mit der j-ten Spalte von B wie folgt:

$$c_{ij}=(\text{Zeile i von A})\cdot\begin{pmatrix}\text{Spalte}\\ \text{j}\\ \text{von B}\end{pmatrix}=\begin{pmatrix}a_{i1} & \dots & a_{in}\end{pmatrix}\cdot\begin{pmatrix}b_{1j}\\ \vdots\\ b_{kj}\end{pmatrix}=\sum_{g=1}^{n} a_{ig}\cdot b_{gj}$$

Sei beispielsweise:

$$A=\begin{pmatrix}1 & 2 & 3 & 0\\ 1 & 2 & 2 & 1\\ 4 & 1 & 6 & 0\end{pmatrix} \text{ und } B=\begin{pmatrix}4 & 7\\ 3 & 0\\ -3 & 2\\ 0 & 1\end{pmatrix}$$

So folgt: $$A\cdot B=\begin{pmatrix}1\cdot 4+2\cdot 3+3\cdot(-3)+0\cdot 0 & 1\cdot 7+2\cdot 0+3\cdot 2+0\cdot 1\\ 1\cdot 4+2\cdot 3+2\cdot(-3)+1\cdot 0 & 1\cdot 7+2\cdot 0+2\cdot 2+1\cdot 1\\ 4\cdot 4+1\cdot 3+6\cdot(-3)+0\cdot 0 & 4\cdot 7+1\cdot 0+6\cdot 2+0\cdot 1\end{pmatrix}=\begin{pmatrix}1 & 13\\ 4 & 12\\ 1 & 40\end{pmatrix}$$

Als Fortführung der Matrixmultiplikation ist für eine quadratische Matrix die Potenzbildung in der Form A^b mit $b \in \mathbb{N}$ möglich. Hierbei wird A b-mal mit sich selbst multipliziert. Sei beispielsweise:

$$A = \begin{pmatrix} 4 & -2 \\ 6 & 3 \end{pmatrix}$$

So folgt: $$A^3 = A \cdot A \cdot A = \begin{pmatrix} -68 & -50 \\ 150 & -93 \end{pmatrix}$$

Es existieren zahlreiche weitere Matrixoperationen, auf die an dieser Stelle jedoch nicht näher eingegangen wird.

1.3 Rechenregeln und Matrixrelationen

Bezüglich der zuvor genannten Matrixoperationen existieren Rechenregeln, von welchen die wichtigsten im Folgenden zusammengefasst werden. Hierbei seien zunächst $A, B \in \mathbb{R}^{m \times n}$ und $c, d \in \mathbb{R}$.

- Existenz eines neutralen Elements der Multiplikation mit einem Skalar: $1 \cdot A = A$
- Assoziativgesetz der Multiplikation mit einem Skalar: $c \cdot (d \cdot A) = (c \cdot d) \cdot A$
- Kommutativgesetz der Multiplikation mit einem Skalar: $c \cdot A = A \cdot c$
- Distributivgesetz 1 der Multiplikation mit einem Skalar: $c \cdot A + c \cdot B = c \cdot (A + B)$
- Distributivgesetz 2 der Multiplikation mit einem Skalar: $A \cdot c + A \cdot d = A \cdot (c + d)$

Im Weiteren seien $A, B, C \in \mathbb{R}^{m \times n}$.

- Existenz eines neutralen Elements der Matrixaddition: $A + 0 = 0 + A = A$
- Existenz eines neutralen Elements der Matrixmultiplikation: $A \cdot E = E \cdot A = A$
- Assoziativgesetz der Matrixaddition: $A + (B + C) = (A + B) + C$
- Kommutativgesetz der Matrixaddition: $A + B = B + A$

- Transpositionsgesetz 1: $\left(A^T\right)^T = A$
- Transpositionsgesetz 2: $A^T + B^T = (A+B)^T$

Im Weiteren sei $A \in \mathbb{R}^{m \times n}$, $B \in \mathbb{R}^{n \times k}$, $C \in \mathbb{R}^{k \times s}$ und $D \in \mathbb{R}^{s \times t}$.

- Assoziativgesetz der Matrixmultiplikation: $A \cdot (B \cdot C) = (A \cdot B) \cdot C$
- Transpositionsgesetz 3: $D^T \cdot C^T \cdot B^T \cdot A^T = (A \cdot B \cdot C \cdot D)^T$

Nachfolgend sei $A \in \mathbb{R}^{m \times n}$ und seien $B, C \in \mathbb{R}^{n \times k}$.

- Distributivgesetz der Matrixmultiplikation: $A \cdot B + A \cdot C = A \cdot (B + C)$

Nun sei $A \in \mathbb{R}^{n \times n}$, $v, w \in \mathbb{N}$.

- Potenzgesetz 1: $A^v \cdot A^w = A^{v+w}$
- Potenzgesetz 2: $\left(A^v\right)^w = A^{v \cdot w}$

Es existiert hingegen kein Kommutativgesetz der Matrixmultiplikation. Es gilt im Allgemeinen also $A \cdot B \neq B \cdot A$.

Relationen zwischen Matrizen sind nur für Matrizen gleicher Ordnung definiert. Seien $A, B \in \mathbb{R}^{m \times n}$, so gilt $A > B$, falls für alle Komponenten $a_{ij} > b_{ij}$ gilt. Analoges gilt für $A \geq B$, $A = B$, $A \leq B$ und $A < B$. Insbesondere sei darauf hingewiesen, dass $A > 0$ somit nur dann gilt, falls alle $a_{ij} > 0$ sind.

Beispiel 1-2: Matrixrelationen

Gegeben seien

$$A = \begin{pmatrix} 3 & 4 \\ 2 & -7 \end{pmatrix}, B = \begin{pmatrix} 5 & 5 \\ 2 & -6 \end{pmatrix}, C = \begin{pmatrix} 2 & 1 \\ 0 & -8 \end{pmatrix}, D = \begin{pmatrix} 1 & 1 \\ 0 & -4 \end{pmatrix}$$

Es folgt:

$$A \leq B,\ A > C,\ B > C$$

Zwischen D und A, B, C lässt sich keine Relation aufstellen.

1.4 Lineare Gleichungssysteme in Matrixdarstellung

Im Weiteren werden lineare Gleichungssysteme in allgemeiner Form mit m Gleichungen und n Unbekannten betrachtet, wobei $a_{ij}, x_j, b_i \in \mathbb{R}$.

$$\begin{array}{ccccccc} a_{11}x_1 & +\dots+ & a_{1j}x_j & +\dots+ & a_{1n}x_n & = & b_1 \\ \vdots & \vdots & \vdots & \vdots & \vdots & \vdots & \vdots \\ a_{i1}x_1 & +\dots+ & a_{ij}x_j & +\dots+ & a_{in}x_n & = & b_i \\ \vdots & \vdots & \vdots & \vdots & \vdots & \vdots & \vdots \\ a_{m1}x_1 & +\dots+ & a_{mj}x_j & +\dots+ & a_{mn}x_n & = & b_m \end{array}$$

Ein lineares Gleichungssystem (LGS) kann als Vektorgleichung dargestellt werden, wobei auf beiden Seiten des Gleichheitszeichens ein Spaltenvektor mit jeweils m Komponenten steht. Dabei ergibt sich der linke Spaltenvektor als Matrixprodukt einer Koeffizientenmatrix A, welche geordnet alle Koeffizienten a_{ij} des LGS beinhaltet, mit einem Spaltenvektor x, der geordnet alle Unbekannten x_j enthält. Vereinfacht lässt sich das LGS somit als Matrixgleichung $A \cdot x = b$ wie folgt darstellen:

$$\begin{pmatrix} a_{11} & \cdots & a_{1j} & \cdots & a_{1n} \\ \vdots & \ddots & \vdots & & \vdots \\ a_{i1} & \cdots & a_{ij} & \cdots & a_{in} \\ \vdots & & \vdots & \ddots & \vdots \\ a_{m1} & \cdots & a_{mj} & \cdots & a_{mn} \end{pmatrix} \cdot \begin{pmatrix} x_1 \\ \vdots \\ x_j \\ \vdots \\ x_n \end{pmatrix} = \begin{pmatrix} b_1 \\ \vdots \\ b_i \\ \vdots \\ b_m \end{pmatrix}$$

Ergänzt man die Koeffizientenmatrix A um den Ergebnisspaltenvektor b, so entsteht eine in zwei Matrizen unterteilte, also partitionierte, Matrix $(A \mid b)$, die erweiterte Koeffizientenmatrix genannt wird.

Beispiel 1-3: **Darstellung eines LGS in Matrixform**

Das LGS

$$\begin{array}{ccccccc} 3x_1 & + & 3x_2 & + & 5x_3 & = & 5 \\ 2x_1 & - & x_2 & + & 6x_3 & = & 2 \\ 3x_1 & + & 2x_2 & + & 7x_3 & = & 4 \end{array}$$

lässt sich in Matrixdarstellung schreiben als:

$$\begin{pmatrix} 3 & 3 & 5 \\ 2 & -1 & 6 \\ 3 & 2 & 7 \end{pmatrix} \cdot \begin{pmatrix} x_1 \\ x_2 \\ x_3 \end{pmatrix} = \begin{pmatrix} 5 \\ 2 \\ 4 \end{pmatrix}$$

Bzw. als partitionierte Matrix:

$$(A \mid b) = \left(\begin{array}{ccc|c} 3 & 3 & 5 & 5 \\ 2 & -1 & 6 & 2 \\ 3 & 2 & 7 & 4 \end{array}\right)$$

Definition 1-4: Linear homogenes Gleichungssystem (LhGS)

Ein Gleichungssystem der Form $A \cdot x = b$, bei dem der Ergebnisspaltenvektor b ein Nullvektor ist, also $b = 0$, heißt linear homogenes Gleichungssystem (LhGS). Ist b kein Nullvektor, so heißt es linear inhomogenes Gleichungssystem.

1.5 Gauß/Jordan-Algorithmus

Im Rahmen der Lösungsfindung sind alle x zu bestimmen, welche die Matrixgleichung und somit alle Gleichungen des LGS erfüllen. Dabei ist zunächst zu klären, ob das LGS lösbar ist, falls ja, wie viele Lösungen es gibt und wie man systematisch alle Lösungen bestimmt. Im Folgenden beschränken wir uns zunächst auf LGS, welche genau eine Lösung besitzen. (Später wird sich zeigen, dass ein LGS entweder unlösbar, eindeutig lösbar oder mit unendlich vielen Lösungen lösbar ist.) Ein Verfahren zur systematischen Lösungsfindung stellt der Gauß-Algorithmus bzw. dessen Fortführung, der Gauß/Jordan-Algorithmus, dar. Hierbei wird die Lösung durch Anwendung elementarer Zeilenumformungen auf die erweiterte Koeffizientenmatrix ermittelt.

Definition 1-5: Elementare Zeilenumformung (EZU)

Unter dem Begriff elementare Zeilenumformung werden die folgenden Umformungen subsumiert, wobei die verwendeten Zeilen stets mit römischen Zahlen bezeichnet werden:

- Die Multiplikation einer kompletten Zeile mit einem Skalar $c \in \mathbb{R} \setminus \{0\}$, so beispielsweise:

$$\begin{pmatrix} 1 & 2 & 3 \\ 4 & 5 & 6 \end{pmatrix} \overset{}{\underset{3 \cdot \mathrm{I}}{}} \begin{pmatrix} 3 & 6 & 9 \\ 4 & 5 & 6 \end{pmatrix}$$

- Das Vertauschen zweier kompletter Zeilen, so beispielsweise:

$$\begin{pmatrix} 1 & 0 & 5 \\ -4 & 5 & 1 \\ 4 & -1 & 0 \end{pmatrix} \; \mathrm{II} \leftrightarrow \mathrm{III} \; \begin{pmatrix} 1 & 0 & 5 \\ 4 & -1 & 0 \\ -4 & 5 & 1 \end{pmatrix}$$

- Die Addition bzw. Subtraktion zweier kompletter Zeilen, wobei die zu verändernde Zeile stets zuerst genannt wird, so beispielsweise:

$$\begin{pmatrix} 3 & 9 & -8 \\ 7 & 0 & 2 \\ -3 & 4 & 2 \end{pmatrix} \; \mathrm{I} + \mathrm{III} \; \begin{pmatrix} 0 & 13 & -6 \\ 7 & 0 & 2 \\ -3 & 4 & 2 \end{pmatrix}$$

Zeilenmultiplikation und -addition bzw. -subtraktion können zu einer einzigen EZU zusammengefasst werden. Ebenso können in einem Schritt auch mehrere EZUs durchgeführt werden. Wird dabei auf eine veränderte Zeile Bezug genommen, so ist diese mit dem Index "n" für "neu" zu bezeichnen:

$$\begin{pmatrix} -1 & 2 & 0 \\ 2 & 3 & 2 \\ 2 & 6 & 2 \\ 4 & -1 & 6 \end{pmatrix} \; \begin{matrix} 2 \cdot \mathrm{II} - 3 \cdot \mathrm{I} \\ \mathrm{III} : 2 \\ \mathrm{IV} + \mathrm{III}_n \end{matrix} \; \begin{pmatrix} -1 & 2 & 0 \\ 7 & 0 & 4 \\ 1 & 3 & 1 \\ 5 & 2 & 7 \end{pmatrix}$$

Eine Anwendung von EZUs auf die erweiterte Koeffizientenmatrix ändert die Lösung des zugrunde liegenden LGS nicht. (Analog zu EZUs sind auch elementare Spaltenumformungen möglich. Es ist jedoch zu beachten, dass diese die Lösung des zugrunde liegenden LGS verändern.) Innerhalb des Gauß-Algorithmus werden EZUs solange auf die erweiterte Koeffizientenmatrix angewendet, bis die Koeffizientenmatrix in eine Treppenmatrix umgeformt ist. Im Rahmen des Gauß/Jordan-Algorithmus wird die Koeffizientenmatrix hingegen vollständig pivotisiert, eine Treppenmatrix muss hier nicht gebildet werden.

Definition 1-6: Pivotisierung

Bei der Pivotisierung wird eine Matrix durch die Anwendung von EZUs derart umgeformt, dass möglichst jede Spalte nur noch ein Element enthält, welches von Null verschieden ist. Solche Spalten heißen pivotisiert. Der Algorithmus zur Pivotisierung gestaltet sich wie folgt:

- Zunächst ist eine Komponente a_{ij}, das Pivotelement, in einer noch nicht pivotisierten Spalte zu wählen.
  Offensichtlich kann als Pivotelement keine Null gewählt werden. Daneben ist es nicht zweckmäßig, eine Komponente zu wählen, in deren Zeile bereits ein Pivotelement enthalten ist.
  Soll beispielsweise in der nachfolgenden Matrix die vierte Spalte pivotisiert werden, ohne die bereits pivotisierte zweite Spalte zu zerstören, ist folglich a_{14} als Pivotelement zu wählen.
  Das Pivotelement wird im Folgenden stets mit "$\square$" gekennzeichnet.

$$\begin{pmatrix} -6 & 0 & 4 & \boxed{2} \\ 2 & 1 & 2 & 4 \\ 7 & 0 & -3 & 0 \end{pmatrix}$$

- Pivotelement ≠ 0
- Zeile ohne Pivotelement

- Bei der strengen Pivotisierung einer Spalte ist das Pivotelement zu Eins umzuformen, bei der schwachen Pivotisierung entfällt dieser Schritt.

$$\begin{pmatrix} -6 & 0 & 4 & \boxed{2} \\ 2 & 1 & 2 & 4 \\ 7 & 0 & -3 & 0 \end{pmatrix} \text{I}:2 \begin{pmatrix} -3 & 0 & 2 & \boxed{1} \\ 2 & 1 & 2 & 4 \\ 7 & 0 & -3 & 0 \end{pmatrix}$$

- Anschließend sind alle anderen Elemente in der zu pivotisierenden Spalte zu Null umzuformen.

$$\begin{pmatrix} -3 & 0 & 2 & \boxed{1} \\ 2 & 1 & 2 & 4 \\ 7 & 0 & -3 & 0 \end{pmatrix} \text{II}-4\cdot\text{I} \begin{pmatrix} -3 & 0 & 2 & 1 \\ 14 & 1 & -6 & 0 \\ 7 & 0 & -3 & 0 \end{pmatrix}$$

Um zu einer vollständig pivotisierten Matrix zu gelangen, ist der Algorithmus so oft wie möglich zu wiederholen. Im genannten Beispiel ist als nächstes somit nach dem Element a_{31} oder a_{33} zu pivotisieren. Bei Verwendung von a_{33} ergibt sich:

$$\begin{pmatrix} -3 & 0 & 2 & 1 \\ 14 & 1 & -6 & 0 \\ 7 & 0 & \boxed{-3} & 0 \end{pmatrix} \begin{matrix} \text{II}-2\cdot\text{III} \\ \text{III}:(-3) \\ \text{I}-2\cdot\text{III}_n \end{matrix} \begin{pmatrix} 5/3 & 0 & 0 & 1 \\ 0 & 1 & 0 & 0 \\ -7/3 & 0 & 1 & 0 \end{pmatrix}$$

Die resultierende Matrix ist so weit wie möglich und somit vollständig pivotisiert.

Bei einer Verwendung des Gauß-Algorithmus werden die Lösungen durch eine Rücküberführung der erweiterten Koeffizientenmatrix in Gleichungsform bestimmt, wobei die verbleibenden Gleichungen sukzessiv aufgelöst und rückwärts eingesetzt werden.

Beispiel 1-4: **Lösung eines LGS durch den Gauß- bzw. Gauß/Jordan-Algorithmus**

Ausgehend von der erweiterten Koeffizientenmatrix $(A \mid b)$ aus Beispiel 1-3 erhalten wir bei Verwendung des Gauß-Algorithmus:

$$\left(\begin{array}{ccc|c} \boxed{3} & 3 & 5 & 5 \\ 2 & -1 & 6 & 2 \\ 3 & 2 & 7 & 4 \end{array}\right) \begin{array}{c} 3\cdot II - 2\cdot I \\ III - I \end{array} \left(\begin{array}{ccc|c} 3 & 3 & 5 & 5 \\ 0 & \boxed{-9} & 8 & -4 \\ 0 & -1 & 2 & -1 \end{array}\right) 9\cdot III - II \left(\begin{array}{ccc|c} 3 & 3 & 5 & 5 \\ 0 & -9 & 8 & -4 \\ 0 & 0 & 10 & -5 \end{array}\right)$$

Eine Rücküberführung in ein Gleichungssystem mit anschließendem sukzessiven Einsetzen führt zu:

III: $10x_3 = -5 \Rightarrow x_3 = -\frac{1}{2}$

II: $-9x_2 + 8x_3 = -4 \Rightarrow x_2 = \frac{8}{9}x_3 + \frac{4}{9} = \frac{8}{9}\cdot\left(-\frac{1}{2}\right) + \frac{4}{9} = 0$

I: $3x_1 + 3x_2 + 5x_3 = 5 \Rightarrow x_1 = -x_2 - \frac{5}{3}x_3 + \frac{5}{3} = -0 - \frac{5}{3}\cdot\left(-\frac{1}{2}\right) + \frac{5}{3} = \frac{15}{6} = \frac{5}{2}$

Alternativ bestimmt sich die Lösung durch den Gauß/Jordan-Algorithmus wie folgt:

$$\left(\begin{array}{ccc|c} 3 & 3 & 5 & 5 \\ 2 & \boxed{-1} & 6 & 2 \\ 3 & 2 & 7 & 4 \end{array}\right) \begin{array}{c} I + 3\cdot II \\ III + 2\cdot II \end{array} \left(\begin{array}{ccc|c} 9 & 0 & 23 & 11 \\ 2 & -1 & 6 & 2 \\ \boxed{7} & 0 & 19 & 8 \end{array}\right) \begin{array}{c} 7\cdot I - 9\cdot III \\ 7\cdot II - 2\cdot III \end{array} \left(\begin{array}{ccc|c} 0 & 0 & \boxed{-10} & 5 \\ 0 & -7 & 4 & -2 \\ 7 & 0 & 19 & 8 \end{array}\right)$$

$$\begin{array}{c} 5\cdot II + 2\cdot I \\ 10\cdot III + 19\cdot I \end{array} \left(\begin{array}{ccc|c} 0 & 0 & -10 & 5 \\ 0 & -35 & 0 & 0 \\ 70 & 0 & 0 & 175 \end{array}\right) \begin{array}{c} I:(-10) \\ II:(-35) \\ III:70 \end{array} \left(\begin{array}{ccc|c} 0 & 0 & 1 & -1/2 \\ 0 & 1 & 0 & 0 \\ 1 & 0 & 0 & 5/2 \end{array}\right)$$

Als Lösungsvektor ergibt sich: $x = \begin{pmatrix} 5/2 \\ 0 \\ -1/2 \end{pmatrix}$

1.6 Aufgaben

Aufgabe 1.1:

$$A=\begin{pmatrix}0&0\\0&0\\0&0\end{pmatrix},\ B=\begin{pmatrix}1&0\\0&1\end{pmatrix},\ C=\begin{pmatrix}5&0&8\\0&1&-2\end{pmatrix},\ D=\begin{pmatrix}0&0&6\\0&7&0\\1&-3&9\end{pmatrix},\ F=\begin{pmatrix}0&0&0\\2&8&0\\0&-5&0\end{pmatrix}$$

Geben Sie die Ordnung der Matrizen an und ordnen Sie ihnen die Begriffe quadratische Matrix, Null-, Einheits-, Diagonal-, Treppenmatrix sowie obere und untere Dreiecksmatrix zu.

Aufgabe 1.2:

$$A=\begin{pmatrix}4&8&-2\\0&3&5\\8&7&2\end{pmatrix}+\begin{pmatrix}-3&2&4\\2&3&4\\2&-4&0\end{pmatrix},\ B=\begin{pmatrix}-5\\2\end{pmatrix}+\begin{pmatrix}2\\8\\0\end{pmatrix},\ c=\begin{pmatrix}4&-6\end{pmatrix}-\begin{pmatrix}4&-5\end{pmatrix},\ d=\begin{pmatrix}2\\9\end{pmatrix}+\begin{pmatrix}3&2\end{pmatrix}$$

Berechnen Sie, falls möglich, die Matrizen bzw. Vektoren A, B, c und d.

Aufgabe 1.3:

$$A=\begin{pmatrix}2&1\\3&1\\0&1\end{pmatrix}\cdot\begin{pmatrix}3&1&2\\1&2&1\end{pmatrix},\ B=\begin{pmatrix}7&4\\2&2\\-5&-2\end{pmatrix}\cdot\begin{pmatrix}4&2\\7&1\\-1&-4\end{pmatrix},\ C=\begin{pmatrix}6&5\\3&2\end{pmatrix}\cdot\begin{pmatrix}-2&0&1&2\\3&4&2&1\end{pmatrix},$$

$$D=\begin{pmatrix}0\\4\\2\end{pmatrix}\cdot\begin{pmatrix}-4&2&3\end{pmatrix},\ F=\begin{pmatrix}-4&2&3\end{pmatrix}\cdot\begin{pmatrix}0\\4\\2\end{pmatrix}$$

Berechnen Sie, falls möglich, die Matrizen bzw. Vektoren A, B, C, D und F.

Aufgabe 1.4:

$$A=\begin{pmatrix}1&2&3\\3&2&1\end{pmatrix},\ B=\begin{pmatrix}1&0\\0&4\end{pmatrix},\ C=\begin{pmatrix}1&2&0\\0&2&1\\1&0&1\end{pmatrix},\ D=\begin{pmatrix}-2&3\\7&0\end{pmatrix},$$

$$a=\begin{pmatrix}1&0&-1\end{pmatrix},\ b=\begin{pmatrix}-1\\1\\-1\end{pmatrix},\ c=5$$

Berechnen Sie, falls möglich: $B\cdot D$, $D\cdot B$, $A\cdot B$, $A\cdot C^T$, $B^T\cdot A\cdot C$, D^2, $c\cdot A$, $a\cdot b$, $B\cdot c\cdot C$, $b\cdot a$, $a\cdot B$, $a^T\cdot C$, $A+D-c$, $D-B$, $a+b^T$

Vergleichen Sie dabei die Ergebnisse der ersten beiden Multiplikationen.

Aufgabe 1.5:

$$A=\begin{pmatrix}1&2\\1&3\\4&5\end{pmatrix},\ B=\begin{pmatrix}1&1&1\end{pmatrix},\ C=\begin{pmatrix}1&2&3\\1&4&5\end{pmatrix}$$

Multiplizieren Sie, falls möglich: $C\cdot B$, $B\cdot B^T$, $B\cdot A$, $B^T\cdot A^T$, $A\cdot B$, $B\cdot A\cdot C$, $A^T\cdot C^T$

Aufgabe 1.6:

$$A=\begin{pmatrix}-1&2&-1\\-1&-3&2\\-3&2&-4\end{pmatrix},\ B=\begin{pmatrix}-1&3&3\\-5&0&1\\-3&2&-2\end{pmatrix},\ C=\begin{pmatrix}5&2&-2\\3&3&3\\-2&4&2\end{pmatrix},\ d=\begin{pmatrix}1/12\\1/3\\1/2\end{pmatrix}$$

Berechnen Sie, falls möglich:

a) $X=\left(C^T\cdot B^T\cdot A^T\right)^T-d^T\cdot\left(C^T\cdot A\right)^T+d^T\cdot B\cdot C-A\cdot E\cdot B\cdot E\cdot C$

b) $X=(A\cdot B\cdot E)^T+C^3\cdot A^2\cdot 0-C\cdot A$

Aufgabe 1.7:

Gegeben sei die folgende Matrixgleichung, die nur quadratische Matrizen gleicher Ordnung enthält:

$$X = (A + B + C)^2$$

a) Lösen Sie die Klammer allgemein auf.

b) Es gilt nun $A = B$. Vereinfachen Sie zunächst so weit wie möglich und berechnen Sie anschließend X mit:

$$A = \begin{pmatrix} 1 & 4 \\ -1/2 & 3 \end{pmatrix} \text{ und } C = \begin{pmatrix} 2 & 1 \\ -1 & 3 \end{pmatrix}$$

c) Es gilt nun neben $A = B$ auch $C = 1/4 \cdot (A + B)$. Vereinfachen Sie zunächst so weit wie möglich und berechnen Sie anschließend X mit:

$$A = \begin{pmatrix} 3 & 1 & -4 \\ -1/2 & 2 & 0 \\ 3 & 1 & -2 \end{pmatrix}$$

d) Gilt die Gleichung $(F + G)^2 = F^2 + 2 \cdot F \cdot G + G^2$ für beliebige quadratische Matrizen gleicher Ordnung?

Aufgabe 1.8:

$$A = \begin{pmatrix} 2 & x+1 \\ 1 & 1 \end{pmatrix}, \quad B = \begin{pmatrix} 2x & 5x-1 \\ 3 & 2x-3 \end{pmatrix}$$

Für welche Werte von $x \in \mathbb{R}$ gilt $A \cdot B = B \cdot A$?

Aufgabe 1.9:

$$x=\begin{pmatrix}6 & -2\end{pmatrix}\cdot\left[\begin{pmatrix}2 & -1 & 4 & 0\\ 1 & 3 & 3 & -2\end{pmatrix}\cdot 3{,}7\right]\cdot\left[\begin{pmatrix}4 & -4 & 1\\ 8 & 3 & 3\\ -1 & 2 & 5\\ -2 & 8 & 3\end{pmatrix}-\begin{pmatrix}1 & -5 & 2\\ 6 & 4 & 1\\ 3 & 8 & 2\\ -6 & -4 & 2\end{pmatrix}\right]\cdot\begin{pmatrix}2\\ -3\\ -1\end{pmatrix}$$

Berechnen Sie x.

Aufgabe 1.10:

$$X=\begin{pmatrix}4 & 3 & 0 & -3\\ 2 & 1 & 2 & -1\end{pmatrix}\cdot\begin{pmatrix}-2 & -2 & 3\\ 6 & 0 & -6\\ -3 & -3 & 3\\ 0 & 2 & 1\end{pmatrix}\cdot\begin{pmatrix}1 & 2 & -6 & 0 & 3\\ 1 & 0 & 0 & 5 & -4\\ 0 & 2 & -5 & 2 & 4\end{pmatrix}+\begin{pmatrix}3\\ 2\end{pmatrix}\cdot\begin{pmatrix}9 & -8 & 4 & 33 & -8\end{pmatrix}$$

Berechnen Sie X.

Aufgabe 1.11:

$$A=\begin{pmatrix}0 & 0 & 1 & 0\\ 1 & 0 & 0 & 0\\ 0 & 0 & 0 & 1\end{pmatrix},\ B=\begin{pmatrix}1 & 2 & 3\\ 4 & 5 & 6\\ 7 & 8 & 9\\ 10 & 11 & 12\end{pmatrix},\ C=\begin{pmatrix}0 & 0 & 1\\ 1 & 0 & 0\\ 0 & 1 & 0\end{pmatrix}$$

Berechnen Sie $A\cdot B$ sowie $B\cdot C$.

Aufgabe 1.12:

$$a=\begin{pmatrix}\text{Jahr}\\ \text{Monat}\\ \text{Tag}\end{pmatrix}$$

"Jahr" sei eine vierstellige, natürliche Zahl, "Monat" und "Tag" seien zweistellige, natürliche Zahlen. Geben Sie eine einfache Matrixoperation an, um den Datumsvektor $a \in \mathbb{N}^3$ in eine achtstellige, natürliche Zahl b der Gestalt "JahrMonatTag" zu wandeln

Aufgabe 1.13:

i	1	2	3	4
x_i	-1	3	0	-2
y_i	5	1	3	-2

Verwenden Sie die Vektoren $x = (x_1 \;\; x_2 \;\; x_3 \;\; x_4)$, $y = (y_1 \;\; y_2 \;\; y_3 \;\; y_4)$ und $e = (1 \;\; 1 \;\; 1 \;\; 1)$, um durch geeignete Matrixverknüpfungen die Skalare $a, b, c \in \mathbb{R}$, den Spaltenvektor $d \in \mathbb{R}^{4\times1}$ und die Matrix $F \in \mathbb{R}^{4\times4}$ zu bestimmen.

$$a = \sum_{i=1}^{4} x_i, \quad b = \sum_{i=1}^{4} x_i^2, \quad c = \sum_{i=1}^{4}\left(x_i + x_i^2\right), \quad d = \left(x_1 - 3y_1 \quad x_2 - 3y_2 \quad x_3 - 3y_3 \quad x_4 - 3y_4\right)^T,$$

$$F = \begin{pmatrix} x_1y_1 & x_2y_1 & x_3y_1 & x_4y_1 \\ x_1y_2 & x_2y_2 & x_3y_2 & x_4y_2 \\ x_1y_3 & x_2y_3 & x_3y_3 & x_4y_3 \\ x_1y_4 & x_2y_4 & x_3y_4 & x_4y_4 \end{pmatrix}$$

Aufgabe 1.14:

Welche der folgenden Umformungen sind EZUs? Sofern es sich um EZUs handelt, wurden diese wie angegeben ausgeführt?

a) $\begin{pmatrix} 1 & 2 & 0 \\ 2 & 1 & 1 \\ 3 & 4 & 1 \end{pmatrix} \quad 2\cdot\text{II} - \text{III} \quad \begin{pmatrix} 1 & 2 & 0 \\ 1 & -2 & 1 \\ 3 & 4 & 1 \end{pmatrix}$

b) $\begin{pmatrix} 1 & 2 & 0 \\ 2 & 1 & 1 \\ 3 & 4 & 1 \end{pmatrix} \quad \frac{1}{\text{II}}\cdot\text{I} - 2\cdot\text{III} \quad \begin{pmatrix} -11/2 & -6 & -2 \\ 2 & 1 & 1 \\ 3 & 4 & 1 \end{pmatrix}$

c) $\begin{pmatrix} 1 & 2 & 0 \\ 2 & 1 & 1 \\ 3 & 4 & 1 \end{pmatrix} \quad \text{III}^2 + \text{I} \quad \begin{pmatrix} 1 & 2 & 0 \\ 2 & 1 & 1 \\ 10 & 18 & 1 \end{pmatrix}$

d) $\begin{pmatrix} 1 & 2 & 0 \\ 2 & 1 & 1 \\ 3 & 4 & 1 \end{pmatrix} \quad -1/3\cdot\text{II} \quad \begin{pmatrix} 1 & 2 & 0 \\ -2/3 & -1/3 & -1/3 \\ 3 & 4 & 1 \end{pmatrix}$

e) $\begin{pmatrix} 1 & 2 & 0 \\ 2 & 1 & 1 \\ 3 & 4 & 1 \end{pmatrix} \quad \text{I} + 4\cdot\text{II} \quad \begin{pmatrix} 1 & 2 & 0 \\ 9 & 6 & 4 \\ 3 & 4 & 1 \end{pmatrix}$

f) $\begin{pmatrix} 1 & 2 & 0 \\ 2 & 1 & 1 \\ 3 & 4 & 1 \end{pmatrix} \quad 2\cdot\text{I} + 0\cdot\text{II} \quad \begin{pmatrix} 2 & 4 & 0 \\ 2 & 1 & 1 \\ 3 & 4 & 1 \end{pmatrix}$

g) $\begin{pmatrix} 1 & 2 & 0 \\ 2 & 1 & 1 \\ 3 & 4 & 1 \end{pmatrix} \quad 0\cdot\text{II} - \text{I} \quad \begin{pmatrix} 1 & 2 & 0 \\ -1 & -2 & 0 \\ 3 & 4 & 1 \end{pmatrix}$

h) $\begin{pmatrix} 1 & 2 & 0 \\ 2 & 1 & 1 \\ 3 & 4 & 1 \end{pmatrix} \quad \text{I} \leftrightarrow \text{III} \quad \begin{pmatrix} 3 & 4 & 1 \\ 2 & 1 & 1 \\ 1 & 2 & 0 \end{pmatrix}$

Aufgabe 1.15:

$$x=\left[\begin{pmatrix}2&3&1\\-2&7&4\end{pmatrix}\cdot\begin{pmatrix}a&5\\0&6\\3&4\end{pmatrix}+\begin{pmatrix}3&4\\6&-2\end{pmatrix}^2\right]\cdot\begin{pmatrix}2\\-1\end{pmatrix}$$

$$y=\left[\begin{pmatrix}2&3\\4&7\end{pmatrix}\cdot\begin{pmatrix}3&11&-6&2\\1&-5&4&0\end{pmatrix}\cdot\begin{pmatrix}-5\\3\\3\\4\end{pmatrix}\right]+\left[\begin{pmatrix}b\\4\end{pmatrix}+\begin{pmatrix}2&3\\0&4\end{pmatrix}\cdot\begin{pmatrix}5\\2\end{pmatrix}\right]$$

Bestimmen Sie $a, b \in \mathbb{R}$, so dass $x = y$ gilt.

Aufgabe 1.16:

$$\begin{array}{rcrcrcr} x_1 & - & x_2 & + & x_3 & = & 4 \\ x_1 & & & + & x_3 & = & 3 \\ x_1 & - & x_2 & & & = & 1 \end{array}$$

Lösen Sie das Gleichungssystem nach Überführung in Matrixform.

Aufgabe 1.17:

$$\begin{array}{rcrcrcr} x_1 & + & x_2 & + & 2x_3 & = & 20 \\ 2x_1 & - & x_2 & - & 2x_3 & = & 40 \\ -4x_1 & + & x_2 & + & x_3 & = & -50 \end{array}$$

Überführen Sie das LGS in Matrixform, und bestimmen Sie die Lösung.

Aufgabe 1.18:

$$\begin{array}{rcrcrcr} 8x_1 & - & 4x_2 & + & 2x_3 & = & 2 \\ -2x_1 & + & 2x_2 & + & x_3 & = & 17 \\ 10x_1 & - & 6x_2 & + & 3x_3 & = & -5 \end{array}$$

Bestimmen Sie die Lösung des LGS, nachdem Sie es in Matrixform überführt haben.

Aufgabe 1.19:

$$\begin{aligned} -6x_1 &+ 2x_2 + 5x_3 = -1 \\ 2x_1 &+ 22x_2 + 3x_3 = -3 \\ 4x_1 &+ 40x_2 + 2x_3 = -16 \end{aligned}$$

Überführen Sie das LGS in Matrixform, und bestimmen Sie die Lösung.

Aufgabe 1.20:

$$\begin{aligned} x_1 + 2x_2 \phantom{{}+6x_3} &= 20 \\ 3x_2 + 6x_3 &= 40 \\ x_1 - 2x_2 - 3x_3 &= -15 \end{aligned}$$

Stellen Sie das LGS in Matrixform dar, und bestimmen Sie die Lösung.

Aufgabe 1.21:

$$\begin{aligned} 9x_1 + 2x_2 + 6x_3 - 8x_4 &= 6 \\ -5x_1 + 3x_2 + 3x_3 + 4x_4 &= 6 \\ 7x_1 + 4x_2 + 11x_3 - 3x_4 &= 6 \\ 2x_1 + x_2 + 3x_3 + 4x_4 &= 6 \end{aligned}$$

Lösen Sie das LGS durch vollständiges Pivotisieren (Gauß/Jordan-Algorithmus).

Aufgabe 1.22:

$$\begin{aligned} 2x_1 + 3x_2 - 2x_3 \phantom{{}+x_4} &= -1 \\ -x_1 + 2x_2 - 2x_3 + x_4 &= 1 \\ 4x_1 - 2x_2 + 4x_3 - 2x_4 &= 2 \\ -4x_1 + x_2 - 3x_3 + 2x_4 &= 1 \end{aligned}$$

Bestimmen Sie die Lösung des LGS, nachdem Sie es in Matrixform überführt haben.

Aufgabe 1.23:

$$\begin{array}{rcrcrcrcr} x_1 & + & x_2 & + & x_3 & + & 6x_4 & = & 7 \\ -2x_1 & & & - & 6x_3 & + & 6x_4 & = & -22 \\ x_1 & + & 3x_2 & - & 9x_3 & - & 6x_4 & = & 11 \\ x_1 & & & + & 4x_3 & + & x_4 & = & 9 \end{array}$$

Bestimmen Sie die Lösung des LGS, nachdem Sie es in Matrixform überführt haben.

Aufgabe 1.24:

$$\begin{array}{rcrcrcrcr} -\frac{29}{2}x_1 & + & \frac{70}{3}x_2 & - & \frac{41}{7}x_3 & - & 3x_4 & = & 48 \\ \frac{5}{2}x_1 & + & 4x_2 & & & + & \frac{3}{2}x_4 & = & -\frac{11}{4} \\ 27x_1 & - & 40x_2 & + & 9x_3 & + & 6x_4 & = & -87 \\ 15x_1 & - & 24x_2 & + & 6x_3 & + & 3x_4 & = & -\frac{99}{2} \end{array}$$

Überführen Sie das LGS in Matrixform, und bestimmen Sie die Lösung.

Aufgabe 1.25:

Frau Lehmann hat drei Söhne mit erheblichen Gewichtsproblemen. Karl, Heinz und Frieder wiegen zusammen ganze 335 kg. Das ist eindeutig zuviel! Die besorgte Mutter hat auch schon die übermäßige Ernährung als Ursache des Unglücks ausgemacht. Karl isst pro Monat die Hälfte seines Ausgangsgewichts, Heinz ein Drittel und Frieder immerhin noch ein Sechstel. Die arme Frau muss somit pro Tag 6 kg kochen, von denen sie und ihr Mann jeweils nur 1 kg essen.

Sogleich schreitet sie zur Tat und verordnet strenge Diät, die nach einem halben Jahr sehr unterschiedlichen Erfolg zeigt. Karl hat 25% seines ursprünglichen Gewichts abgenommen, Heinz immerhin noch 20%, nur Frieder hat deutlich weniger Disziplin an den Tag gelegt und bringt dadurch sogar 10 kg mehr als vorher auf die Waage. Trotzdem hat das Gesamtgewicht ihrer drei Söhne um stattliche 46 kg abgenommen.

Stellen Sie ein LGS auf und berechnen Sie das neue Gewicht der drei Söhne. Gehen Sie davon aus, dass ein Monat 30 Tage hat.

Aufgabe 1.26:

Sie sind Farbengroßhändler und beliefern die Malermeister Müller, Schmidt, Schneider und Schulz quartalsweise. Die Menge ausgelieferter Farbe in Hektolitern für 2002 und 2003 entnehmen Sie den nachfolgenden Tabellen.

Liefermengen 2002:

	1. Quartal	2. Quartal	3. Quartal	4. Quartal
Müller	75	200	150	50
Schmidt	80	300	250	50
Schneider	300	300	100	80
Schulz	100	125	100	150

Liefermengen 2003:

	1. Quartal	2. Quartal	3. Quartal	4. Quartal
Müller	100	300	100	100
Schmidt	50	200	400	100
Schneider	500	200	60	100
Schulz	100	75	100	100

a) Der Farbenhersteller ist mit Ihren Absatzzahlen unzufrieden. Er verlangt von Ihnen, dass Sie die Gesamtliefermenge aus den Jahren 2002 und 2003 an den Malermeister Müller in den nächsten zwei Jahren verdoppeln und die an den Malermeister Schmidt verdreifachen, während Sie den Absatz an den Maler Schneider auf ein Zehntel der Absatzmenge und an den Maler Schulz auf die Hälfte reduzieren sollen. Es seien $M_{2003}, M_{2004} \in \mathbb{R}^{4\times4}$ Matrizen, welche die obigen Liefermengen enthalten und $m = \begin{pmatrix} 2 & 3 & 1/10 & 1/2 \end{pmatrix}$ sei ein Vektor, der die angestrebten Absatzveränderungsraten enthält. Setzen Sie die Matrixrechnung ein, um die Gesamtmenge an Farbe zu bestimmen, die Sie in den nächsten zwei Jahren an alle Maler liefern sollen.

b) Stattdessen will der Farbenhersteller, dass Sie in 2004 in jedem Quartal jeweils genau 1000 Hektoliter an alle Maler zusammen ausliefern. Ihr Fahrer kennt die Absatzzahlen von 2003 (siehe obige Tabelle) und will bei seinen vierteljährlichen Fahrten lediglich einen einzigen Multiplikator pro Maler für dessen Liefermengen von Ihnen mitgeteilt bekommen. Mehr kann er sich nicht merken. So könnte eine Ihrer Anweisungen an den Fahrer beispielsweise lauten: "Bringe zu Malermeister Müller jeweils das 1,4-fache der Liefermenge des Vorjahrs." Ist die Forderung des Fahrers realisierbar? Falls ja, stellen Sie ein LGS auf und benutzen Sie die Matrixrechnung zur Bestimmung der vier Multiplikatoren.

2 Innerbetriebliche simultane Leistungsverrechnung

2.1 Einordnung und methodische Grundlagen

Die Kosten- und Leistungsrechnung untergliedert sich in die Kostenarten-, Kostenstellen- und Kostenträgerrechnung. Aufgabe der Kostenstellenrechnung ist es, die Kosten, welche nicht direkt einem Produkt (Kostenträger), sondern nur dem Ort der Kostenentstehung (Kostenstelle) zugeordnet werden können, verursachungsgerecht auf die Produkte zu verteilen.

Hierzu werden zwei Kostenstellenarten unterschieden. In den Hauptkostenstellen (Hakos) findet ausschließlich die Produktion der für den Absatzmarkt bestimmten Güter statt. In den Hilfskostenstellen (Hikos) werden innerbetriebliche Leistungen erstellt. Hikos stellen nur eine Leistungsart her und geben diese nicht an den Absatzmarkt ab. Die an den Hikos anfallenden Kosten müssen somit auf die Hakos verteilt werden.

Die Gesamtkosten einer Hilfs- bzw. Hauptkostenstelle untergliedern sich in Primär- und Sekundärkosten. Primärkosten sind Kosten für von außen bezogene Produktionsfaktoren. Dagegen entstehen Sekundärkosten durch den Bezug innerbetrieblich erstellter Produktionsfaktoren. Somit fallen lediglich bei der Begleichung von Primärkosten Zahlungen an.

Im Rahmen der simultanen Leistungsverrechnung werden die direkt nur den Hilfskostenstellen zuordenbaren Kosten auf die Hauptkostenstellen verteilt. Hierbei werden Verrechnungspreise für die Leistungen der Hikos derart ermittelt, dass eine verursachungsgerechte Zuordnung der Kosten auf die Hakos erfolgt. Hierfür muss für jede Hiko die Summe ihrer Primär- und Sekundärkosten der Summe ihrer insgesamt abgegebenen, mit den Verrechnungspreisen bewerteten Leistungen entsprechen. Bei einem Unternehmen mit n Hikos ergeben sich somit n Gleichungen, über welche die n unbekannten Verrechnungspreise bestimmt werden. Das resultierende LGS kann nach Überführung in Matrixform mithilfe der im vorangegangen Kapitel vorgestellten Algorithmen gelöst werden. Nimmt man an, dass ausschließlich nichtnegative Leistungsverflechtungen bestehen und jede Hiko ihre Leistung weiterverrechnen kann, sind die resultierenden Gleichungssysteme immer eindeutig lösbar.

Da es das Ziel der simultanen innerbetrieblichen Leistungsverrechnung ist, alle Kosten der Hikos auf die Hakos weiterzuverrechnen, muss die Summe der Primärkosten aller Hikos der Summe der als Sekundärkosten auf die Hakos weiterverrechneten Kosten entsprechen. Eine Probe der Berechnung ist somit einfach möglich.

Beispiel 2-1: Bestimmung der Verrechnungspreise und der Sekundärkosten

Ein Unternehmen produziert an den Hauptkostenstellen Schrauben und Nägel für den Absatzmarkt. Hierfür muss es eine Reparaturwerkstatt und ein Stromkraftwerk betreiben. An der Hilfskostenstelle Reparaturwerkstatt entstehen Primärkosten in Höhe von 20.500 € für Löhne und Materialien. Die Hilfskostenstelle Stromerzeugung führt zu Primärkosten von 9.500 €. Für die Herstellung von 1 Million Schrauben bzw. 3 Millionen Nägeln fallen an den jeweiligen Kostenstellen Primärkosten von 38.000 € bzw. 12.000 € an. Gegeben sind folgende Leistungsverflechtungen:

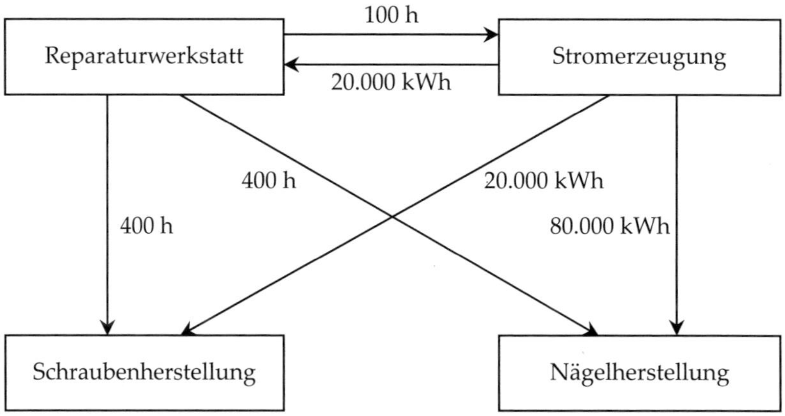

Für die Bestimmung der Verrechnungspreise für eine Arbeitsstunde der Reparaturwerkstatt x_R bzw. eine Kilowattstunde der Stromerzeugung x_S werden die nachfolgenden Gleichungen aufgestellt:

$$20.500 + 20.000x_S = 100x_R + 400x_R + 400x_R \text{ (Hiko Reparaturwerkstatt)}$$
$$9.500 + 100x_R = 20.000x_S + 20.000x_S + 80.000x_S \text{ (Hiko Stromerzeugung)}$$

Als Lösung ergibt sich $x_R = 25$ € pro Arbeitsstunde und $x_S = 0{,}1$ € pro kWh.

Die Sekundärkosten der Hauptkostenstellen sind somit:

$$SK_{Schrauben} = 400x_R + 20.000x_S = 400 \cdot 25 + 20.000 \cdot 0{,}1 = 12.000$$
$$SK_{Nägel} = 400x_R + 80.000x_S = 400 \cdot 25 + 80.000 \cdot 0{,}1 = 18.000$$

Führt man die Probe durch, zeigt sich, dass die Summe der Primärkosten der Hikos $20.500 + 9.500 = 30.000$ wie erwartet der Summe der Sekundärkosten der Hakos $12.000 + 18.000 = 30.000$ entspricht.

Um die Herstellkosten der einzelnen für den Absatzmarkt bestimmten Güter zu ermitteln, sind die Gesamtkosten der jeweiligen Hauptkostenstelle durch die Produktionsmenge zu dividieren. Eine derartige Ermittlung der Herstellkosten simplifiziert die Berechnungen der Kosten- und Leistungsrechnung, reicht aber für eine Veranschaulichung der Methodik aus.

Beispiel 2-2: Bestimmung der Herstellkosten

Die Herstellkosten von je einer Schraube bzw. je einem Nagel ergeben sich durch die Division der Gesamtkosten der jeweiligen Hauptkostenstellen durch die Produktionsmenge.

$$HK_{Schraube} = \left(PK_{Schrauben} + SK_{Schrauben}\right) / \text{Schraubenmenge}$$
$$= (38.000 + 12.000) / 1.000.000 = 0{,}05 \text{ € pro Stück}$$

$$HK_{Nagel} = \left(PK_{Nägel} + SK_{Nägel}\right) / \text{Nagelmenge}$$
$$= (12.000 + 18.000) / 3.000.000 = 0{,}01 \text{ € pro Stück}$$

2.2 Aufgaben

Aufgabe 2.1:

Sie betrachten ein Unternehmen mit n Hikos und m Hakos. Welche Ordnung besitzt die Koeffizientenmatrix der Matrixgleichung $A \cdot x = b$, welche Sie zur Bestimmung der Verrechnungspreise der innerbetrieblichen Leistungen der Hikos aufstellen?

Aufgabe 2.2:

Nachfolgend ist die Leistungsverflechtung eines Unternehmens mit den Hilfskostenstellen A und B sowie den Hauptkostenstellen X und Y abgebildet.

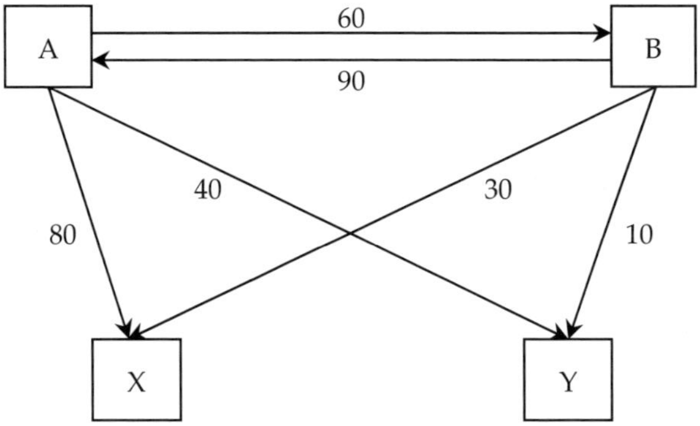

Die Primärkosten bei Hilfskostenstelle A betragen 10.000 €, bei Hilfskostenstelle B 20.000 €. Stellen Sie ein Lineares Gleichungssystem auf, mit dem die internen Verrechnungspreise ermittelt werden können.

Aufgabe 2.3:

Nehmen Sie an, die Primärkosten von Hiko A betragen 300 € und die von Hiko B 200 €. C, D und E stellen Hakos dar. Die innerbetrieblichen Leistungsverflechtungen sind durch die nachfolgende Tabelle gegeben:

von \ an	A	B	C	D	E
A	-	4	5	1	2
B	3	-	1	4	2

Bestimmen Sie die innerbetrieblichen Verrechnungspreise.

Aufgabe 2.4:

Ein Unternehmen besteht aus den Hilfskostenstellen A und B sowie aus der Hauptkostenstelle C. Die Primärkosten betragen 60 € bei A bzw. 40 € bei B. Ermitteln Sie die innerbetrieblichen Verrechnungspreise bei nachfolgendem Leistungsaustausch:

von \ an	A	B	C
A	-	20	10
B	20	-	20

Aufgabe 2.5:

Eine Produktionsabteilung besteht aus drei Hilfskostenstellen A, B und C und zwei Hauptkostenstellen X und Y, deren Leistungsaustausch nachfolgend dargestellt ist:

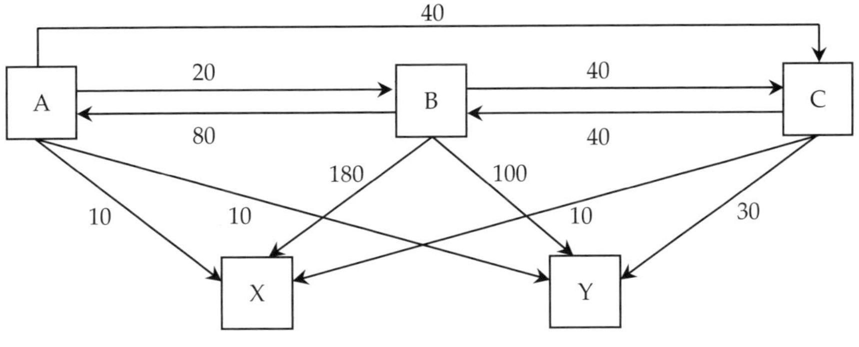

Die Primärkosten der Hilfskostenstellen betragen 24.000 € (A), 30.000 € (B) und 52.000 € (C). Bestimmen Sie die innerbetrieblichen Verrechnungspreise, die Sekundärkosten der Hilfskostenstellen und die auf die Hauptkostenstellen weiterverrechneten Kosten.

Aufgabe 2.6:

Sie arbeiten in einem Unternehmen mit drei Hilfskostenstellen A, B, C und drei Hauptkostenstellen D, E und F. Die Primärkosten betragen 60 € für A, 120 € für B, 30 € für C. Die Leistungsverflechtungen sind wie folgt:

von \ an	A	B	C	D	E	F
A	-	2	5	2	1	-
B	2	-	1	4	1	2
C	4	4	-	-	1	1

Berechnen Sie die Verrechnungspreise für je eine Leistungseinheit der drei Hilfskostenstellen und die Sekundärkosten der drei Hauptkostenstellen.

Aufgabe 2.7:

Gegeben sei die folgende Leistungsverflechtung:

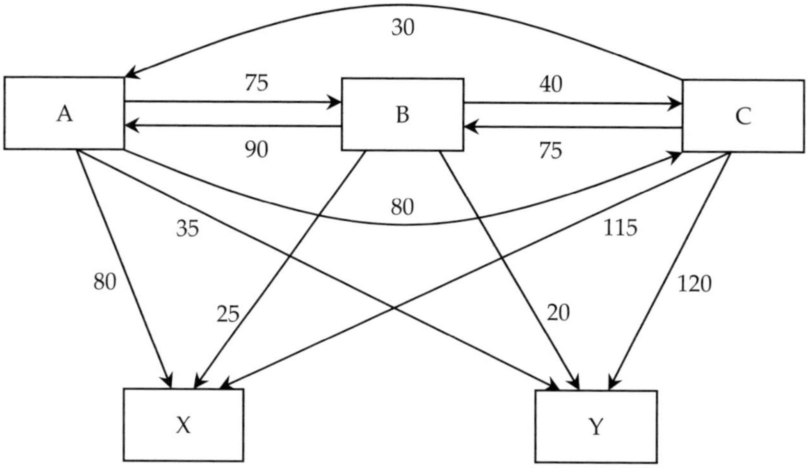

Die Primärkosten der Hilfskostenstellen A, B bzw. C betragen 1.500 €, 5.250 € bzw. 8.800 €.

a) Stellen Sie die Leistungsverflechtungen tabellarisch dar.

b) Bestimmen Sie die Verrechnungspreise der innerbetrieblichen Leistungen. Stellen Sie zunächst ein LGS auf und lösen Sie dieses dann unter Verwendung der Matrixrechnung.

c) Wie hoch sind jeweils die auf die Hauptkostenstelle X und die auf die Hauptkostenstelle Y weiterverrechneten Kosten?

Aufgabe 2.8:

Sie arbeiten in einem Unternehmen mit drei Hilfskostenstellen A, B, C und zwei Hauptkostenstellen D und E. An den Kostenstellen A, B, C, D bzw. E fallen Primärkosten in Höhe von 34 €, 52 €, 4 €, 60 € bzw. 25 € an. D produziert 400 Einheiten und gibt diese an den Absatzmarkt ab, E hingegen nur 100 Einheiten.

Die Leistungsverflechtungen sind:

von \ an	A	B	C	D	E
A	-	2	3	1	2
B	3	-	4	2	1
C	8	6	-	2	4

a) Berechnen Sie die innerbetrieblichen Verrechnungspreise.

b) Berechnen Sie die Sekundärkosten der beiden Hauptkostenstellen.

c) Berechnen Sie die kostendeckenden Preise für je eine Leistungseinheit der Hauptkostenstelle D bzw. E.

Aufgabe 2.9:

Sie arbeiten bei einem Fernsehsender und wurden beauftragt, die Kosten einer Quizsendung näher zu analysieren. Hierzu sind Ihnen die Leistungsverflechtungen zwischen den Hilfskostenstellen (Kameraleute, Moderator, Maskenbildner) und der Hauptkostenstelle (Quizsendung) gegeben.

Zur Herstellung einer Folge der Quizsendung müssen die Kameraleute 17 Stunden erbringen, der Moderator arbeitet 3 Stunden für die Quizsendung und die Maskenbildner sind 10 Stunden lang damit beschäftigt, die vor der Kamera auftretenden Kandidaten herzurichten. Der Moderator ist etwas unsicher in seinem Auftreten vor so vielen Zuschauern. Deshalb muss er üben und benötigt hierfür die Assistenz der Kameraleute, die ihn vor jeder Sendung 3 Stunden lang zur Selbstreflexion filmen. Im Gegenzug obliegt es dem Moderator, auch für die Unterhaltung des restlichen Teams neben den Dreharbeiten zu sorgen. Er muss mit den Kameraleuten und den Maskenbildnern je 1 Stunde lang herumalbern. Die Maskenbildner schließlich sind 2 Stunden lang damit beschäftigt, den Moderator für die Sendung zu schminken und investieren 4 Stunden in die Kameraleute, damit diese gegenüber dem Saalpublikum kein allzu schlechtes Bild abgeben.

Für Löhne fallen bei den Kameraleuten Primärkosten von 400 €, beim Moderator 1.485 € und bei den Maskenbildnern 300 € pro Quizsendung an.

a) Zeichnen Sie ein Pfeildiagramm, welches die Leistungsverflechtungen darstellt.

b) Ermitteln Sie die Verrechnungssätze für je eine Arbeitsstunde der Kameraleute, des Moderators und der Maskenbildner.

c) Wie hoch sind die Kosten einer Quizsendung?

Aufgabe 2.10:

Sie betrachten ein Unternehmen mit den Hikos A, B und C und den Hakos D und E. Die Primärkosten betragen 100 € (A), 300 € (B) bzw. 200 € (C). Die internen Leistungsverflechtungen sind aus der nachfolgenden Tabelle ablesbar:

von \ an	A	B	C	D	E
A	-	5	5	-	5
B	3	-	14	8	16
C	10	10	-	3	2

Wie hoch sind die internen Verrechnungspreise und die Sekundärkosten aller fünf Kostenstellen?

Aufgabe 2.11:

Der Flughafenbetreiber von Frankfurt Kahn, die O. Kahn AG, stellt für das abgelaufene Jahr innerhalb der Kostenrechnung folgende Leistungsverflechtung fest:

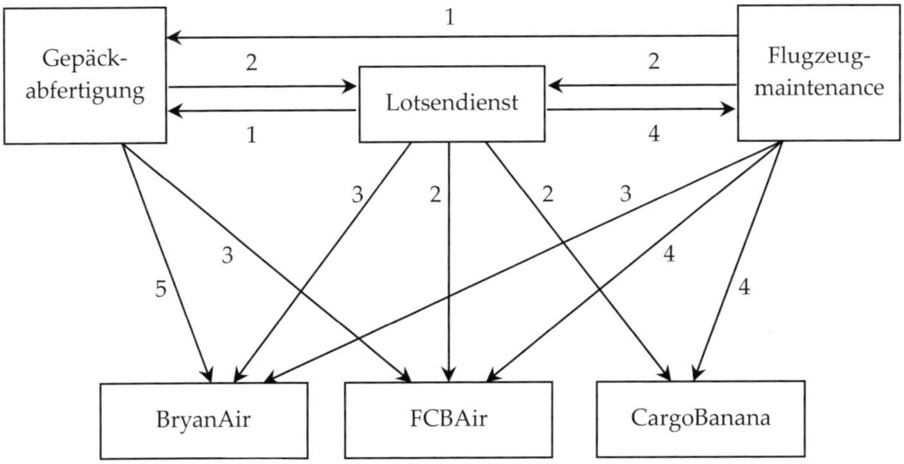

Die Kostenstellen Gepäckabfertigung, Lotsendienst und Flugzeugmaintenance erstellen ausschließlich Leistungen, die innerbetrieblich auf die Check-In-Kostenstellen BryanAir, FCBAir und CargoBanana weiterverrechnet werden. Es entstehen Primärkosten in Höhe von 125.000 € bei der Gepäckabfertigung, 300.000 € beim Lotsendienst und 420.000 € bei der Flugzeugmaintenance.

BryanAir und FCBAir wollten aus verschiedenen Gründen (BryanAir hat seinen Sitz im verregneten England und FCBAir transportierte bisher ausschließlich Fans eines bayrischen Fußballclubs) aggressiv am Markt Kunden werben. Deshalb verlangten sie nur die auf sie weiterverrechneten Kosten der O. Kahn AG.

a) Wie hoch waren die auf den Check-In BryanAir und die auf den Check-In FCBAir weiterverrechneten Kosten des Flughafenbetreibers? Und wie hoch waren die kostendeckenden Preise pro Leistungseinheit der Kostenstellen Gepäckabfertigung, Lotsendienst und Flugzeugmaintenance?

b) Bei CargoBanana fallen noch Primärkosten am Check-In in Höhe von 100.000 € an (alle anderen Kosten können Sie vernachlässigen, z.B. Piloten- und Stewardessengehälter, Flugzeugabschreibungen, Verpflegung an Bord, Kerosin, usw.). Wie hoch ist der kostendeckende Preis für den Transport einer Kiste Bananen, wenn 200.000 Kisten transportiert wurden?

Aufgabe 2.12:

Ein Tierzuchtbetrieb besteht aus den Hilfskostenstellen Futterproduktion, Technik und Tierpflege sowie aus den Hauptkostenstellen Fisch- und Schildkrötenproduktion.

Die Futterproduktion liefert 1.000 kg Futter an die Fischproduktion und 700 kg Futter an die Schildkrötenproduktion. Bei dem Futter handelt es sich um eine neuartige Allround-Nahrung, welche daher auch in der Kantine serviert wird. Die Techniker konsumieren insgesamt 20 kg, die Tierpfleger insgesamt 80 kg. Die Techniker müssen 60 h arbeiten, um die Maschinen der Futterproduktion in Gang zu halten. Daneben benötigen sie 40 h für die Wartung der EDV-Anlagen der Tierpfleger. Die Tierpfleger investieren 40 h ihrer Arbeitszeit bei der Fisch- und 100 h bei der Schildkrötenproduktion. Da die Arbeiter in der Futterproduktion erfahren haben, dass das von ihnen produzierte Tierfutter auch in der Kantine ausgegeben wird, benötigen sie 10 h psychologische Betreuung durch die Tierpfleger.

Die pro Periode anfallenden Primärkosten in den Abteilungen Futterproduktion, Technik bzw. Tierpflege betragen 5.400 €, 4.900 € bzw. 6.600 €.

a) Stellen Sie den beschriebenen Sachverhalt in Form eines Pfeildiagramms dar.

b) Berechnen Sie die internen Verrechnungspreise für 1 kg Futter sowie eine Arbeitsstunde der Techniker und der Tierpfleger.

c) Wie hoch sind die auf die Fisch- bzw. Schildkrötenproduktion weiterverrechneten Kosten?

d) Der Tierzuchtbetrieb vergrößert sich und züchtet nun auch Schlangen. Die neuen Leistungsverflechtungen sind der nachfolgenden Tabelle zu entnehmen:

von \ an	Futter-prod.	Technik	Tier-pflege	Fischprod.	Schildkrö-tenprod.	Schlangen-prod.
Futterprod.	-	20 kg	80 kg	800 kg	600 kg	300 kg
Technik	60 h	-	40 h	-	-	-
Tierpflege	10 h	-	-	40 h	80 h	20 h

Geben Sie die hieraus resultierenden internen Verrechnungspreise an.

Aufgabe 2.13:

Sie arbeiten in einem Unternehmen mit drei Hilfskostenstellen A, B, C und zwei Hauptkostenstellen D und E. Die Primärkosten der drei Hilfskostenstellen liegen bei je 200 €. Die Leistungsverflechtungen sind:

von \ an	A	B	C	D	E
A	-	4	4	4	8
B	8	-	6	10	6
C	1	2	-	12	1

a) Berechnen Sie die innerbetrieblichen Verrechnungspreise sowie die Sekundärkosten der beiden Hauptkostenstellen.

b) Bei Hauptkostenstelle D fallen zusätzlich Primärkosten in Höhe von 200 € an. Berechnen Sie die kostendeckenden Preise für je eine Leistungseinheit der Hauptkostenstelle D, wenn D 120 Einheiten an den Absatzmarkt abgibt.

Aufgabe 2.14:

Gegeben sei die folgende Leistungsverflechtung:

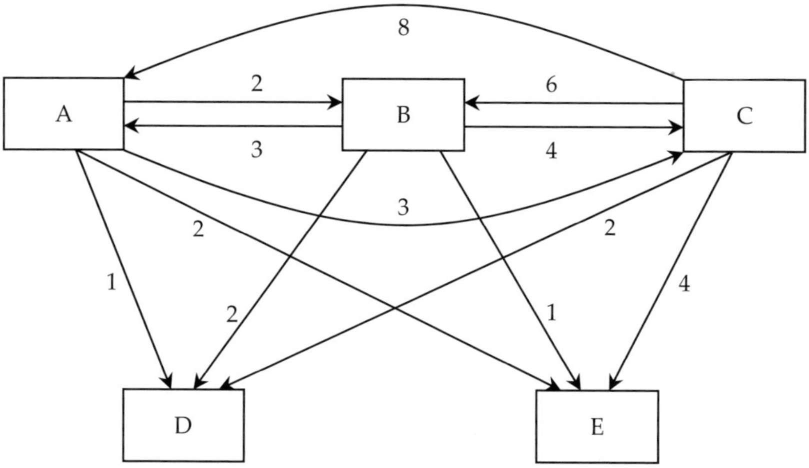

An den Kostenstellen A, B, C, D bzw. E fallen Primärkosten in Höhe von 34 €, 52 €, 4 €, 10 € bzw. 12 € an.

a) Bestimmen Sie die kostendeckenden Verrechnungspreise für je eine Leistungseinheit der Hilfskostenstellen A, B und C.

b) Es tritt eine weitere Hauptkostenstelle F hinzu, deren Leistungsbezüge von den Hilfskostenstellen Sie allerdings nicht kennen. Sie wissen nur, dass die Hilfskostenstelle A zur Herstellung der zusätzlichen Leistungseinheiten eine Einheit mehr von C benötigt und dass die Primärkosten von A auf 36 ansteigen. Zudem benötigt die Hilfskostenstelle C zur Herstellung der zusätzlichen Leistungseinheiten eine Einheit mehr von A. Die restlichen Leistungsverflechtungen bleiben gleich. Es ergeben sich neue Verrechnungspreise in Höhe von $x_A = 64/9$, $x_B = 223/27$ und $x_C = 221/81$. Wie viele Leistungseinheiten bezieht die neue Hauptkostenstelle F von den Hilfskostenstellen A, B und C?

Aufgabe 2.15:

Als neuer Vorsitzender eines Sportvereins betrachten Sie die folgenden wöchentlichen Leistungsverflechtungen (in Arbeitsstunden) in Ihrem Verein:

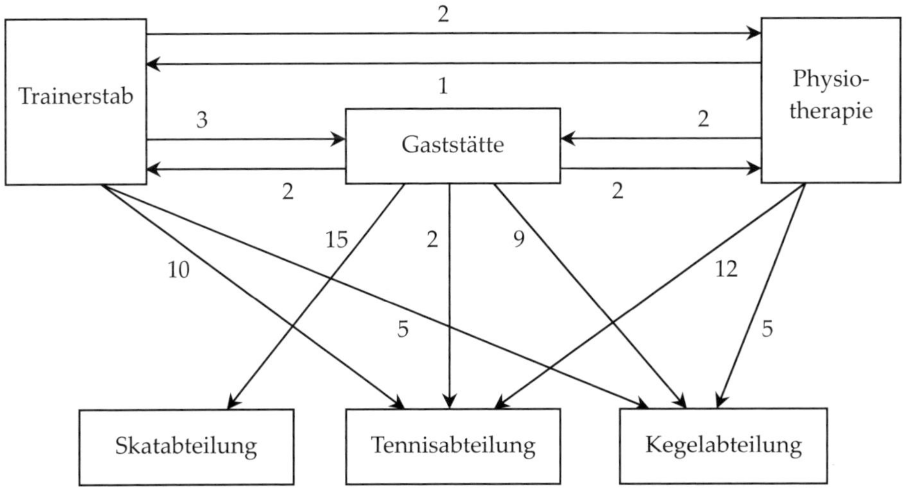

a) Ein Blick in die Gehaltsabrechnungen zeigt Ihnen, dass pro Woche Gehälter in Höhe von 560 € für den Trainerstab, 170 € für die Gaststätte und 320 € für das Physiotherapeutenteam anfallen. Bestimmen Sie die innerbetrieblichen Verrechnungspreise für eine Arbeitsstunde der jeweiligen Hiko. Wie hoch sind jeweils die auf die einzelnen Sportabteilungen weiter zu verrechnenden Kosten?

b) Ihnen gelingt es, zusätzlich einen neuen Physiotherapeuten für 800 € pro Woche zu verpflichten, seinen Assistenten stellen Sie für 260 € pro Woche gleich mit ein. Da die Trainer aufgrund des gesprengten Gehaltsgefüges sehr empört sind, verdreifachen Sie spontan deren Gehalt. Die internen Leistungsverflechtungen ändern sich hierdurch nicht. Verändern sich infolge der Maßnahmen die Sekundärkosten der Skatabteilung? Falls ja, wie und warum?

c) Sie gründen zusätzlich eine Schachabteilung. Für die Schachspieler kalkulieren Sie eine Nachfrage von 20 Gaststättenarbeitsstunden pro Woche. Physiotherapeutische Betreuung wollen Sie den Schachspielern nicht zukommen lassen, auch sind Ihre Schachspieler bereits soweit fortgeschritten, dass sie keine Trainerleistung benötigen. Da Ihr Budget ohnehin schon schwer angeschlagen ist, kommen für Sie keine Gehaltserhöhungen (auch nicht die in b) vorgenommenen) in Frage. Welche der nachfolgenden Aussagen sind richtig? (Eine Rechnung ist nicht erforderlich.)

i) Der Verrechnungspreis der Physiotherapeuten bleibt unverändert.

ii) Der Verrechnungspreis der Physiotherapeuten steigt.

iii) Der Verrechnungspreis der Physiotherapeuten sinkt.

iv) Alle Verrechnungspreise sinken.

v) Alle Verrechnungspreise steigen.

vi) Der Verrechnungspreis der Trainer weist die höchste relative Änderung auf.

vii) Der Verrechnungspreis der Gaststätte weist die höchste relative Änderung auf.

viii) Nur der interne Verrechnungspreis der Gaststätte sinkt.

Aufgabe 2.16:

Sie sind Gerüstbauer und hüllen aufgrund einer Fassadensanierung gerade die Universität Mannheim ein. Ost- und Westflügel sind dabei zwei unabhängige Kostenstellen, die je nach Arbeitsintensität die Universitätsverwaltung unterschiedlich stark belasten. Sie beschäftigen 7 einfache Arbeiter, welche die Gerüste stellen, von denen 3 nur am Ostflügel und 4 nur am Westflügel arbeiten, einen LKW-Fahrer, der die Gerüstteile zu beiden Gebäudeflügeln transportiert und einen Bier-Praktikanten, welcher für alle das nötige Bier holt. Schließlich gehören auch Sie als planender Geschäftsführer zum Team.

Es ist Ihre Aufgabe, die Personalkosten der drei Personalhilfskostenstellen (Bier-Praktikant, LKW-Fahrer und Sie, der Chef) leistungsgerecht auf die zwei Hauptkostenstellen zu verteilen. Im Team verdient jeder 2.000 € im Monat – ja, auch Sie! Die einfachen Arbeiter arbeiten ausschließlich an den ihnen zugeteilten Flügeln des Schlosses (folglich sind deren Personalkosten direkt als Primärkosten auf die Hauptkostenstellen zu verrechnen). Der Bier-Praktikant bringt jedem (außer sich selbst) 4 Flaschen Bier am Tag (der LKW-Fahrer trinkt natürlich seine Bierration erst kurz vor Dienstschluss und fährt anschließend mit dem Taxi nach Hause). Der LKW-

Fahrer bewältigt die Strecke von seinem Unternehmen zur Universität siebenmal täglich. Dabei fährt er viermal zum Westflügel, zweimal zum Ostflügel und tätigt eine Leerfahrt für Sie, damit Sie die tägliche "Qualitätskontrolle" durchführen können. Eigentlich tragen Sie gar nichts zum Projekt bei, deshalb gestaltet sich eine leistungsgerechte Personalkostenumlage in Ihrem Fall schwer. Sie entscheiden sich, Ihre Personalkosten entsprechend Ihrer täglichen Aufenthaltszeit an den einzelnen Hilfs- und Hauptkostenstellen zu verteilen (irgendetwas Produktives werden Sie da schon machen). Von 8 Stunden täglich sitzen Sie 1 Stunde im LKW, 1 Stunde lassen Sie sich beim Bier-Praktikanten über Ihre heutige Bestellung aus, 3 Stunden verbringen Sie am Westflügel und 3 Stunden am Ostflügel.

a) Skizzieren Sie die täglichen Leistungsverflechtungen in einem Pfeildiagramm.

b) Bestimmen Sie die leistungsgerechten Personalkostensätze der Hilfskostenstellen (pro Bierflasche bzw. pro Fahrt und pro Stunde). Gehen Sie davon aus, dass der Monat 20 Arbeitstage hat und jeder Arbeitstag gleich abläuft.

c) Nun wird rationalisiert. Sie erkennen, dass alle Arbeiter auch ohne täglichen Bierkonsum leben können und entlassen den Bier-Praktikanten. (Somit fehlt Ihnen auch Ihr Gesprächspartner.) Wie verändern sich die Personalkostensätze des LKW-Fahrers und des Chefs, und um wie viel Prozent verbessern sich die täglichen Gesamtpersonalkosten am Ostflügel?

Aufgabe 2.17:

Der marode Freizeitpark Matrix World hat zwei große Attraktionen: Eine Achterbahn und ein Riesenrad.

Zur Aufrechterhaltung des Betriebs sind drei Gruppen von Arbeitern beschäftigt. Für den Verkauf der Tickets sowie für die Platzzuweisung ist das hoch qualifizierte Servicepersonal zuständig. Dieses verrichtet für die Achterbahn 200 Arbeitsstunden pro Woche und für das Riesenrad 120 Stunden pro Woche. Des weiteren arbeiten Mechaniker an der Instandhaltung des Parks. Um die gröbsten Sicherheitsmängel zu beheben, reparieren sie sowohl die Achterbahn als auch das Riesenrad jeweils 40 Stunden pro Woche. Schließlich ist noch eine medizinisch-psychologische Abteilung notwendig, welche sich 40 Stunden pro Woche um das gestresste Servicepersonal und 20 Stunden pro Woche um die durch ihre gefährliche Arbeit lädierten Mechaniker kümmert. Die Mediziner und Mechaniker haben großen Gefallen daran, sich an den Attraktionen des Parks zu vergnügen, weshalb jede dieser Gruppen wöchentlich 20 Stunden des Servicepersonals beansprucht. Da auch die Ausstattung der medizinischen Abteilung ziemlich heruntergekommen ist, werden die Mechaniker für insgesamt 20 Stunden pro Woche zu Reparaturen benötigt.

Für die Löhne des Servicepersonals fallen pro Woche insgesamt 3.000 € an, die Mechaniker erhalten 1.500 € und die die Mediziner 2.700 €.

a) Zeichnen Sie ein Pfeildiagramm, welches die Leistungsverflechtungen darstellt.

b) Berechnen Sie die internen Verrechnungspreise für je eine Arbeitsstunde des Servicepersonals, der Mechaniker sowie der medizinisch-psychologischen Abteilung.

c) Wie hoch sind die an die Achterbahn und die an das Riesenrad weiter zu verrechnenden Kosten?

d) Pro Woche fahren 5.000 Personen mit der Achterbahn, 3.600 nutzen das Riesenrad. Für die Achterbahn und das Riesenrad muss der Betreiber jeweils eine Wochenmiete von 2.500 € bezahlen. Den Preis für eine Fahrt mit dem Riesenrad hat er auf 2 € festgesetzt. Wie viel muss er pro Achterbahnfahrt verlangen, falls er einen Gewinn von 10.000 € pro Woche erwirtschaften möchte?

e) Durch vermehrte Unfälle im Freizeitpark muss sich die medizinisch-psychologische Abteilung jetzt auch um verunglückte Besucher kümmern. Wegen der gestiegenen Beanspruchung erhöht der Betreiber die Gehälter der Mediziner auf 6.300 €. 40 Stunden pro Woche sind sie mit Achterbahnpatienten beschäftigt, 20 Stunden fallen jede Woche für Besucher des Riesenrads an. Wie verändern sich die internen Verrechnungspreise nach diesen tragischen Vorfällen?

3 Weiterführende Matrixrechnung

3.1 Determinante

Die Determinante ist eine Kenngröße, die nur für quadratische Matrizen definiert ist. Sie ist vergleichbar mit der Quersumme ganzer Zahlen. (Mithilfe der Quersumme lässt sich beispielsweise ermitteln, ob eine Zahl durch 3 teilbar ist. Dies gilt für alle Zahlen, deren Quersumme durch 3 teilbar ist. So hat die Zahl 437.023.158 die Quersumme $4+3+7+0+2+3+1+5+8=33$ und ist folglich durch 3 teilbar.) Die Berechnung der Determinante erfolgt anhand von Streichungsmatrizen über den Laplace-Entwicklungssatz.

Definition 3-1: Streichungsmatrix

Zu jeder quadratischen Matrix $A \in \mathbb{R}^{n \times n}$ mit $n > 1$ lässt sich die Streichungsmatrix $A_{ij} \in \mathbb{R}^{(n-1)\times(n-1)}$ durch Streichen der Zeile i und der Spalte j von A bestimmen. Sei beispielsweise:

$$A = \begin{pmatrix} 1 & 2 & 3 \\ 4 & 5 & 6 \\ 7 & 8 & 9 \end{pmatrix}$$

So ergeben sich u. a.: $A_{11} = \begin{pmatrix} 5 & 6 \\ 8 & 9 \end{pmatrix}$ und $A_{23} = \begin{pmatrix} 1 & 2 \\ 7 & 8 \end{pmatrix}$

Zur Matrix $A \in \mathbb{R}^{n \times n}$ lassen sich somit n^2 verschiedene Streichungsmatrizen bilden.

Definition 3-2: Determinante

Die Determinante einer Matrix A, welche als $\det(A)$ bezeichnet wird, ist eine reelle Zahl und ist ausschließlich für quadratische Matrizen definiert. Über den Laplace-Entwicklungssatz wird jeder Matrix genau eine Determinante zugeordnet. (Hingegen können verschiedene Matrizen dieselbe Determinante besitzen. Es ist somit nicht möglich, aus der Determinante die zugrunde liegende Matrix abzuleiten, nicht einmal deren Ordnung.)

Im Rahmen des Laplace-Entwicklungssatzes bieten sich zwei Varianten der Berechnung, auch Entwicklung genannt, an, welche zum selben Ergebnis führen.

Vorzeichenwechsel

Entwicklung nach Zeile i: $\det(A) = \sum_{j=1}^{n} (-1)^{i+j} \cdot a_{ij} \cdot \det(A_{ij})$

Entwicklung nach Spalte j: $\det(A) = \sum_{i=1}^{n} (-1)^{i+j} \cdot a_{ij} \cdot \det(A_{ij})$

Die Berechnung der Determinante erfordert das n-malige Aufsummieren eines Produkts aus jeweils drei Faktoren. Der erste Faktor, $(-1)^{i+j}$, beeinflusst lediglich das Vorzeichen des zu summierenden Produkts. Der zweite Faktor, a_{ij}, repräsentiert das Element in Zeile i und Spalte j der Matrix A. Der dritte Faktor schließlich, $\det(A_{ij})$, erscheint auf den ersten Blick überraschend, da er dazu führt, dass die Determinante von A von einer anderen Determinante abhängt, welche wiederum nach obigem Muster zu berechnen ist. Entscheidend ist aber, dass die Ordnung von A_{ij} geringer ist als die Ordnung von A. Im ersten Laplace-Schritt wird die Determinante einer $(n \times n)$-Matrix also dargestellt durch n Determinanten von $((n-1)\times(n-1))$-Matrizen. Diese lassen sich wiederum durch jeweils $n-1$ Determinanten von $((n-2)\times(n-2))$-Matrizen ausdrücken. Diese Vorgehensweise wird so oft wiederholt, bis die Determinante von A auf $n! = n \cdot (n-1) \cdot \ldots \cdot 2 \cdot 1$ Determinanten von (1×1)-Matrizen zurückgeführt worden ist. Für solche Matrizen $B = (b)$ gilt $\det(B) = b$.

Es macht keinen Unterschied, ob die Determinante nach einer Zeile oder einer Spalte entwickelt wird. Zudem spielt es keine Rolle, welche Zeile bzw. Spalte für die Determinantenberechnung gewählt wird. Bei einer $(n \times n)$-Matrix bestehen für den ersten Laplace-Schritt demnach 2n verschiedene Entwicklungsmöglichkeiten, die zum selben Ergebnis führen. Wie das nachfolgende Beispiel zeigt, ist es sinnvoll, eine Zeile bzw. Spalte mit vielen Nullen für die Laplace-Entwicklung zu wählen.

Beispiel 3-1: Determinantenberechnung nach Laplace

Die Determinante von

$$A = \begin{pmatrix} 1 & 0 & 3 \\ -1 & 4 & 2 \\ 3 & 1 & 0 \end{pmatrix}$$

wird nach der dritten Spalte entwickelt als:

$$\det(A) = (-1)^{1+3} \cdot 3 \cdot \det\begin{pmatrix} -1 & 4 \\ 3 & 1 \end{pmatrix} + (-1)^{2+3} \cdot 2 \cdot \det\begin{pmatrix} 1 & 0 \\ 3 & 1 \end{pmatrix} + (-1)^{3+3} \cdot 0 \cdot \det\begin{pmatrix} 1 & 0 \\ -1 & 4 \end{pmatrix}$$

Die notwendige Berechnung der Determinanten der (2×2)-Matrizen erfolgt jeweils nach der ersten Zeile:

$$\det\begin{pmatrix} -1 & 4 \\ 3 & 1 \end{pmatrix} = (-1)^{1+1} \cdot (-1) \cdot \det(1) + (-1)^{1+2} \cdot 4 \cdot \det(3) = 1 \cdot (-1) \cdot 1 - 1 \cdot 4 \cdot 3 = -13$$

$$\det\begin{pmatrix} 1 & 0 \\ 3 & 1 \end{pmatrix} = (-1)^{1+1} \cdot 1 \cdot \det(1) + (-1)^{1+2} \cdot 0 \cdot \det(3) = 1 \cdot 1 \cdot 1 - 1 \cdot 0 \cdot 3 = 1$$

Die Berechnung von $\det\begin{pmatrix} 1 & 0 \\ -1 & 4 \end{pmatrix}$ erübrigt sich, da das Ergebnis hiervon ohnehin mit Null multipliziert wird. Insgesamt folgt also:

$$\det(A) = (-1)^{1+3} \cdot 3 \cdot (-13) + (-1)^{2+3} \cdot 2 \cdot 1 + 0 = -41$$

Im Falle von (2×2)- und (3×3)-Matrizen existieren Vereinfachungen zum Laplace-Entwicklungssatz.

So gilt bei (2×2)-Matrizen schlicht:

$$\det\begin{pmatrix} a & b \\ c & d \end{pmatrix} = a\cdot d - c\cdot b$$

Bei (3×3)-Matrizen lässt sich die Sarrus-Regel anwenden. Hierzu ist zunächst die erste, dann die zweite Spalte nochmals rechts neben die Matrix zu schreiben. Die Determinante lässt sich dann durch Aufsummieren der Produkte berechnen, die sich durch Multiplikation der Elemente auf den Diagonalen von links oben nach rechts unten ergeben, und anschließendes Subtrahieren der Produkte, die sich durch Multiplikation der Elemente auf den Diagonalen von links unten nach rechts oben ergeben. Formal dargestellt bedeutet dies:

$$A = \left(\begin{array}{ccc} a_{11} & a_{12} & a_{13} \\ a_{21} & a_{22} & a_{23} \\ a_{31} & a_{32} & a_{33} \end{array}\right) \begin{array}{cc} a_{11} & a_{12} \\ a_{21} & a_{22} \\ a_{31} & a_{32} \end{array}$$

$$\begin{aligned} \det(A) = {} & a_{11}\cdot a_{22}\cdot a_{33} + a_{12}\cdot a_{23}\cdot a_{31} + a_{13}\cdot a_{21}\cdot a_{32} \\ & - a_{31}\cdot a_{22}\cdot a_{13} - a_{32}\cdot a_{23}\cdot a_{11} - a_{33}\cdot a_{21}\cdot a_{12} \end{aligned}$$

Beispiel 3-2: Determinantenberechnung über die Sarrus-Regel

Die vereinfachte Bestimmung der Determinante von

$$A = \begin{pmatrix} 1 & 0 & 3 \\ 0 & 1 & 2 \\ 3 & -4 & 2 \end{pmatrix}$$

über die Sarrus-Regel ergibt:

$$\left(\begin{array}{ccc} 1 & 0 & 3 \\ 0 & 1 & 2 \\ 3 & -4 & 2 \end{array}\right) \begin{array}{cc} 1 & 0 \\ 0 & 1 \\ 3 & -4 \end{array}$$

$$\begin{aligned} \det(A) &= 1\cdot 1\cdot 2 + 0\cdot 2\cdot 3 + 3\cdot 0\cdot(-4) - 3\cdot 1\cdot 3 - (-4)\cdot 2\cdot 1 - 2\cdot 0\cdot 0 \\ &= 2 + 0 + 0 - 9 + 8 - 0 = 1 \end{aligned}$$

Für Matrizen, deren Ordnung (3×3) überschreitet, existieren keine derartigen Vereinfachungen. Bei speziellen Matrizen lässt sich die Determinante jedoch infolge einer reduzierten Laplace-Entwicklung leicht ablesen:

- $\det(E) = 1$
- Die Determinante einer oberen oder unteren Dreiecksmatrix lässt sich als Produkt der Komponenten auf der Hauptdiagonale bestimmen.
- Enthält eine Matrix eine Nullzeile oder –spalte, so ist deren Determinante Null.

Ebenso ist die Determinante einer Matrix Null, die zwei Zeilen (bzw. Spalten) enthält, die Vielfache voneinander sind. Gleiches gilt für eine Matrix, bei der eine Zeile (bzw. Spalte) als Linearkombination aus anderen Zeilen bzw. Spalten hervorgeht, denn EZUs (bzw. elementare Spaltenumformungen) wirken sich wie folgt auf die Determinante einer Matrix aus:

- Werden innerhalb einer Matrix Zeilen miteinander vertauscht, ändert sich bei jedem Zeilentausch das Vorzeichen der Determinante.
- Wird in einer Matrix eine Zeile mit einem Skalar c multipliziert, ändert sich die Determinante um den Faktor c.
- Eine Addition bzw. Subtraktion eines Vielfachen einer Zeile zu einer anderen Zeile verändert die Determinante nicht.

Wird zusätzlich zur soeben genannten Addition bzw. Subtraktion die zu verändernde Zeile mit einem Skalar c multipliziert, bewirkt dies hingegen eine Veränderung der Determinante um den Faktor c.

Eine Multiplikation der zu verändernden Zeile mit einem Skalar führt also zu einer Veränderung der Determinante, während eine Multiplikation der Zeile, mit der die Veränderung durchgeführt wird, keine Auswirkung auf die Determinante hat.

Die Determinante einer Matrix kann folglich auch durch Umformung zu einer Dreiecksmatrix mit anschließender Berücksichtigung der Auswirkungen der durchgeführten EZUs berechnet werden.

Alternative : Achtung Rechenfehler !!

Beispiel 3-3: Determinantenberechnung über EZUs

Um die Determinante von

$$A=\begin{pmatrix}3 & -2 & 1 & 0\\ 0 & 4 & 3 & 4\\ 6 & -4 & 2 & -5\\ 4 & -1 & 0 & 2\end{pmatrix}$$

zu bestimmen, wird diese in eine Dreiecksmatrix überführt:

$$\begin{pmatrix}3 & -2 & 1 & 0\\ 0 & 4 & 3 & 4\\ 6 & -4 & 2 & -5\\ 4 & -1 & 0 & 2\end{pmatrix}\begin{matrix}\\ \text{III}-2\cdot\text{I}\\ 3\cdot\text{IV}-4\cdot\text{I}\\ \\ \end{matrix}\begin{pmatrix}3 & -2 & 1 & 0\\ 0 & 4 & 3 & 4\\ 0 & 0 & 0 & -5\\ 0 & 5 & -4 & 6\end{pmatrix}4\cdot\text{IV}-5\cdot\text{II}$$

$$\begin{pmatrix}3 & -2 & 1 & 0\\ 0 & 4 & 3 & 4\\ 0 & 0 & 0 & -5\\ 0 & 0 & -31 & 4\end{pmatrix}\ \text{III}\leftrightarrow\text{IV}\ \begin{pmatrix}3 & -2 & 1 & 0\\ 0 & 4 & 3 & 4\\ 0 & 0 & -31 & 4\\ 0 & 0 & 0 & -5\end{pmatrix}$$

↳ ·(−1) s.u.

Die Determinante der Dreiecksmatrix ergibt sich vereinfacht als Produkt der Komponenten der Hauptdiagonale zu:

$$\det\begin{pmatrix}3 & -2 & 1 & 0\\ 0 & 4 & 3 & 4\\ 0 & 0 & -31 & 4\\ 0 & 0 & 0 & -5\end{pmatrix}=3\cdot 4\cdot(-31)\cdot(-5)=1860$$

→ :3 teilen
→ :4 teilen
→ ·(−1)

Berücksichtigt man alle Auswirkungen der durchgeführten EZUs auf die Determinante von A, so folgt $\det(A)=\frac{1}{3}\cdot\frac{1}{4}\cdot(-1)\cdot 1860=-155$.

Im Folgenden sind einige Rechenregeln im Umgang mit Determinanten aufgeführt. Dabei seien $A, B \in \mathbb{R}^{n\times n}$ und $c \in \mathbb{R}$.

- $\det\left(A^T\right)=\det(A)$ — Determinante ändert sich nicht, wenn man Matrix transponiert.
- $\det(c\cdot A)=c^n\cdot\det(A)$
- $\det(A\cdot B)=\det(A)\cdot\det(B)$

! (nur bei quadrat. Matrizen) !

Die Determinante einer Summe von Matrizen lässt sich nicht vereinfachen. Es ist zu beachten, dass im Allgemeinen $\det(A+B) \neq \det(A)+\det(B)$ gilt.

Determinanten und von diesen abgeleitete Größen sind zentrale Bestandteile wichtiger Formulierungen aus Analysis und Linearer Algebra, welche zum Teil in den nachstehenden Kapiteln behandelt werden. Die wichtigsten dieser Größen werden im Folgenden zunächst definiert.

Definition 3-3: Minoren

Minoren sind Determinanten von Streichungsmatrizen, bei denen jeweils gleich viele beliebige Zeilen und Spalten gestrichen wurden. Sind die Indizes der gestrichenen Zeilen und Spalten gleich (ist somit $i=j$), so handelt es sich um Hauptminoren. Sukzessive Hauptminoren sind die Determinanten aller Matrizen, die durch das sukzessive Streichen der jeweils letzten Zeile und Spalte einer Matrix entstehen. Hierzu zählt auch die Determinante der Ausgangsmatrix selbst. Folglich besitzt eine Matrix $A \in \mathbb{R}^{n \times n}$ n sukzessive Hauptminoren. Zu diesen zählt als nullter sukzessiver Hauptminor $\det(A)$. Der zweite sukzessive Hauptminor von

1 2 3 4 Hauptminor

$$A = \begin{pmatrix} -2 & 2 & 0 & 4 \\ 4 & 3 & 7 & -1 \\ 0 & 5 & 2 & 5 \\ 7 & 3 & 9 & 1 \end{pmatrix}$$

ergibt sich folglich als: $\det\left((A_{44})_{33}\right) = \det\begin{pmatrix} -2 & 2 \\ 4 & 3 \end{pmatrix} = -14$

Definition 3-4: Kofaktormatrix

Die Kofaktormatrix C zu einer quadratischen Matrix A setzt sich aus den zu a_{ij} gehörenden Kofaktoren c_{ij} mit $c_{ij} = (-1)^{i+j} \cdot \det(A_{ij})$ zusammen. Kofaktormatrix und Ausgangsmatrix besitzen somit die gleiche Ordnung. So ergibt sich beispielsweise die Kofaktormatrix von

$$A = \begin{pmatrix} 2 & -1 & 4 \\ 1 & 2 & 3 \\ 0 & 1 & 0 \end{pmatrix}$$

als: $$C = \begin{pmatrix} \det(A_{11}) & -\det(A_{12}) & \det(A_{13}) \\ -\det(A_{21}) & \det(A_{22}) & -\det(A_{23}) \\ \det(A_{31}) & -\det(A_{32}) & \det(A_{33}) \end{pmatrix}$$

$$= \begin{pmatrix} 2\cdot 0 - 1\cdot 3 & -(1\cdot 0 - 0\cdot 3) & 1\cdot 1 - 0\cdot 2 \\ -((-1)\cdot 0 - 1\cdot 4) & 2\cdot 0 - 0\cdot 4 & -(2\cdot 1 - 0\cdot(-1)) \\ (-1)\cdot 3 - 2\cdot 4 & -(2\cdot 3 - 1\cdot 4) & 2\cdot 2 - 1\cdot(-1) \end{pmatrix} = \begin{pmatrix} -3 & 0 & 1 \\ 4 & 0 & -2 \\ -11 & -2 & 5 \end{pmatrix}$$

3.2 Inverse

In Kapitel 1.2 wurden einige Matrixoperationen definiert. Dabei wurde eine Matrixdivision ausgeschlossen. Anstelle der Matrixdivision tritt für quadratische Matrizen die Multiplikation mit einer Inverse, ähnlich der Multiplikation mit dem Kehrwert eines Skalars, die eine Skalardivision ersetzt.

Definition 3-5: Inverse

Eine quadratische Matrix A besitzt genau dann eine Inverse, wenn eine quadratische Matrix B existiert, so dass $A \cdot B = E$ und $B \cdot A = E$ gilt. B ist in diesem Fall eindeutig bestimmt, heißt Inverse von A und wird mit A^{-1} bezeichnet. Es gilt also $A \cdot A^{-1} = A^{-1} \cdot A = E$. Eine quadratische Matrix, die eine Inverse besitzt, heißt regulär. Besitzt die Matrix keine Inverse, heißt sie singulär.

Um die Existenz einer Inverse nachzuweisen, bedient man sich der Determinante als Kennzahl. Inversen lassen sich nur von Matrizen bestimmen, deren Determinante ungleich Null ist. Demnach ist jede Matrix singulär, deren Determinante Null ist. Alle anderen quadratischen Matrizen sind regulär. Die Inverse einer regulären Matrix kann mithilfe von elementaren Zeilenumformungen oder über Ihre Kofaktormatrix bestimmt werden.

Jede reguläre Matrix $A \in \mathbb{R}^{n\times n}$ lässt sich durch endlich viele EZUs (bzw. elementare Spaltenumformungen) in eine Einheitsmatrix umformen. Die Umformungen ersetzen somit jeweils eine Multiplikation mit deren Inverse A^{-1}. Im Falle von EZUs handelt es sich um eine Multiplikation von links, im Falle von elementaren Spaltenumformungen um eine Multiplikation von rechts. Die Anwendung derselben EZUs auf eine Matrix $B \in \mathbb{R}^{n\times k}$ (bzw. der elementaren Spaltenumformungen auf eine Matrix $B \in \mathbb{R}^{m\times n}$) ersetzen auch hier die Multiplikation mit A^{-1} von links (von rechts).

Handelt es sich bei der umzuformenden Matrix um die Einheitsmatrix, so erhält man $A^{-1} \cdot E = E \cdot A^{-1} = A^{-1}$. Um die Inverse zu bestimmen, können folglich EZUs auf die partitionierte Matrix $(A \mid E)$ derart angewendet werden, dass in der linken Partition die Matrix E entsteht. Die rechte Partition enthält danach automatisch die Inverse, so dass sich $\left(E \mid A^{-1}\right)$ ergibt.

Beispiel 3-4: **Bestimmung der Inverse über EZUs**

Eine Inversion von

$$A = \begin{pmatrix} 2 & 1 & 3 \\ 1 & 2 & 0 \\ 0 & 1 & 0 \end{pmatrix}$$

erfolgt über die Umwandlung von $(A \mid E)$ in $\left(E \mid A^{-1}\right)$:

$$\left(\begin{array}{ccc|ccc} 2 & 1 & 3 & 1 & 0 & 0 \\ 1 & 2 & 0 & 0 & 1 & 0 \\ 0 & \boxed{1} & 0 & 0 & 0 & 1 \end{array}\right) \begin{array}{c} I - III \\ II - 2 \cdot III \end{array} \left(\begin{array}{ccc|ccc} 2 & 0 & 3 & 1 & 0 & -1 \\ \boxed{1} & 0 & 0 & 0 & 1 & -2 \\ 0 & 1 & 0 & 0 & 0 & 1 \end{array}\right) I - 2 \cdot II$$

Einheitsmatrix

$$\left(\begin{array}{ccc|ccc} 0 & 0 & \boxed{3} & 1 & -2 & 3 \\ 1 & 0 & 0 & 0 & 1 & -2 \\ 0 & 1 & 0 & 0 & 0 & 1 \end{array}\right) \begin{array}{c} I:3 \\ II \leftrightarrow III \\ I_n \leftrightarrow III_n \end{array} \left(\begin{array}{ccc|ccc} 1 & 0 & 0 & 0 & 1 & -2 \\ 0 & 1 & 0 & 0 & 0 & 1 \\ 0 & 0 & 1 & \frac{1}{3} & -\frac{2}{3} & 1 \end{array}\right)$$

Aus $\left(E \mid A^{-1}\right)$ lässt sich A^{-1} ablesen:

Inverse:

$$A^{-1} = \begin{pmatrix} 0 & 1 & -2 \\ 0 & 0 & 1 \\ \frac{1}{3} & -\frac{2}{3} & 1 \end{pmatrix}$$

Vereinfacht lassen sich die Inversen von regulären Matrizen kleiner Ordnung erstellen. Die Inverse einer (1×1)-Matrix $A = (a)$ ist $\forall\, a \in \mathbb{R} \setminus \{0\}$:

$$A^{-1} = \left(\tfrac{1}{a}\right)$$ Kehrwert

Die Inverse (2×2)-Matrix $B = \begin{pmatrix} a & b \\ c & d \end{pmatrix}$ ist $\forall\; (a \cdot d - c \cdot b) \in \mathbb{R} \setminus \{0\}$:

$$B^{-1} = \frac{1}{a \cdot d - c \cdot b} \cdot \begin{pmatrix} d & -b \\ -c & a \end{pmatrix}$$

Der Nenner des jeweiligen Bruchs enthält die Determinante der zu invertierenden Matrix.

Beispiel 3-5: **Inversion einer (2×2)-Matrix**

Die Inverse der Matrix $A = \begin{pmatrix} 1 & 2 \\ 1 & 0 \end{pmatrix}$ kann vereinfacht bestimmt werden über:

$$\begin{pmatrix} 1 & 2 \\ 1 & 0 \end{pmatrix}^{-1} = \frac{1}{1 \cdot 0 - 1 \cdot 2} \cdot \begin{pmatrix} 0 & -2 \\ -1 & 1 \end{pmatrix} = -\frac{1}{2} \cdot \begin{pmatrix} 0 & -2 \\ -1 & 1 \end{pmatrix} = \begin{pmatrix} 0 & 1 \\ \frac{1}{2} & -\frac{1}{2} \end{pmatrix}$$

Alternativ lässt sich die Inverse einer Matrix auch über deren Kofaktormatrix bestimmen. Hierzu ist zunächst $A \cdot C^T$ zu bilden:

$$A\cdot C^T=\begin{pmatrix} a_{11} & \cdots & a_{1j} & \cdots & a_{1n}\\ \vdots & \ddots & \vdots & & \vdots\\ a_{i1} & \cdots & a_{ij} & \cdots & a_{in}\\ \vdots & & \vdots & \ddots & \vdots\\ a_{n1} & \cdots & a_{nj} & \cdots & a_{nn}\end{pmatrix}\cdot\begin{pmatrix} c_{11} & \cdots & c_{i1} & \cdots & c_{n1}\\ \vdots & \ddots & \vdots & & \vdots\\ c_{1j} & \cdots & c_{ij} & \cdots & c_{nj}\\ \vdots & & \vdots & \ddots & \vdots\\ c_{1n} & \cdots & c_{in} & \cdots & c_{nn}\end{pmatrix}$$

$$=\begin{pmatrix} \sum\limits_{j=1}^{n} a_{1j}\cdot c_{1j} & \cdots & \sum\limits_{j=1}^{n} a_{1j}\cdot c_{ij} & \cdots & \sum\limits_{j=1}^{n} a_{1j}\cdot c_{nj}\\ \vdots & \ddots & \vdots & & \vdots\\ \sum\limits_{j=1}^{n} a_{ij}\cdot c_{1j} & \cdots & \sum\limits_{j=1}^{n} a_{ij}\cdot c_{ij} & \cdots & \sum\limits_{j=1}^{n} a_{ij}\cdot c_{nj}\\ \vdots & & \vdots & \ddots & \vdots\\ \sum\limits_{j=1}^{n} a_{nj}\cdot c_{1j} & \cdots & \sum\limits_{j=1}^{n} a_{nj}\cdot c_{ij} & \cdots & \sum\limits_{j=1}^{n} a_{nj}\cdot c_{nj}\end{pmatrix}$$

Für die Komponenten der Hauptdiagonale gilt $\sum_{j=1}^{n} a_{ij}\cdot c_{ij}=\det(A)$. Hierbei handelt es sich jeweils um Laplace-Entwicklungen der Determinante von A nach Zeile i (mit $i=1,\dots,n$).

Für die Komponenten außerhalb der Hauptdiagonale gilt $\sum_{j=1}^{n} a_{ij}\cdot c_{kj}=0 \;\; \forall \;\; i\neq k$. Nachfolgend wird eine Intuition für die Validität dieser Aussage gegeben. Eine durch diese Summe berechnete Kennzahl der Matrix A ist unabhängig von den in Zeile k enthaltenen Komponenten, denn diese gehen nicht in die Berechnung der Kennzahl ein. Alle Matrizen, die sich von A nur durch andere Komponenten in Zeile k unterscheiden, besitzen somit die gleiche Kennzahl wie A. Folglich weist auch die Matrix diese Kennzahl auf, welche in Zeile k dieselben Komponenten enthält wie in Zeile i. In diesem Fall entspricht die Kennzahl gerade der Determinante von A, da dann $\sum_{j=1}^{n} a_{ij}\cdot c_{kj}=\sum_{j=1}^{n} a_{ij}\cdot c_{ij}=\sum_{j=1}^{n} a_{kj}\cdot c_{kj}$ (Laplace-Entwicklungen nach den inhaltsgleichen Zeilen i und k), welche aufgrund zweier gleicher Zeilen (Zeile i = Zeile k) Null ist. Somit folgt:

$$A\cdot C^T=\begin{pmatrix} \det(A) & \cdots & 0 & \cdots & 0\\ \vdots & \ddots & \vdots & & \vdots\\ 0 & \cdots & \det(A) & \cdots & 0\\ \vdots & & \vdots & \ddots & \vdots\\ 0 & \cdots & 0 & \cdots & \det(A)\end{pmatrix}$$

Herleitung nicht relevant

$$A \cdot C^T = \det(A) \cdot E$$

$$C^T = A^{-1} \cdot \det(A)$$

$$A^{-1} = \frac{1}{\det(A)} \cdot C^T$$

Beispiel 3-6: Bestimmung der Inverse über die Kofaktormatrix

Zur Inversion von

$$A = \begin{pmatrix} 2 & -1 & 4 \\ 1 & 2 & 3 \\ 0 & 1 & 0 \end{pmatrix}$$

wird zunächst die Kofaktormatrix

$$C = \begin{pmatrix} -3 & 0 & 1 \\ 4 & 0 & -2 \\ -11 & -2 & 5 \end{pmatrix}$$

und $\det(A) = -2$ berechnet. Die Inverse ergibt sich dann als:

$$A^{-1} = \frac{1}{\det(A)} \cdot C^T = -\frac{1}{2} \cdot \begin{pmatrix} -3 & 4 & -11 \\ 0 & 0 & -2 \\ 1 & -2 & 5 \end{pmatrix}$$

Für die Matrixinversion lassen sich als Rechenregeln im Falle regulärer (und somit auch quadratischer) Matrizen festhalten:

- $\left(A^{-1}\right)^{-1} = A$
- $D^{-1} \cdot C^{-1} \cdot B^{-1} \cdot A^{-1} = (A \cdot B \cdot C \cdot D)^{-1}$
- $(c \cdot A)^{-1} = \frac{1}{c} \cdot A^{-1} \quad \forall \; c \in \mathbb{R} \setminus \{0\}$
- $\left(A^T\right)^{-1} = \left(A^{-1}\right)^T$
- $\det\left(A^{-1}\right) = \frac{1}{\det(A)}$

egal, ob zuerst transponiert oder invertiert wird.

Wie bei der Determinantenrechnung lässt sich auch hier keine Vereinfachung für die Inverse einer Summe von zwei Matrizen finden. Folglich gilt $A^{-1} + B^{-1} \neq (A+B)^{-1}$.

Ist C die Kofaktormatrix zu $A \in \mathbb{R}^{n \times n}$, so lässt sich herleiten, dass:

- $\det(C) = \det(A)^{n-1}$

3.3 Matrixgleichungen

Jegliche Umformungen von Matrixgleichungen sind nur für quadratische Matrizen uneingeschränkt definiert. Gegenüber Gleichungen mit reellen Zahlen sind in Anlehnung an die bisher aufgeführten Rechenregeln bei Matrixgleichungen folgende Besonderheiten zu beachten:

- Die Multiplikation mit der Inverse einer Matrix ersetzt die Division.
- Aufgrund der Nichtkommutativität der Matrixmultiplikation darf die Reihenfolge der Matrizen bei der Multiplikation nicht vertauscht werden. Somit ist zu beachten, ob die Gleichung von rechts oder von links mit einer Matrix multipliziert wird. Soll beispielsweise die Gleichung $A \cdot X = D$ nach X aufgelöst werden, sind beide Seiten der Gleichung von links mit der Inverse von A zu multiplizieren. Es ergibt sich $A^{-1} \cdot A \cdot X = A^{-1} \cdot D$, somit $E \cdot X = A^{-1} \cdot D$ und schließlich $X = A^{-1} \cdot D$. Würde man beide Seiten der Gleichung von rechts mit A^{-1} multiplizieren, könnte man A und A^{-1} nicht zur Einheitsmatrix zusammenfassen und somit X nicht isolieren.
- Steht bei einer Summe von Matrizen X alleine mit einem Skalar, so verbleibt beim Ausklammern von X nicht der Skalar, sondern der Skalar multipliziert mit der Einheitsmatrix passender Ordnung. Es gilt beispielsweise $A \cdot X + c \cdot X = (A + c \cdot E) \cdot X$, denn $(A + c) \cdot X$ ist nicht definiert. Hier wäre die Summe aus einer Matrix und einer reellen Zahl zu bilden, was im Allgemeinen nicht möglich ist.
- Aufgrund der Kommutativität der Multiplikation mit einem Skalar kann ein Skalar in einem Matrixprodukt an jede beliebige Stelle verschoben werden, es gilt $A \cdot X \cdot c = A \cdot c \cdot X = c \cdot A \cdot X$.

Beispiel 3-7: **Lösen einer Matrixgleichung**

$$A \cdot X - B = X - C + 3 \cdot D \cdot X$$
$$A \cdot X - X - 3 \cdot D \cdot X = B - C$$
$$(A - E - 3 \cdot D) \cdot X = B - C$$
$$(A - E - 3 \cdot D)^{-1} \cdot (A - E - 3 \cdot D) \cdot X = (A - E - 3 \cdot D)^{-1} \cdot (B - C)$$
$$E \cdot X = (A - E - 3 \cdot D)^{-1} \cdot (B - C)$$
$$X = (A - E - 3 \cdot D)^{-1} \cdot (B - C)$$

Enthalten Matrixgleichungen idempotente Matrizen, so lassen sich diese auf besondere Weise vereinfachen.

Definition 3-6: Idempotenz

Eine quadratische Matrix heißt idempotent, falls alle Potenzen dieser Matrix gleich sind. Sei beispielsweise:

$$A = \begin{pmatrix} -9 & -9 & 6 \\ 6 & 6 & -4 \\ -6 & -6 & 4 \end{pmatrix}$$

So folgt: $A = A^2 = \ldots = A^n$.

3.4 Cramer-Regel

Liegt ein quadratisches LGS vor, also ein LGS mit ebenso vielen Gleichungen wie Variablen, lässt sich eine Aussage über die Lösbarkeit des LGS anhand des Determinantenkriteriums treffen. Das zugrunde liegende LGS $A \cdot x = b$ ist genau dann eindeutig lösbar, wenn die Koeffizientenmatrix A invertierbar ist. Die Koeffizientenmatrix ist dann regulär und es gilt $\det(A) \neq 0$. Ist die Koeffizientenmatrix nicht invertierbar, handelt es sich um eine singuläre Koeffizientenmatrix und es gilt $\det(A)=0$. Das zugrunde liegende LGS ist dann nicht eindeutig lösbar.

Falls eine eindeutige Lösung existiert, bestimmt sich diese wie folgt:

$$\begin{aligned} A\cdot x &= b \\ A^{-1}\cdot A\cdot x &= A^{-1}\cdot b \\ E\cdot x &= A^{-1}\cdot b \\ x &= A^{-1}\cdot b \end{aligned}$$

Substituiert man A^{-1} durch $\frac{1}{\det(A)}\cdot C^T$, der Bestimmung der Inverse über die Kofaktormatrix, so lässt sich zeigen, wie die Lösung ausschließlich durch eine Verknüpfung von Determinanten berechnet werden kann. Dieses Verfahren wird Cramer-Regel genannt und nachfolgend beschrieben.

$$x = A^{-1}\cdot b = \frac{1}{\det(A)}\cdot C^T\cdot b = \frac{1}{\det(A)}\cdot \begin{pmatrix} \sum_{i=1}^{n} b_i\cdot c_{i1} \\ \vdots \\ \sum_{i=1}^{n} b_i\cdot c_{ij} \\ \vdots \\ \sum_{i=1}^{n} b_i\cdot c_{in} \end{pmatrix}$$

Die Komponenten des Vektors $\left(\sum_{i=1}^{n} b_i\cdot c_{i1} \;\cdots\; \sum_{i=1}^{n} b_i\cdot c_{ij} \;\cdots\; \sum_{i=1}^{n} b_i\cdot c_{in}\right)^T$ gleichen Laplace-Entwicklungen der Determinante einer Matrix A_j (mit $j=1,\ldots,n$) nach Spalte j. A_j stellt dabei eine modifizierte Koeffizientenmatrix dar, bei der die j-te Spalte durch den Ergebnisvektor b ersetzt wird. Bei Berücksichtigung der Determinante der modifizierten Koeffizientenmatrizen ergibt sich der Lösungsvektor als:

$$x = \frac{1}{\det(A)}\cdot \begin{pmatrix} \det(A_1) \\ \vdots \\ \det(A_j) \\ \vdots \\ \det(A_n) \end{pmatrix}$$

Beispiel 3-8: **Anwendung der Cramer-Regel zur Lösung eines LGS**

$$\begin{aligned} 2x_1 &- x_2 + 4x_3 = 5 \\ x_1 &+ x_2 + 3x_3 = -4 \\ 4x_1 &- x_2 + 8x_3 = 7 \end{aligned}$$

Das obige LGS kann über die Cramer-Regel durch die Bestimmung der Determinanten der modifizierten Koeffizientenmatrizen A_1, A_2, A_3 und der Determinante von A gelöst werden. Hierfür ergeben sich:

$$A = \begin{pmatrix} 2 & -1 & 4 \\ 1 & 1 & 3 \\ 4 & -1 & 8 \end{pmatrix},\ A_1 = \begin{pmatrix} 5 & -1 & 4 \\ -4 & 1 & 3 \\ 7 & -1 & 8 \end{pmatrix},\ A_2 = \begin{pmatrix} 2 & 5 & 4 \\ 1 & -4 & 3 \\ 4 & 7 & 8 \end{pmatrix},\ A_3 = \begin{pmatrix} 2 & -1 & 5 \\ 1 & 1 & -4 \\ 4 & -1 & 7 \end{pmatrix}$$

$$\det(A) = -2,\ \det(A_1) = -10,\ \det(A_2) = 6,\ \det(A_3) = 4$$

Der Lösungsvektor x resultiert aus der Verknüpfung dieser Determinanten:

$$x = \frac{1}{\det(A)} \cdot \begin{pmatrix} \det(A_1) \\ \det(A_2) \\ \det(A_3) \end{pmatrix} = \frac{1}{-2} \cdot \begin{pmatrix} -10 \\ 6 \\ 4 \end{pmatrix} = \begin{pmatrix} 5 \\ -3 \\ -2 \end{pmatrix}$$

3.5 Aufgaben

Aufgabe 3.1:

$$A = \begin{pmatrix} 1 & 0 & 5 & 3 & 9 \\ 0 & 0 & 0 & 0 & 4 \\ -3 & 5 & 0 & 6 & 3 \\ 8 & 2 & 0 & 4 & 8 \\ 3 & 2 & 0 & 2 & 4 \end{pmatrix}$$

Bestimmen Sie $\det(A)$ über den Laplace-Entwicklungssatz.

Aufgabe 3.2:

$$A=\begin{pmatrix}0&1&2&2&1\\0&0&0&2&1\\0&7&13&-2&5\\1&12&3&3&7\\0&1&2&4&1\end{pmatrix},\quad B=\begin{pmatrix}0&1&2&2&1\\0&0&0&10&1\\0&7&13&-2&5\\1&12&3&3&7\\0&1&2&4&1\end{pmatrix}$$

Berechnen Sie $\det(A)$ über den Laplace-Entwicklungssatz. Wie groß ist $\det(B)$?

Aufgabe 3.3:

$$A=\begin{pmatrix}0&0&2\\0&0{,}5&a\\3&b&1\end{pmatrix},\quad B=\begin{pmatrix}0&0&0&0&1\\0&0&0&2&0\\0&0&-1&1&2\\0&4&4&a&1\\2&b&0&c&-1\end{pmatrix}$$

Berechnen Sie $\det(A)$ und $\det(B)$ mit $a,b,c\in\mathbb{R}$.

Aufgabe 3.4:

$$A=\begin{pmatrix}0&0&0&0&0&1\\0&-4&0&b&3&5\\0&0&0&2&0&0\\1&e^b&0&4&7&3b\\0&1/6&0&19&b/4&1\\b^7&1/b&3&1&5b^4&5\end{pmatrix}$$

Bestimmen Sie $\det(A)$ in Abhängigkeit von $b\in\mathbb{R}\backslash\{0\}$ über den Laplace-Entwicklungssatz. Wägen Sie vorher genau ab, nach welchen Zeilen bzw. Spalten Sie entwickeln sollten. Ist die Matrix für $b=-0{,}5$ regulär?

Aufgabe 3.5:

$$A = \begin{pmatrix} 2 & 0 & 1 \\ -1 & 2 & a \\ 3 & 1 & 4 \end{pmatrix}$$

Für welchen Wert des Parameters $a \in \mathbb{R}$ ist $\det(A) = 0$?

Aufgabe 3.6:

$$A = \begin{pmatrix} 2 & 5 & -4 & 2 \\ -3 & -4 & 6 & 4 \\ 4 & 2 & -8 & -5 \\ ? & ? & ? & ? \end{pmatrix}$$

Welche der nachfolgend aufgeführten Zeilenvektoren können in die vierte Zeile eingesetzt werden, so dass gilt $\det(A) = 0$?

a) $\begin{pmatrix} 0 & 0 & 0 & 0 \end{pmatrix}$

b) $\begin{pmatrix} 6 & 7 & 12 & -3 \end{pmatrix}$

c) $\begin{pmatrix} 3 & 97 & -6 & 2 \end{pmatrix}$

d) $\begin{pmatrix} \ln 6 & -\ln 7 & -\ln 36 & \ln 18 \end{pmatrix}$

e) $\begin{pmatrix} e^{4} & e^{2} & e^{-8} & e^{-5} \end{pmatrix}$

f) $\begin{pmatrix} \sqrt{2} & \sqrt{5} & -\sqrt{8} & \sqrt{2} \end{pmatrix}$

Aufgabe 3.7:

$$A = \begin{pmatrix} a+3 & 2 & 1 \\ 0 & 1-a & 0 \\ 0 & 7 & a+2 \end{pmatrix}$$

Bestimmen Sie $\det(A)$ in Abhängigkeit von $a \in \mathbb{R}$.

Aufgabe 3.8:

$$A = \begin{pmatrix} 1 & -4 & -3 \\ 2 & 1 & 0 \\ -1 & 4 & -1 \end{pmatrix}$$

Bestimmen Sie die Kofaktormatrix zu A.

Aufgabe 3.9:

$$A = \begin{pmatrix} a & b & c & d \\ 4 & 4 & -2 & 4 \\ 1 & 2 & -3 & 1 \\ -2 & -4 & 2 & 11 \end{pmatrix}$$

Bestimmen Sie $a, b, c, d \in \mathbb{R}$, so dass alle sukzessiven Hauptminoren von A gleich sind und $a + b + c + d = 19$ gilt. Geben Sie zudem det(A) an.

Aufgabe 3.10:

Zeigen Sie, dass für $A \in \mathbb{R}^{n\times n}$ mit $\det(A) \neq 0$ gilt:

$$\det\left(A^{-1}\right) = \frac{1}{\det(A)}$$

Sie können die folgenden Formeln benutzen:

1.) $\det(A \cdot B) = \det(A) \cdot \det(B)$ 2.) $\det(E) = 1$

Aufgabe 3.11:

$$A = \begin{pmatrix} 1 & 3 & 4 \\ 1 & 0 & 3 \\ 0 & 3 & 2 \end{pmatrix}, \quad B = \begin{pmatrix} 2 & 1 & 0 \\ 0 & 2 & 2 \\ 1 & 3 & 3 \end{pmatrix}$$

Berechnen Sie: $x = \left[\det(A) \cdot \det(A \cdot B)\right] \cdot 5 \cdot \det\left(A \cdot B^{-1}\right)$

Aufgabe 3.12:

Berechnen Sie: $A=\begin{pmatrix}4 & 2\\ -1 & 3\end{pmatrix}^2-\begin{pmatrix}2 & 2\\ 3 & 4\end{pmatrix}^{-1}$

Aufgabe 3.13:

$$A=\begin{pmatrix}4+4a & 4\\ 9 & 11\end{pmatrix},\quad B=\begin{pmatrix}3 & 4\\ 2 & 3\end{pmatrix},\quad C=\frac{1}{\det(B)}\cdot(B^2-E)$$

Berechnen Sie C. Welche Aussage können Sie in Abhängigkeit des Parameters $a\in\mathbb{R}$ über die Relation zwischen A und C machen?

Aufgabe 3.14:

$$A=\begin{pmatrix}-1 & -1 & 0 & -2\\ -3 & 10 & 3 & 1\\ 2 & -3 & -1 & 2\\ 1 & 0 & 0 & 0\end{pmatrix},\quad B=\begin{pmatrix}2 & 2 & 0 & 4\\ -9 & 30 & 9 & 3\\ 1 & -4 & -1 & 0\\ 1 & 0 & 0 & 0\end{pmatrix},\quad C=\begin{pmatrix}1 & 1 & 3 & -1\\ 1 & -3/2 & -10 & 0\\ 0 & -1/2 & -3 & 0\\ 2 & 1 & -1 & 0\end{pmatrix}$$

a) Berechnen Sie $\det(A)$ über den Laplace-Entwicklungssatz.

b) Stellen Sie $\det(B)$ und $\det(C)$ in Abhängigkeit von $\det(A)$ dar. Berechnen Sie in einem zweiten Schritt die Determinanten.

c) Berechnen Sie: $x=\dfrac{\det(C^{-1})\cdot\left(\det(2\cdot A)+2\cdot\det(B^T)\right)}{2}-\dfrac{\det(A^{-1})\cdot\det(C^{-1})^{-\frac{\det(B)}{15}}}{4\cdot\det(A^{-1}\cdot B^{-1}\cdot A^{-1})}$

Aufgabe 3.15:

$$A=\begin{pmatrix}3 & 0 & 3\\ 2 & -2 & 2\\ 4 & 2 & 0\end{pmatrix},\quad B=\begin{pmatrix}3 & 0 & 3\\ 6 & 0 & 2\\ 4 & 2 & 0\end{pmatrix}$$

Ermitteln Sie: $x=\left[\det(2\cdot A)-2\cdot\det(B)\right]\cdot\det(A^{-1})$

Aufgabe 3.16:

$$A=\begin{pmatrix}2&4&0&3\\1&3&3&2\\0&0&2&2\\0&0&2&1\end{pmatrix},\quad B=\begin{pmatrix}0&0&2&1\\0&0&2&2\\1&3&3&2\\2&4&0&3\end{pmatrix}$$

Berechnen Sie: $x=\left(\det(A)-\det(B)+\det\left(A^T\right)\cdot\det\left(A^{-1}\right)\right)\cdot\left(1-\det(A+B)\right)$

Aufgabe 3.17:

$$A=\begin{pmatrix}1&-3&4&6\\5&0&-4&0\\11&2&1&-4\\2&1&3&-2\end{pmatrix},\quad B=\begin{pmatrix}2&2&1\\2&1&2\\1&2&2\end{pmatrix},\quad C=\begin{pmatrix}4&0&1&1\\3&2&3&2\\-1&1&-5&4\\2&3&4&8\end{pmatrix}$$

Berechnen Sie: $x=\det\left(B^2\right)^{-1}\cdot\det(C\cdot A)-\det(2\cdot B)\cdot\det\left(C^{-1}\right)^{\det(A)}$

Aufgabe 3.18:

$$A=\begin{pmatrix}4&-3&5\\0&-1&7\\0&0&-2\end{pmatrix},\quad B=\begin{pmatrix}-5{,}5&5\\7{,}5&2\end{pmatrix}$$

Berechnen Sie: $X=\frac{1}{2}\cdot B\cdot\det\left(4A^{-1}\right)+B^T\cdot 4\cdot\det(A)\cdot\left(B^{-1}\right)^T$

Aufgabe 3.19:

$$A=\begin{pmatrix}-1&1&2\\0&2&2\\5&3&-1\end{pmatrix},\quad B=\begin{pmatrix}3&4&-2\\3&4&0\\2&3&0\end{pmatrix},\quad C=\begin{pmatrix}1&1&1\\1&7&2\\3&-1&2\end{pmatrix}$$

Berechnen Sie: $x=\dfrac{\det\left(A^{-1}\cdot B^{-1}\cdot C^{-1}\right)\cdot\det\left(2\cdot A^T\right)+6\cdot\det(E)}{\det\left(\left(A^T\right)^3\right)\cdot\det\left(C^{-1}\right)+\det(3\cdot 0)\cdot\det\left(B^2\right)}$

Aufgabe 3.20:

$$A=\begin{pmatrix}3&0&0\\1&-4&0\\0&2&1\end{pmatrix},\ B=\begin{pmatrix}3&-6&9\\0&2&3\\0&0&-2\end{pmatrix},\ C=\begin{pmatrix}1&-1&1\\2&3&4\\5&6&7\end{pmatrix}$$

Bestimmen Sie: $x=\dfrac{\det\left(A^T\right)^{-1}\cdot\det\left(A^3\cdot B\cdot C\right)\cdot\det\left(\left(A+B\right)^{-1}\right)^4}{\det\left(C^{-1}\right)}$

Aufgabe 3.21:

$$A=\begin{pmatrix}1&2&-k\\-2&k&1\\0&k&k\end{pmatrix}$$

Für welche Werte von $k\in\mathbb{R}$ existiert A^{-1} nicht?

Aufgabe 3.22:

$$A=\begin{pmatrix}-5&3&a-3\\1&a-1&0\\0&-1&2\end{pmatrix}$$

Für welche Werte des Parameters $a\in\mathbb{R}$ existiert die Inverse der Kofaktormatrix zu A nicht?

Aufgabe 3.23:

$$A=\begin{pmatrix}2&-1&4\\2&-3&-1\end{pmatrix},\ B=\begin{pmatrix}4&-10\\3&-8\\-1&3\end{pmatrix}$$

Zeigen Sie, dass $A\cdot B=E$ gilt. Ist B somit die Inverse von A?

Aufgabe 3.24:

$$A = \left(-\tfrac{1}{42}\right),\ B = \begin{pmatrix} -1 & -8 \\ 2 & 4 \end{pmatrix},\ C = \begin{pmatrix} 1 & 4 & 3 \\ 0 & 2 & 0 \\ 2 & 4 & 7 \end{pmatrix}$$

Bestimmen Sie, falls möglich, die Inversen von A, B und C.

Aufgabe 3.25:

$$A = \begin{pmatrix} 1 & 1 & 1 \\ 1 & 2 & 3 \\ 1 & 3 & 6 \end{pmatrix},\ B = \begin{pmatrix} 3 & 1 & 2 \\ 1 & -5 & 0 \\ 6 & 2 & 4 \end{pmatrix}$$

Bestimmen Sie, falls möglich, A^{-1} sowie B^{-1}.

Aufgabe 3.26:

Gegeben seien die beiden Matrizen $A \in \mathbb{R}^{m\times n}$ und $B \in \mathbb{R}^{k\times p}$. Unter welchen Bedingungen an die Ordnungen der Matrizen finden die nachfolgenden Operationen eine Lösung, bzw. sind die Operationen definiert? (Betrachten Sie jede Operation für sich.)

a) A^3

b) $A + A \cdot B$

c) $\left(\left(A \cdot B^T\right)^T\right)^{-1}$

d) $\det(A \cdot B)$

e) $\det(A) \cdot B$

Aufgabe 3.27:

$$A = \begin{pmatrix} 2 & 4 & -2 \\ -1 & -3 & 2 \\ -1 & -4 & 3 \end{pmatrix},\ B = \begin{pmatrix} -1 & 4 & -2 \\ 2 & 4 & 3 \\ 2 & 4 & -8 \end{pmatrix}$$

Berechnen Sie, falls möglich, A^{-1} und A^2 sowie B^{-1} und B^2.

Aufgabe 3.28:

$$A = \begin{pmatrix} 2 & -1 & -1 \\ a & b & c \\ 1/8 & 1/8 & -1/8 \end{pmatrix}, \quad B = \begin{pmatrix} 1 & 2 & 4 \\ 0 & 1 & 6 \\ 1 & 3 & 2 \end{pmatrix}$$

Bestimmen Sie $a, b, c \in \mathbb{R}$ so, dass $A \cdot B = E$ gilt.

Aufgabe 3.29:

Es sei $A \in \mathbb{R}^{4\times 4}$ mit $\det(A) \neq 0$, wobei $C \in \mathbb{R}^{4\times 4}$ die zugehörige Kofaktormatrix darstellt. Welche Relation (>, =, <) gilt zwischen $\det(A)$ und $\det(C)$?

Aufgabe 3.30:

Zeigen Sie, dass für $A \in \mathbb{R}^{n\times n}$ mit $\det(A) \neq 0$ gilt:

$$\left(A^{-1}\right)^T = \left(A^T\right)^{-1}$$

Sie können die folgenden Formeln benutzen:

1.) $(A \cdot B)^T = B^T \cdot A^T$ 2.) $E^T = E$

Aufgabe 3.31:

a) Zeigen Sie, dass die Determinante einer idempotenten Matrix A gleich Eins oder Null ist. Sie können die folgende Formel verwenden:

$$\det(A \cdot B \cdot C \cdot \ldots \cdot D) = \det(A) \cdot \det(B) \cdot \det(C) \cdot \ldots \cdot \det(D)$$

b) Wie viele idempotente Diagonalmatrizen $B \in \mathbb{R}^{3\times 3}$ gibt es? Nennen Sie alle.

Aufgabe 3.32:

Zeigen Sie, dass unter allen idempotenten Matrizen nur die Einheitsmatrix die Determinante Eins besitzt und die Determinante aller sonstigen idempotenten Matrizen somit Null ist.

Aufgabe 3.33:

$$A = \begin{pmatrix} 2 & -2 & 4 \\ 1 & 3 & 3 \\ 0 & -1 & 5 \end{pmatrix}$$

Berechnen Sie $X = C^T \cdot \left[\det\left(C^2\right) \cdot \det\left(A^{-1}\right)\right]^2 \cdot A$, wobei C die zu A gehörige Kofaktormatrix darstellt.

Aufgabe 3.34:

$$A = \begin{pmatrix} 2 & 2 \\ 0 & 4 \end{pmatrix},\ B = \begin{pmatrix} 3 & 4 \\ -4 & 0 \end{pmatrix},\ C = \begin{pmatrix} 2 & 4 \\ 4 & 2 \end{pmatrix}$$

Lösen Sie die Matrixgleichung: $A + B \cdot X = A \cdot X + 3 \cdot C$

Aufgabe 3.35:

Lösen Sie die Matrixgleichung $A \cdot X \cdot B = C \cdot B + A \cdot B$ mit $A, B, C \in \mathbb{R}^{n \times n}$ nach X auf.

Aufgabe 3.36:

Lösen Sie die Matrixgleichung $4 \cdot X \cdot A + X \cdot B - C = X \cdot A - 2 \cdot D$ nach X auf.

Aufgabe 3.37:

Bestimmen Sie die Inverse von X, wobei $X = B^{-1} \cdot A^{-1}$ sowie $A = \begin{pmatrix} 7 & 4 \\ 3 & 8 \end{pmatrix}$ und $B = \begin{pmatrix} -9 & 2 \\ -4 & 8 \end{pmatrix}$.

Aufgabe 3.38:

$$A = \begin{pmatrix} 2 & 1 \\ 1 & 0 \end{pmatrix}, \quad B = \begin{pmatrix} 1 & 2 \\ 0 & 1 \end{pmatrix}$$

Bestimmen Sie X, wobei $A \cdot X \cdot A = B$.

Aufgabe 3.39:

$$A = \begin{pmatrix} 2 & 0 & 1 \\ 3 & 0 & 2 \\ 2 & 5 & 0 \end{pmatrix}, \quad B = \begin{pmatrix} 0 & 0 & 4 \\ 6 & 2 & 2 \\ 4 & 2 & 0 \end{pmatrix}$$

Lösen Sie die Matrixgleichung: $X - X \cdot A \cdot A^{-1} + A \cdot X = B \cdot X \cdot 0{,}5 + B - X$

Aufgabe 3.40:

$$A = \begin{pmatrix} 4 & -7 \\ 1 & 2 \end{pmatrix}, \quad B = \begin{pmatrix} 3 & -7 \\ 1 & 1 \end{pmatrix}, \quad C = \begin{pmatrix} 4 & 2 \\ 2 & -1 \end{pmatrix}$$

Lösen Sie die Matrixgleichung: $3 \cdot X - (A - B)^3 \cdot X - C \cdot X \cdot E = E - C^T \cdot X$

Aufgabe 3.41:

$$A = \begin{pmatrix} 2 & 1 \\ 1 & 0 \end{pmatrix}, \quad B = \begin{pmatrix} 1 & 2 \\ 0 & 3 \end{pmatrix}$$

Berechnen Sie X, wobei $A \cdot X \cdot E^3 \cdot \dfrac{1}{\det(A)} = B$.

Aufgabe 3.42:

$$A = \begin{pmatrix} 1 & 2 \\ -3 & 4 \end{pmatrix}$$

Lösen Sie die Matrixgleichung: $7 \cdot X - \det(A - E) \cdot X - A^T = A \cdot X$

Aufgabe 3.43:

$$3 \cdot X \cdot A - \det(A) \cdot E = 2 \cdot X$$

a) Lösen Sie die Gleichung nach X auf.

b) Unter welcher Bedingung bzw. welchen Bedingungen können Sie die Gleichung überhaupt nach X auflösen? Ist ein Auflösen nach X möglich, falls gilt:

i) $A = \begin{pmatrix} 1 & \frac{1}{3} \\ \frac{1}{3} & 1 \end{pmatrix}$ ii) $A = \begin{pmatrix} 1 & 1 \\ 1 & 1 \end{pmatrix}$

iii) $A = \begin{pmatrix} \frac{1}{3} & 1 \\ 1 & \frac{1}{3} \end{pmatrix}$ iv) $A = E$

c) Bestimmen Sie, falls möglich, für die in Teilaufgabe b) gegebenen Matrizen A das jeweilige X.

Aufgabe 3.44:

$$D = \begin{pmatrix} 2 & 4 \\ 0 & 1 \end{pmatrix}, \quad F = \begin{pmatrix} 3 & -4 \\ 1 & 0 \end{pmatrix}, \quad G = \begin{pmatrix} 1 & 4 \\ -2 & -1 \end{pmatrix}$$

Lösen Sie die Matrixgleichung: $-D^3 \cdot X + D \cdot F = D^2 \cdot E \cdot D \cdot X \cdot E - D \cdot F \cdot G$

Aufgabe 3.45:

$$A = \begin{pmatrix} 1 & 2 \\ 4 & 7 \end{pmatrix}, \quad B = \begin{pmatrix} 0 & 3 \\ 2 & 2 \end{pmatrix}$$

$$X^{-1} \cdot A + X^{-1} \cdot (\det(A) \cdot B)^2 - B = X^{-1}$$

Gehen Sie davon aus, dass X^{-1} existiert.

a) Bestimmen Sie X und X^{-1}.

b) Bestimmen Sie bei unverändertem B und $A = \begin{pmatrix} 1 & 2 \\ 4 & 8 \end{pmatrix}$ erneut X und X^{-1}.

Aufgabe 3.46:

$$A=\begin{pmatrix}2 & 1 & 1\\ 0 & -2 & 3\end{pmatrix},\quad B=\begin{pmatrix}2 & 3\\ 3 & 6\end{pmatrix},\quad C=\begin{pmatrix}-1 & 1\\ 1 & \frac{1}{3}\end{pmatrix}$$

Lösen Sie die Matrixgleichung: $\left(A\cdot A^{T}\right)\cdot X - X\cdot \det(B) - C = B^{-1} - C\cdot X$

Aufgabe 3.47:

Lösen Sie die Matrixgleichung $X\cdot(\det(B)\cdot A)^{-1}\cdot A + C\cdot X + B\cdot X = D$ nach X auf.

Aufgabe 3.48:

Lösen Sie die Matrixgleichung $H\cdot E\cdot X + E\cdot X\cdot H - E\cdot H\cdot X + X\cdot E\cdot H - F + X\cdot G = X + G$ mit $F,G,H \in \mathbb{R}^{n\times n}$ nach X auf. Gehen Sie davon aus, dass alle gegebenenfalls auftauchenden Inversen existieren.

Aufgabe 3.49:

$$X + X\cdot F = F^{T}\cdot\left(\left(F\cdot G^{T}\right)^{-1}\right)^{T}\cdot(E\cdot G)^{2} + G\cdot F$$

Lösen Sie, falls möglich, nach X auf. Gehen Sie davon aus, dass alle gegebenenfalls auftauchenden Inversen existieren.

Aufgabe 3.50:

$$A=\begin{pmatrix}1 & 2 & 8\\ -\frac{1}{4} & 4 & 6\\ 0 & \frac{1}{2} & -2\end{pmatrix},\quad B=\begin{pmatrix}\frac{6}{7} & -\frac{3}{8}\\ 0 & 1\end{pmatrix},\quad C=\begin{pmatrix}-\frac{13}{7} & 1\\ 1 & -1\end{pmatrix}$$

a) Bestimmen Sie: $x=\left(2+\det\left(E^{3}\right)-\det(A)\right)^{-0,5}$

b) Lösen Sie die Matrixgleichung: $X=(C+2\cdot E)^{-1}\cdot(B+C)$

Aufgabe 3.51:

$$A=\begin{pmatrix}4&3&2\\4&4&-2\\3&0&5\end{pmatrix},\quad B=\begin{pmatrix}1&3&3\\0&3/2&-5\\5&-2&1\end{pmatrix},\quad C=\begin{pmatrix}4&-2&3\\3&8&7\\0&4&5\end{pmatrix}$$

Bestimmen Sie im Folgenden, falls möglich, die Matrix H.

a) $A\cdot H+H\cdot C\cdot H+H\cdot E=A$

b) $4\cdot H+2\cdot 0=2\cdot H^2\cdot 0$

c) $H\cdot A-(H\cdot B\cdot H+E\cdot H)\cdot H^{\det(A-B)}=C$

d) $H=\det\left(\dfrac{\det(C\cdot A)\cdot\det\left(B^{-1}\right)}{\dfrac{1}{2\cdot\det(B)}\cdot\det\left(\dfrac{1}{11}\cdot A^3\right)}\right)\cdot E\cdot\dfrac{2}{-\det(A)}$

Aufgabe 3.52:

$$A=\begin{pmatrix}4&-2&-2\\2&4&2\\-4&8&4\end{pmatrix},\quad B=\begin{pmatrix}2&-1&3\\-1&2&-1\\3&-1&2\end{pmatrix},\quad C=\begin{pmatrix}-3&1&5\\-1&3&5\\3&1&-3\end{pmatrix}$$

Berechnen Sie X anhand der nachfolgenden Matrixgleichung:

$$\left(\left(A^T\right)^{-1}\cdot B\right)^{-1}\cdot X+\left(A\cdot B^{-1}\right)^T\cdot\left(\left(A^{-1}\right)^T\cdot B\cdot C^2\right)^{-1}\cdot X+\left(2\cdot B^T-C+A\cdot 2\right)\cdot X=A+B+X$$

Aufgabe 3.53:

$$A=\begin{pmatrix}8&2&2\\8&4&-1\\6&2&1\end{pmatrix},\quad B=\begin{pmatrix}1{,}5&0{,}5&-2{,}5\\-3{,}5&-1&6\\-2&-1&4\end{pmatrix},\quad C=\begin{pmatrix}-3&3&37\\-7&-7&2\\-5&-6&-4\end{pmatrix}$$

Berechnen Sie X anhand der nachfolgenden Matrixgleichung:

$$A\cdot(-2)\cdot B\cdot X-\left(C^{-1}\cdot\left(0^T\right)\right)^T+A\cdot(-6)\cdot B\cdot X\cdot(-3/5)\cdot E^{-1}=B^{-1}\cdot 2\cdot B\cdot X-C\cdot\left(5/2\cdot C\right)^{-1}\cdot A$$

Aufgabe 3.54:

$$B = \begin{pmatrix} -2 & 1 & 3 & 2 \\ 0 & 2 & 2 & 1 \\ 2 & 3 & 1 & -2 \\ -3 & 3 & 0 & 4 \end{pmatrix}, \quad C = \begin{pmatrix} -31 & 1 & 11 & -24 \\ 56 & -8 & 8 & 48 \\ -19 & 13 & -1 & -24 \\ -8 & 8 & -8 & 0 \end{pmatrix}$$

Sie wissen, dass $A \in \mathbb{R}^{4\times 4}$ regulär und idempotent ist und C die Kofaktormatrix zu B ist. Bestimmen Sie, gegebenenfalls in Abhängigkeit der nicht gegebenen Matrizen:

$$X = \left(\det\left(A \cdot B^{-1}\right) \cdot B^2 \cdot \left(A^3 \cdot C\right)^T \right)^{-1}$$

Aufgabe 3.55:

$$M = E - Y \cdot \left(Y^T \cdot Y\right)^{-1} \cdot Y^T$$

Es sei $\det\left(Y^T \cdot Y\right) \neq 0$, jedoch sei Y nicht quadratisch, d.h. Y^{-1} existiert nicht, M ist also nicht zwingend die Nullmatrix. Berechnen Sie $\left(M^T\right)^2$, vereinfachen Sie dabei so weit wie möglich.

Aufgabe 3.56:

$$\begin{aligned} 2x_1 + x_2 \phantom{{}+4x_3} &= 3 \\ 5x_1 + 2x_2 + 4x_3 &= 5 \\ 5x_1 + 2x_2 + 6x_3 &= 2 \end{aligned}$$

Lösen Sie das lineare Gleichungssystem mithilfe der Matrixinversion.

Aufgabe 3.57:

$$\begin{aligned} 2x_1 - 2x_2 + x_3 &= 7 \\ 3x_2 + x_3 &= 14 \\ 4x_1 + x_2 - 3x_3 &= 4 \end{aligned}$$

Lösen Sie das LGS durch Inversion der Koeffizientenmatrix.

Aufgabe 3.58:

$$\begin{array}{rcrcrcr} 2x_1 & + & 3x_2 & - & 4x_3 & = & -18 \\ 4x_1 & + & 3x_2 & + & 2x_3 & = & 10 \\ x_1 & & & + & 5x_3 & = & 22 \end{array}$$

Lösen Sie das LGS durch Inversion der Koeffizientenmatrix über die Kofaktormatrix.

Aufgabe 3.59:

$$\begin{array}{rcrcrcr} x_1 & + & 3x_2 & - & x_3 & = & 9 \\ 2x_1 & - & 6x_2 & + & x_3 & = & 11 \\ 4x_1 & + & 9x_2 & - & 7x_3 & = & 38 \end{array}$$

Lösen Sie das Gleichungssystem unter Verwendung der Cramer-Regel.

Aufgabe 3.60:

$$A = \begin{pmatrix} 1 & -2 & 0 \\ 3 & -1 & 4 \\ -1 & 0 & -1 \end{pmatrix}$$

a) Bestimmen Sie A^{-1} über die Kofaktormatrix.

b) Lösen Sie das dazugehörige LGS $A \cdot x = b$ mit $b = \begin{pmatrix} 6 & 2 & -1/2 \end{pmatrix}^T$.

c) Wie groß sind $\det(A_1)$, $\det(A_2)$ und $\det(A_3)$, wobei A_j mit $j = 1,2,3$ diejenige Matrix A beschreibt, bei der die Spalte j durch den Ergebnisvektor b ersetzt wurde?

Aufgabe 3.61:

$$\begin{array}{rcrcrcr} 2x_1 & + & x_2 & - & x_3 & = & 8 \\ x_1 & - & 2x_2 & - & 4x_3 & = & 0 \\ 3x_1 & + & 2x_2 & + & x_3 & = & 11 \end{array}$$

Lösen Sie das LGS mithilfe der Cramer-Regel.

Aufgabe 3.62:

$$\begin{aligned} -x_1 + 2x_2 - 4x_3 &= 11 \\ 3x_1 - x_2 + 2x_3 &= 2 \\ -2x_1 + 3x_2 - 5x_3 &= 12 \end{aligned}$$

Lösen Sie das LGS mithilfe der Cramer-Regel.

Aufgabe 3.63:

$$\begin{aligned} 2x_1 + x_2 + x_3 &= 0 \\ 4x_1 - x_2 &= 4 \\ 2x_2 + 2x_3 &= 0 \end{aligned}$$

Lösen Sie das LGS unter Verwendung der Cramer-Regel.

Aufgabe 3.64:

$$\begin{aligned} 2x_1 + 3x_2 - x_3 &= 6 \\ -3x_1 - x_2 + 6x_3 &= -4 \\ 2x_1 + x_2 - 4x_3 &= 1 \end{aligned}$$

Lösen Sie das LGS mithilfe der Cramer-Regel.

Aufgabe 3.65:

$$\begin{aligned} 2x_1 - 4x_2 + x_3 &= -3 \\ x_1 + x_2 + x_3 &= 4 \\ -x_1 + x_2 - x_3 &= 0 \end{aligned}$$

Lösen Sie das LGS über die Cramer-Regel.

Aufgabe 3.66:

$$\begin{aligned} 3x_1 + 4x_2 - 3x_3 &= 4 \\ x_1 - 2x_2 - 3x_3 &= -2 \\ 5x_1 + x_3 &= 5 \end{aligned}$$

Lösen Sie das LGS unter Verwendung der Cramer-Regel.

Aufgabe 3.67:

$$\begin{aligned} x_1 - x_2 + 2x_3 &= 0 \\ 3x_1 - 3x_2 + 4x_3 &= 5 \\ x_1 - 2x_3 &= 4 \end{aligned}$$

Lösen Sie das LGS mithilfe der Cramer-Regel.

Aufgabe 3.68:

$$\begin{aligned} 5x_2 + 2x_3 &= 1 \\ 2x_1 + 4x_2 + 4x_3 &= 2 \\ 3x_1 - 5x_2 + 2x_3 &= 3 \end{aligned}$$

Lösen Sie das LGS unter Verwendung der Cramer-Regel.

Aufgabe 3.69:

a) Stellen Sie fest, für welche Werte des Parameters $a \in \mathbb{R}$ das nachfolgende LGS nicht eindeutig lösbar ist. (Die Verwendung des Determinantenkriteriums bietet sich an.)

$$\begin{aligned} 2x_1 + 3x_2 + 4x_3 &= 0 \\ 3x_1 + 4x_2 + 5x_3 &= 1 \\ 4x_1 + 5x_2 + ax_3 &= 2 \end{aligned}$$

b) Bestimmen Sie unter Verwendung der Cramer-Regel die Lösung des obigen Gleichungssystems. Gehen Sie davon aus, dass das LGS eindeutig lösbar ist.

Aufgabe 3.70:

Ihnen ist nachfolgende erweiterte Koeffizientenmatrix bekannt:

$$(A \mid b)_1 = \left(\begin{array}{ccc|c} c & 3 & -1 & -4 \\ 3 & -2 & -2 & 1 \\ d & -1 & -2 & -1 \end{array}\right)$$

a) Stellen Sie fest, welche Beziehung zwischen $c,d \in \mathbb{R}$ gelten muss, damit das zugrunde liegende LGS eindeutig lösbar ist.

b) Bestimmen Sie die eindeutige Lösung in Abhängigkeit von c und d über die Cramer-Regel.

c) Gibt es Werte für d, für die eine eindeutige nichtnegative Lösung existiert, falls $c = -7$? Falls ja, geben Sie an, was für d gelten muss.

Sie kennen nun auch:

$$(A \mid b)_2 = \left(\begin{array}{ccc|c} 5 & 4 & 1 & 0 \\ 0 & 4 & 5 & 7 \\ 0 & 0 & 2 & 6 \end{array}\right)$$

d) Lösen Sie zunächst das dieser neuen erweiterten Koeffizientenmatrix zugrunde liegende LGS.

e) Nehmen Sie $d = 3$ an, und bestimmen Sie die Werte für $c \in \mathbb{R}$, für welche die Lösungen aus b) und d) identisch sind.

Aufgabe 3.71:

a) Was muss für eine Matrix gelten, damit sie regulär ist?

b) Was muss für eine Matrix gelten, damit sie idempotent ist?

c) Wie viele reguläre idempotente (3×3)-Matrizen gibt es?

4 Innerbetriebliche Materialverflechtung

4.1 Einordnung und methodische Grundlagen

Nach Kapitel 2 zeigt die innerbetriebliche Materialverflechtung eine weitere ökonomische Anwendung der Matrixrechnung auf. Komplexe Produktionsprozesse werden operabel dargestellt. Betrachtet wird im Rahmen dieses Modells ein Unternehmen, welches in mehreren Produktionsstufen aus Rohstoffen Endprodukte herstellt. (Zur vereinfachten Darstellung werden zunächst nur Produktionsprozesse mit zwei Produktionsstufen betrachtet. Eine Erweiterung auf beliebig viele Produktionsstufen ist jedoch problemlos möglich.)

Aus einem Verflechtungsdiagramm, das die Produktionszusammenhänge graphisch darstellt, lassen sich Produktionsmatrizen erstellen, welche die Produktionsfaktoren für jede Produktionsstufe operabel zusammenfassen.

Definition 4-1: Produktionsmatrix

Die Produktionsmatrix $M_{RE} \in \mathbb{R}^{m \times n}$ für den Gesamtproduktionsprozess enthält die Mengen an Rohstoffen R_i mit $i = 1,...,m$, die zur Produktion von je einer Einheit des Endprodukts E_j mit $j = 1,...,n$ benötigt werden.

Wird bei der Produktion mehr als eine Produktionsstufe durchlaufen, ergeben sich die Produktionsmatrizen je Produktionsstufe analog. Die Produktionsmatrix für den Gesamtproduktionsprozess kann dann als Matrixprodukt der einzelnen Produktionsmatrizen berechnet werden.

Beispiel 4-1: Bestimmung der Produktionsmatrizen aus einem Pfeildiagramm

Ein Unternehmen stellt zwei Endprodukte E_1, E_2 her, die über vier Zwischenprodukte Z_1, Z_2, Z_3, Z_4 aus den drei Rohstoffen R_1, R_2, R_3 gefertigt werden. Für die Produktion ist das nachfolgende Verflechtungsdiagramm maßgebend:

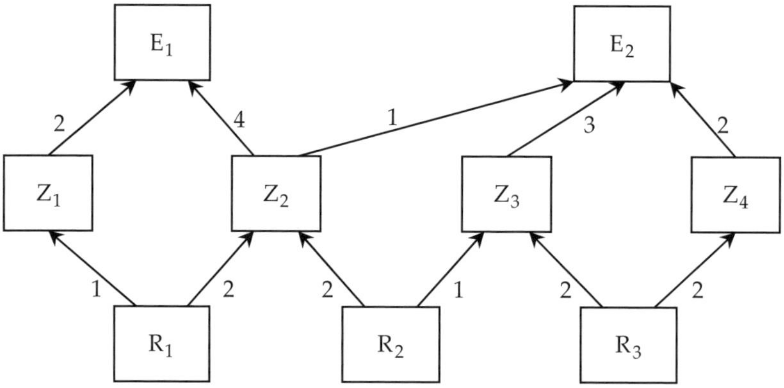

Aus dem Pfeildiagramm sind die Produktionsmatrizen der einzelnen Produktionsstufen ablesbar:

$$\begin{array}{c} \\ R_1 \\ R_2 \\ R_3 \end{array}\begin{array}{c} \begin{matrix} Z_1 & Z_2 & Z_3 & Z_4 \end{matrix} \\ \begin{pmatrix} 1 & 2 & 0 & 0 \\ 0 & 2 & 1 & 0 \\ 0 & 0 & 2 & 2 \end{pmatrix} \end{array} = M_{RZ} \qquad \begin{array}{c} \\ Z_1 \\ Z_2 \\ Z_3 \\ Z_4 \end{array}\begin{array}{c} \begin{matrix} E_1 & E_2 \end{matrix} \\ \begin{pmatrix} 2 & 0 \\ 4 & 1 \\ 0 & 3 \\ 0 & 2 \end{pmatrix} \end{array} = M_{ZE}$$

Anhand dieses Beispiels werden im Folgenden einige Fragestellungen aufgeworfen, die mithilfe der Matrixrechnung leicht lösbar sind.

Um festzustellen, wie viele Einheiten der Rohstofftypen R_i mit $i = 1,...,m$ zur Herstellung einer Einheit des Endprodukts E_j mit $j = 1,...,n$ notwendig sind, ist die Produktionsmatrix für den Gesamtproduktionsprozess M_{RE} zu berechnen. Diese ergibt sich durch eine multiplikative Verknüpfung der einzelnen Produktionsmatrizen.

Beispiel 4-2: Bestimmung der Gesamtproduktionsmatrix

$$M_{RE} = M_{RZ} \cdot M_{ZE} = \begin{pmatrix} 1 & 2 & 0 & 0 \\ 0 & 2 & 1 & 0 \\ 0 & 0 & 2 & 2 \end{pmatrix} \cdot \begin{pmatrix} 2 & 0 \\ 4 & 1 \\ 0 & 3 \\ 0 & 2 \end{pmatrix} = \begin{pmatrix} 10 & 2 \\ 8 & 5 \\ 0 & 10 \end{pmatrix}$$

Vergegenwärtigt man sich die bei der Multiplikation vorgenommenen Schritte und die ökonomische Bedeutung der Matrizen, ist die Berechnungsweise leicht verständlich. Das Element a_{21} in der zweiten Zeile und ersten Spalte der Matrix M_{RE} beispielsweise sagt aus, dass zur Herstellung einer Einheit von E_1 unter anderem 8 Einheiten von R_2 benötigt werden. Dieser Wert ergibt sich aus der Multiplikation der zweiten Zeile von M_{RZ} mit der ersten Spalte von M_{ZE}. Hierbei gibt die erste Spalte der Matrix M_{ZE} an, dass zur Herstellung einer Einheit von E_1 genau 2 Einheiten von Z_1, 4 Einheiten von Z_2 und keine Einheiten von Z_3 und Z_4 benötigt werden. Die Anzahl der benötigten Einheiten von R_2 zur Herstellung je einer Einheit der Zwischenprodukte findet sich wiederum in der zweiten Zeile von M_{RZ}. Über die Multiplikation der zweiten Zeile von M_{RZ} mit der ersten Spalte von M_{ZE} ergibt sich folglich die Anzahl der benötigten Einheiten von R_2 zur Herstellung einer Einheit von E_1.

Die Anzahl der benötigten Rohstoffe $q_R = \begin{pmatrix} R_1 & \cdots & R_i & \cdots & R_m \end{pmatrix}^T$ zur Herstellung eines Produktionsplans $q_E = \begin{pmatrix} E_1 & \cdots & E_j & \cdots & E_n \end{pmatrix}^T$ ergibt sich als:

$$q_R = M_{RE} \cdot q_E$$

Die Mengenvektoren q sind innerhalb des Modells stets als Spaltenvektoren gegeben.

Beispiel 4-3: Bestimmung der benötigten Rohstoffe

Zur Herstellung von 1.000 E_1 und 500 E_2 werden bei Verwendung des Verflechtungsdiagramms aus Beispiel 4-1 nachfolgende Rohstoffe benötigt:

$$q_R = M_{RE} \cdot q_E = \begin{pmatrix} 10 & 2 \\ 8 & 5 \\ 0 & 10 \end{pmatrix} \cdot \begin{pmatrix} 1.000 \\ 500 \end{pmatrix} = \begin{pmatrix} 11.000 \\ 10.500 \\ 5.000 \end{pmatrix}$$

Neben der Menge der benötigten Rohstoffe interessieren wir uns im Weiteren für die Materialkosten der Herstellung. Hierbei sind die Rohstoffpreise durch den Zeilenvektor $p_R = \begin{pmatrix} p_{R_1} & \cdots & p_{R_i} & \cdots & p_{R_m} \end{pmatrix}$ gegeben. Die Materialkosten je einer Einheit der Endprodukte ergeben sich als:

$$k_E = p_R \cdot M_{RE}$$

Die Preis- und Stückmaterialkostenvektoren p und k werden in diesem Modell stets als Zeilenvektoren ausgedrückt. Die Materialkosten für ein vorgegebenes Produktionsprogramm q_E können auf zwei Wegen bestimmt werden. Entweder wird der die Stückmaterialkosten pro Endprodukt enthaltende Vektor k_E mit dem Produktionsplan verknüpft, also $K = k_E \cdot q_E$ berechnet. Oder der Rohstoffpreisvektor wird mit dem zur Herstellung der gewünschten Endproduktmenge notwendigen Rohstoffvektor multipliziert, also $K = p_R \cdot q_R$ berechnet. In beiden Fällen ergibt sich als allgemeine Gesamtformel:

$$K = p_R \cdot M_{RE} \cdot q_E$$

Beispiel 4-4: Bestimmung der (Stück-) Materialkosten

Liegt der Preis pro Rohstoff bei $p_R = \begin{pmatrix} 2 & 1 & 1 \end{pmatrix}$, so ergeben sich die Materialkosten für je eine Einheit des Endprodukts als:

$$k_E = p_R \cdot M_{RE} = \begin{pmatrix} 2 & 1 & 1 \end{pmatrix} \cdot \begin{pmatrix} 10 & 2 \\ 8 & 5 \\ 0 & 10 \end{pmatrix} = \begin{pmatrix} 28 & 19 \end{pmatrix}$$

Die Materialkosten, um den Produktionsplan $q_E = \begin{pmatrix} 1.000 & 500 \end{pmatrix}^T$ herzustellen, betragen dann:

$$K = k_E \cdot q_E = \begin{pmatrix} 28 & 19 \end{pmatrix} \cdot \begin{pmatrix} 1.000 \\ 500 \end{pmatrix} = 37.500$$

Abschließend bestimmen wir den entstehenden Gewinn, die Differenz von Erlösen und Kosten, unter Verwendung des Verkaufspreisvektors der Endprodukte $p_E = \begin{pmatrix} p_{E_1} & \cdots & p_{E_j} & \cdots & p_{E_n} \end{pmatrix}$. Für den durch Produktion und Verkauf je einer Einheit der Endprodukte entstehenden Stückgewinn gilt zunächst:

$$g_E = p_E - k_E$$

Der Gewinn aus einem vorgegebenen Produktionsprogramm q_E berechnet sich nun als Produkt von Stückgewinn und Produktionsprogramm zu $G = g_E \cdot q_E$. Alternativ ergibt sich der Gewinn als die Differenz des Erlöses $E = p_E \cdot q_E$ und der zugehörigen Materialkosten $K = k_E \cdot q_E$. Insgesamt folgt somit:

$$G = (p_E - p_R \cdot M_{RE}) \cdot q_E$$

Beispiel 4-5: Bestimmung des (Stück-) Gewinns

Bei Verkaufspreisen für die Endprodukte in Höhe von $p_E = \begin{pmatrix} 45 & 30 \end{pmatrix}$ berechnet sich der Gewinn für je eine Einheit des Endprodukts als:

$$g_E = p_E - k_E = \begin{pmatrix} 45 & 30 \end{pmatrix} - \begin{pmatrix} 28 & 19 \end{pmatrix} = \begin{pmatrix} 17 & 11 \end{pmatrix}$$

Der Gewinn bei einer Produktion von $q_E = \begin{pmatrix} 1.000 & 500 \end{pmatrix}^T$ liegt bei:

$$G = g_E \cdot q_E = \begin{pmatrix} 17 & 11 \end{pmatrix} \cdot \begin{pmatrix} 1.000 \\ 500 \end{pmatrix} = 22.500$$

4.2 Aufgaben

Aufgabe 4.1:

Ein Unternehmen produziert (in Produktionsstufe 2) zwei Endprodukte E_1 und E_2 aus vier zuvor gefertigten Zwischenprodukten Z_1, Z_2, Z_3 und Z_4. Deren Anfertigung erfolgt (in Produktionsstufe 1) unter Einsatz der drei Rohstoffe R_1, R_2 und R_3. Die

Zusammenhänge zwischen Rohstoffeinsatz, Zwischenprodukt- und Endproduktfertigung sind der nachstehenden Skizze zu entnehmen.

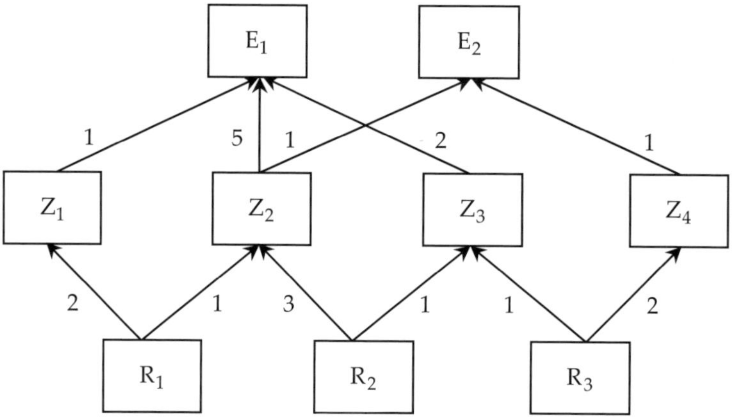

a) Bestimmen Sie den Bedarf an Rohstoffeinheiten R_i $(i = 1, 2, 3)$ zur Produktion je einer Endprodukteinheit E_k $(k = 1, 2)$.

b) Bestimmen Sie den Bedarf an Rohstoffeinheiten R_i $(i = 1, 2, 3)$ zur Produktion von 200 Einheiten des Endprodukts E_1 und 300 Einheiten des Endprodukts E_2.

c) Wie hoch sind die Rohstoffkosten zur Produktion je einer Endprodukteinheit E_k $(k = 1, 2)$, wenn die Preise für je eine Rohstoffeinheit R_i $(i = 1, 2, 3)$ dem Vektor $p_R = \begin{pmatrix} 4 & 2 & 1 \end{pmatrix}$ entsprechen?

Aufgabe 4.2:

Ein Unternehmen fertigt aus den Rohstoffen R_1, R_2, R_3 die Endprodukte E_1, E_2, E_3. Sie kennen die Verflechtungsmatrix

$$M_{RE} = \begin{pmatrix} 1 & 4 & 1 \\ 2 & 0 & 3 \\ 2 & 1 & 2 \end{pmatrix}.$$

a) Wie hoch ist der Rohstoffverbrauch q_R zur Produktion von $q_E = \begin{pmatrix} 15 & 10 & 10 \end{pmatrix}^T$?

b) Sie kaufen Rohstoffe zum Preis $p_R = \begin{pmatrix} 4 & 4 & 10 \end{pmatrix}$ ein. Welche Kosten entstehen beim Verbrauch der in a) bestimmten Menge q_R?

c) Durch den Verkauf der Produktionsmenge q_E aus a) erwirtschaften Sie Erlöse in Höhe von 3 000 €. Welchen Gewinn erzielen Sie, wenn die Rohstoffpreise p_R aus b) gelten und zusätzlich noch fixe Kosten in Höhe von 1.000 € anfallen?

Aufgabe 4.3:

In einem Unternehmen werden in einem zweistufigen Produktionsprozess aus drei Rohstoffen R_1, R_2 und R_3 über drei Zwischenprodukte Z_1, Z_2 und Z_3 zwei Endprodukte E_1 und E_2 hergestellt. Die Produktionszusammenhänge können den folgenden Matrizen entnommen werden:

$$M_{RZ} = \begin{pmatrix} 4 & 0 & 2 \\ 2 & 1 & 2 \\ 3 & 2 & 1 \end{pmatrix}, \; M_{ZE} = \begin{pmatrix} 5 & 2 \\ 3 & 1 \\ 2 & 2 \end{pmatrix}$$

Am Markt kann für eine Einheit von E_1 ein Preis von 150 € und für eine Einheit von E_2 ein Preis von 100 € durchgesetzt werden. Eine Einheit von R_1 kostet 3 €, eine von R_2 1 € und eine von R_3 2 €. Sie möchten jeweils 100 Einheiten von E_1 und E_2 produzieren.

a) Wie hoch ist der Rohstoffverbrauch für das angegebene Produktionsprogramm?

b) Wie hoch sind die Materialkosten je einer Einheit von E_1 bzw. E_2?

c) Wie hoch ist der Gewinn (Erlös minus Materialkosten), falls Sie das angegebene Produktionsprogramm zu den angegebenen Preisen absetzen?

Aufgabe 4.4:

In einem Unternehmen werden in einem zweistufigen Produktionsprozess aus drei Rohstoffen R_1, R_2 und R_3 über zwei Zwischenprodukte Z_1 und Z_2 zwei Endprodukte E_1 und E_2 hergestellt. Die Produktionszusammenhänge können den folgenden Matrizen entnommen werden:

$$M_{RZ} = \begin{pmatrix} 6 & 1 \\ 2 & 4 \\ 5 & 3 \end{pmatrix}, \; M_{ZE} = \begin{pmatrix} 3 & 2 \\ 1 & 4 \end{pmatrix}$$

Am Markt kann für eine Einheit von E_1 ein Preis von 133 € und für eine Einheit von E_2 ein Preis von 122 € durchgesetzt werden. Eine Einheit von R_1 kostet 3 €, eine von R_2 1 € und eine von R_3 2 €. Sie produzieren 300 Einheiten von E_1 und 250 Einheiten von E_2.

a) Bestimmen Sie die Matrix M_{RE}.

b) Wie hoch ist der Rohstoffverbrauch für das angegebene Produktionsprogramm?

c) Wie hoch sind die Materialkosten je einer Einheit von E_1 bzw. E_2?

d) Wie hoch ist der Gewinn (Erlös minus Materialkosten), falls Sie das angegebene Produktionsprogramm zu den angegebenen Preisen absetzen?

Aufgabe 4.5:

Sie sind Möbelbauer und produzieren Schränke, Tische und Stühle. Hierfür benötigen Sie lediglich Holz, Schrauben und Klebstoff. Zur Herstellung eines Schranks benötigen Sie 9 m² Holz, 3 Päckchen Schrauben und 2 Tuben Klebstoff. Für einen Tisch verwenden Sie 2 m² Holz, 1 Päckchen Schrauben und 1 Tube Klebstoff. Ein Stuhl beansprucht lediglich 1 m² Holz und 1 Päckchen Schrauben.

a) Stellen Sie die Produktionsmatrix auf.

Sie haben 1.400 Einheiten der Rohstoffe auf Lager. Zudem liegt doppelt soviel Holz (in m²) und halb soviel Klebstoff (in Tuben) wie Schrauben (in Päckchen) auf Lager.

b) Wie viele Rohstoffe der einzelnen Sorten besitzen Sie?

c) Wie viele Rohstoffe jeder Sorte bleiben im Lager, wenn Sie Schränke, Tische bzw. Stühle in Höhe von $q_E = \begin{pmatrix} 50 & 100 & 150 \end{pmatrix}^T$ herstellen?

1 m² Holz hat Sie 10 € gekostet, 1 Päckchen Schrauben 2 € und 1 Tube Klebstoff 3 €. Für einen Schrank erzielen Sie einen Erlös in Höhe von 250 €, für einen Tisch in Höhe von 50 € und für einen Stuhl in Höhe von 15 €.

d) Wie hoch ist Ihr Gewinn (Erlös minus Materialkosten), falls Sie die gesamte in c) produzierte Menge absetzen können?

Ihre Lagerhallen sind nun komplett geleert. In den Folgejahren kaufen Sie stets gerade so viele Rohstoffe, wie Sie zur Produktion der Endprodukte benötigen.

e) Im nächsten Jahr (Jahr 2) können Sie Schränke, Tische bzw. Stühle in Höhe von $q_{2,E} = \begin{pmatrix} 40 & 80 & 120 \end{pmatrix}^T$ absetzen, in Jahr 3 in Höhe von $q_{3,E} = \begin{pmatrix} 45 & 120 & 92 \end{pmatrix}^T$. Berechnen Sie die relative Gewinnänderung zum nächsten und vom nächsten zum übernächsten Jahr. Wie verhält sich der Gewinn in Jahr 3 zum Gewinn in Jahr 1?

Aufgabe 4.6:

Ihr Unternehmen stellt in drei Produktionsstufen aus drei Rohstofftypen drei verschiedene Endprodukte her. Ihnen sind die nachfolgenden Materialverflechtungen zwischen Rohstoffen (R) und Vorprodukten (V), zwischen Vorprodukten und Zwischenprodukten (Z) sowie zwischen Zwischenprodukten und Endprodukten (E) bekannt:

$$M_{RV} = \begin{pmatrix} 0,3 & 0,4 & 0,2 & 0,2 \\ 0,1 & 0,2 & 0,4 & 0,5 \\ 0,2 & 0,1 & 0,2 & 0,3 \end{pmatrix}, \; M_{VZ} = \begin{pmatrix} 0,2 & 0,2 & 0,1 \\ 0,3 & 0,4 & 0,1 \\ 0,2 & 0,1 & 0,2 \\ 0,2 & 0 & 0,3 \end{pmatrix}, \; M_{ZE} = \begin{pmatrix} 0,1 & 0,2 & 0,4 \\ 0,3 & 0,2 & 0,2 \\ 0,1 & 0,2 & 0,3 \end{pmatrix}$$

Der Einkaufspreis für je ein Kilogramm des Rohstoffs 1, 2 bzw. 3 liegt bei 10, 20 bzw. 10 €. Sie erlösen am Markt für ein Kilogramm des Endprodukts 1, 2 bzw. 3 einen Betrag von 5, 5 bzw. 8 €. Berechnen Sie für alle drei Endprodukte den Gewinn (Erlös minus Materialkosten), den Sie beim Verkauf eines Kilogramms erzielen.

Aufgabe 4.7:

In einem Unternehmen werden in einem zweistufigen Produktionsprozess aus drei Rohstoffen R_1, R_2 und R_3 über drei Zwischenprodukte Z_1, Z_2 und Z_3 drei Endprodukte E_1, E_2 und E_3 hergestellt. Die Produktionszusammenhänge können den folgenden Matrizen entnommen werden:

$$M_{RZ} = \begin{pmatrix} 1 & 2 & 1 \\ 2 & 1 & 2 \\ 1 & 2 & 1 \end{pmatrix}, \quad M_{ZE} = \begin{pmatrix} 2 & 1 & 2 \\ 1 & 0 & 1 \\ 2 & 1 & 2 \end{pmatrix}$$

Am Markt kann für eine Einheit von E_1 ein Preis von 50 €, für eine Einheit von E_2 ein Preis von 20 € und für eine Einheit von E_3 ein Preis von 50 € durchgesetzt werden. Eine Einheit von R_1 kostet 3 €, eine von R_2 1 € und eine von R_3 2 €. Sie möchten jeweils 100 Einheiten von E_1, E_2 und E_3 produzieren.

a) Wie hoch ist der Rohstoffverbrauch für das angegebene Produktionsprogramm?

b) Wie hoch ist der Gewinn (Erlös minus Materialkosten), falls Sie das Produktionsprogramm zu den angegebenen Preisen absetzen?

c) Welche Kosten entstehen dem Unternehmen, falls es einen Vorrat an Zwischenprodukten von jeweils 50 Einheiten von Z_1, Z_2 und Z_3 herstellt?

d) Wegen einer Rohstoffkrise sind alle drei Rohstoffe nur noch zum Preis von 4 € je Einheit erhältlich. Der Verkaufspreis des Endproduktes E_1 kann auf 80 € je Einheit, der von E_2 auf 50 € je Einheit erhöht werden. Wie hoch muss der Preis des dritten Endproduktes E_3 sein, um beim angegebenen Produktionsprogramm einen Gewinn (Erlös minus Materialkosten) von 5.000 € zu erzielen?

Aufgabe 4.8:

In einem Unternehmen werden aus fünf Rohstoffen R_i (i = 1, 2, 3, 4, 5) vier Vorprodukte V_i (i = 1, 2, 3, 4), aus diesen drei Zwischenprodukte Z_i (i = 1, 2, 3) und hieraus wiederum zwei Endprodukte E_i (i = 1, 2) gefertigt. Die Produktionsmatrizen für die einzelnen Produktionsstufen seien:

$$M_{RV} = \begin{pmatrix} 2 & 2 & 4 & 2 \\ 3 & 2 & 4 & 4 \\ 2 & 1 & 2 & 4 \\ 3 & 2 & 4 & 4 \\ 2 & 4 & 3 & 2 \end{pmatrix}, \quad M_{VZ} = \begin{pmatrix} 3 & 4 & 3 \\ 1 & 2 & 4 \\ 2 & 3 & 0 \\ 1 & 5 & 2 \end{pmatrix}, \quad M_{ZE} = \begin{pmatrix} 4 & 10 \\ 6 & 10 \\ 8 & 10 \end{pmatrix}$$

a) Bestimmen Sie zunächst die Produktionsmatrizen M_{VE}, M_{RE}.

b) Wie hoch ist der Rohstoffverbrauch q_R bei einer Produktion von $q_E = (10 \quad 5)^T$ und wie viele Vorprodukte q_V werden dabei hergestellt?

c) Die Preise für die Endprodukte betragen $p_E = (30.000 \quad 15.940)$. Sie produzieren und verkaufen $q_E = (10 \quad 20)^T$. Für die Rohstoffpreise gilt: R_1 kostet 7 €, R_5 hingegen 12 €. Die Preise von R_2, R_3 und R_4 stehen in einem festen Verhältnis zueinander: R_2 ist dreimal so teuer wie R_3, welcher wiederum halb so teuer ist wie R_4. Wie hoch muss der Preis von R_3 sein, damit Sie einen Gewinn (Erlös minus Materialkosten) von 100.000 € erwirtschaften?

Aufgabe 4.9:

Ihr Unternehmen erzeugt aus vier Rohstoffarten zunächst drei verschiedene Zwischenprodukte, welche zu zwei Endprodukten verarbeitet werden. Ihnen sind die Produktionsmatrizen der Produktionsstufen sowie der Vektor mit den Einkaufspreisen der Rohstoffe bekannt:

$$M_{RZ} = \begin{pmatrix} 1 & 2 & 6 \\ 2 & 0 & 7 \\ 3 & 5 & 0 \\ 4 & 1 & 2 \end{pmatrix}, \quad M_{ZE} = \begin{pmatrix} 4 & 7 \\ 4 & 0 \\ 4 & 2 \end{pmatrix}, \quad p_R = (0{,}1 \quad 0{,}05 \quad 0{,}1 \quad 0{,}05)$$

a) Wie viele Einheiten der Rohstofftypen R_i mit $i = 1,\dots,4$ sind zur Herstellung je einer Einheit des Endprodukts E_j mit $j = 1,2$ notwendig?

b) Wie viele Rohstoffe q_R sind zur Herstellung des Produktionsplans $q_E = (10 \quad 20)^T$ notwendig?

c) Wie hoch sind die Materialkosten je einer Einheit des Endprodukts E_j mit $j = 1,2$?

d) Wie hoch sind die bei der Herstellung des Produktionsplans $q_E = (30 \quad 100)^T$ entstehenden Materialkosten?

Aufgabe 4.10:

In einem Unternehmen werden in einem zweistufigen Produktionsprozess aus vier Rohstoffen R_1, R_2, R_3, R_4 über drei Zwischenprodukte Z_1, Z_2, Z_3 zwei Endprodukte E_1 und E_2 hergestellt. Für diesen Produktionsprozess sind die beiden folgenden Produktionsmatrizen gegeben:

$$M_{RZ} = \begin{pmatrix} 1 & 2 & 0 \\ 2 & 1 & 1 \\ 1 & 2 & 3 \\ 0 & 1 & 1 \end{pmatrix}, \; M_{ZE} = \begin{pmatrix} 2 & 3 \\ 4 & 1 \\ 3 & 3 \end{pmatrix}$$

a) Wie hoch ist der Rohstoffverbrauch für die Produktion von 145 Einheiten von E_1 und 60 Einheiten von E_2?

b) Für das Produktionsprogramm aus Aufgabenteil a) können für eine Einheit von E_1 80 € und für eine von E_2 60 € am Markt durchgesetzt werden. Eine Einheit von R_1 kostet 2 €, eine von R_2 1 €, eine von R_3 1 € und eine von R_4 2 €. Wie hoch ist der Gewinn (Erlös minus Materialkosten) für das Produktionsprogramm aus a)?

c) Wie viele Endprodukte müssten produziert und verkauft werden, wenn der Gewinn aus Aufgabenteil b) vervierfacht und von E_1 ebenso viel wie von E_2 hergestellt werden soll?

d) Welchen zusätzlichen Rohstoffbedarf hat das Unternehmen, um einen Sicherheitsbestand an Zwischenprodukten von jeweils 10 Einheiten Z_1, Z_2 und Z_3 aufzubauen? Welche Materialkosten entstehen dem Unternehmen hierbei? Verwenden Sie die Rohstoffpreise aus Teilaufgabe b).

Aufgabe 4.11:

Sie sind in der Logistik eines Tapetenherstellers beschäftigt, der die 2 Tapetenvarianten "Witzig" und "Unwitzig" herstellt. Dort sind Sie für den Einkauf der Rohstoffe Papier, Farbe, Leim, Körner und Plastikfolie zuständig, welche für die Herstellung und Verpackung der Tapeten nötig sind. Ihre Firma verkauft die Tapeten in 3 verschiedenen Paketen. Der Fertigungs- und Verpackungsprozess besteht aus 2 bzw. 3 Produktionsstufen (bei der Variante "Unwitzig" wird noch eine hässliche Körnung in die Tapete eingearbeitet). Somit stellt sich der Produktionsprozess wie folgt dar:

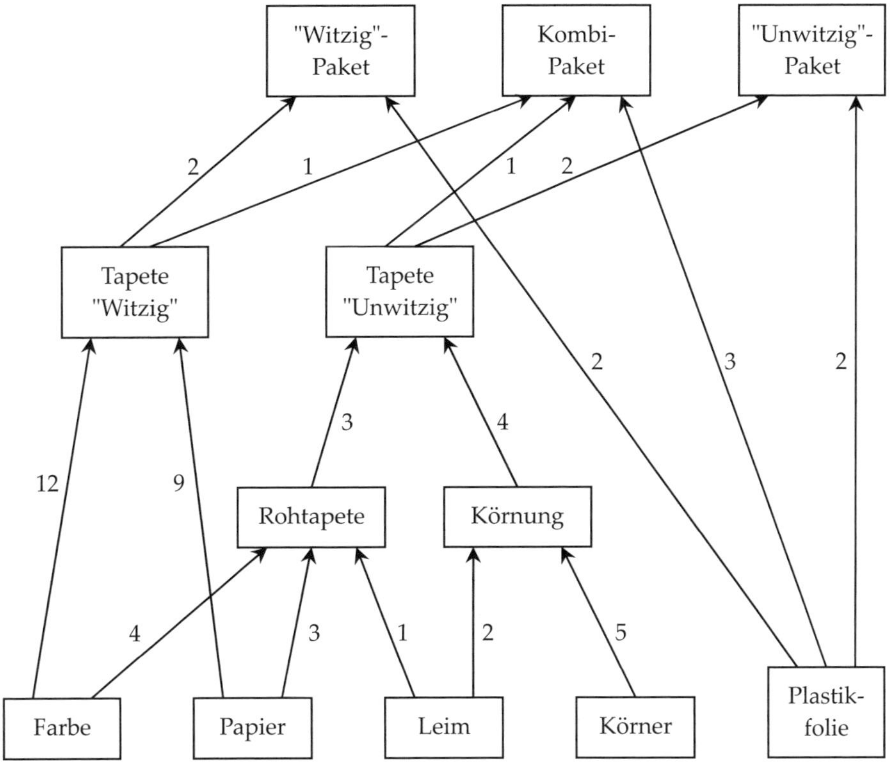

a) Ist das obige, den Produktionsprozess beschreibende Pfeildiagramm direkt in Produktionsmatrizen umwandelbar? Falls nein, warum nicht? Was könnten Sie tun, damit es möglich wird? Bestimmen Sie letztendlich M_{RE}.

b) Sie sollen "Witzig"-, Kombi- und "Unwitzig"-Pakete in Höhe von $q_E = (10 \quad 5 \quad 3)^T$ an einen Kunden liefern. Reicht Ihr Rohstofflager an Farbe, Papier, Leim, Körnern und Plastikfolie in Höhe von $q_R = (500 \quad 350 \quad 120 \quad 220 \quad 50)^T$ dazu aus oder müssen Sie etwas nachkaufen? Falls ja, wie viel?

Aufgabe 4.12:

Ihr Unternehmen stellt aus den Vorprodukten V_1 und V_2 die Endprodukte E_1 und E_2 her, der Produktionsprozess wird dabei beschrieben durch:

$$M_{VE} = \begin{pmatrix} 6 & 1 \\ 2 & 1 \end{pmatrix}$$

a) Nach einem langen Meeting sollen Sie Ihrem Chef die aktuellen Beschaffungsmengen für die Vorprodukte q_V mitteilen, doch leider sind Sie zwischendrin eingedöst und haben die genauen Angaben nicht mitbekommen. Sie können sich aber noch an Folgendes erinnern:

   Die Menge an Vorprodukt 2 ist doppelt so groß wie die Menge an Vorprodukt 1.

   Die Beschaffung von q_V verursachte Kosten in Höhe von 2.000 €.

   Die Beschaffungspreise für die Vorprodukte sind $p_V = (4 \quad 3)$.

   Bestimmen Sie q_V.

b) Sie bekommen eine Anfrage aus der Produktion. Wie viele Einheiten der Endprodukte q_E können Sie mit einem Vorrat an Vorprodukten $q_V = (400 \quad 300)^T$ herstellen, wenn Sie die obige Produktionsmatrix M_{VE} unterstellen?

Aufgabe 4.13:

Ein Unternehmen fertigt aus den Rohstoffen R_1, R_2 zunächst die Vorprodukte V_1, V_2. Aus diesen entstehen die Zwischenprodukte Z_1, Z_2, die schließlich zu den Endprodukten E_1, E_2 weiterverarbeitet werden. Sie kennen die folgenden Verflechtungsmatrizen:

$$M_{RV} = \begin{pmatrix} 1 & 2 \\ 0 & 1 \end{pmatrix},\ M_{VZ} = \begin{pmatrix} 0 & 2 \\ 2 & 1 \end{pmatrix},\ M_{ZE} = \begin{pmatrix} 3 & 1 \\ 1 & 1 \end{pmatrix}$$

a) Bestimmen Sie die Gesamtverflechtungsmatrix M_{RE}.

b) Wie hoch ist der Rohstoffverbrauch q_R zur Produktion von $q_E = (15 \quad 10)^T$?

c) Wie viele Endprodukte stellt das Unternehmen mit seinem anfänglichen Zwischenproduktlager in Höhe von $q_Z^L = (20 \quad 15)^T$ her, wenn das Zwischenproduktlager bis auf 5 Stück von Z_2 geleert wird?

Aufgabe 4.14:

Als Manager Ihres neu gegründeten Unternehmens haben Sie aus Ihrer Produktionsabteilung folgende Zusammenhänge vorliegen: In Ihrem Unternehmen werden aus drei Rohstoffarten (R) vier Vorprodukte (V) gefertigt. Aus diesen entstehen drei verschiedene Zwischenprodukte (Z), die schließlich zu zwei Endprodukten (E) weiterverarbeitet werden. Da Sie sich auf die wesentlichen Dinge konzentrieren möchten, beschließen Sie, ausschließlich Materialkosten zu berücksichtigen.

Die Produktionsmatrizen M_{RV}, M_{VZ} und M_{RE} sehen wie folgt aus:

$$M_{RV} = \begin{pmatrix} 2 & 0 & 2 & 0 \\ 1 & 1 & 0 & 1 \\ 2 & 2 & 1 & 1 \end{pmatrix}, \quad M_{VZ} = \begin{pmatrix} 1 & 0 & 2 \\ 0 & 1 & 1 \\ 2 & 2 & 2 \\ 1 & 2 & 1 \end{pmatrix}, \quad M_{RE} = \begin{pmatrix} 60 & 100 \\ 40 & 55 \\ 82 & 120 \end{pmatrix}$$

a) Bestimmen Sie zunächst die Produktionsmatrizen M_{RZ} und M_{ZE}.

b) Wie hoch sind Rohstoffverbrauch q_R und Zwischenproduktbedarf q_Z bei einer Produktion von $q_E = (5 \quad 9)^T$?

c) Sie kaufen die Rohstoffe zu den Preisen $p_R = (30 \quad 100 \quad 50)$ ein. Aufgrund langfristiger vertraglicher Verpflichtungen verkaufen und produzieren Sie in jeder Periode die Menge $q_E = (5 \quad 9)^T$ zu den Preisen $p_E = (10.000 \quad 15.000)$. Wie hoch ist der Gewinn (Erlös minus Materialkosten) unter diesen Voraussetzungen?

d) Ihr Zulieferer erhöht nun den Rohstoffpreis p_{R_1} um 10 €. Daraufhin brechen Sie in Tränen aus und bringen ihn dazu, Ihnen folgendes Alternativangebot zu machen: Sie können bei ihm statt der Rohstoffe alle Zwischenprodukte zu den Preisen $p_Z = (p_{Z_1} \quad 800 \quad 1.000)$ einkaufen. Wie hoch darf p_{Z_1} höchstens sein, damit Sie das neue Angebot des Zulieferers präferieren? Ab welchem Preis p_{Z_1} schreiben Sie schwarze Zahlen? (Es werden weiterhin $q_E = (5 \quad 9)^T$ produziert und abgesetzt.)

Aufgabe 4.15:

In einem Unternehmen werden aus den Rohstoffen R_1, R_2, R_3 zunächst die Zwischenprodukte Z_1, Z_2, Z_3 und hieraus die Endprodukte E_1, E_2, E_3 hergestellt. Sie kennen nachfolgende Produktionsmatrizen:

$$M_{RZ} = \begin{pmatrix} 3 & 2 & 3 \\ 4 & 0 & 3 \\ 1 & 5 & 1 \end{pmatrix}, \quad M_{ZE} = \begin{pmatrix} 1 & 1 & 4 \\ 3 & 3 & 3 \\ 3 & 2 & 2 \end{pmatrix}$$

a) Bestimmen Sie die Gesamtproduktionsmatrix M_{RE}.

b) Wie hoch ist der Rohstoffverbrauch q_R zur Produktion von $q_E = \begin{pmatrix} 35 & 20 & 40 \end{pmatrix}^T$?

c) Sie kaufen die Rohstoffe zum Preis $p_R = \begin{pmatrix} 4 & 3 & 5 \end{pmatrix}$ ein und verkaufen die Endprodukte für $p_E = \begin{pmatrix} 200 & 410 & 320 \end{pmatrix}$. Wie hoch sind die Materialkosten, der Erlös und der Gewinn (Erlös minus Materialkosten) bei der Produktion der in b) angegebenen Menge?

d) Die Rohstoffanbieter erhöhen die Preise auf $p_R^{neu} = \begin{pmatrix} 5 & 5 & 5 \end{pmatrix}$. Bestimmen Sie, welchen Preis Sie für E_2 verlangen müssen, um den gleichen Gewinn wie bisher zu erzielen, wenn Sie aufgrund langfristiger Verträge die Preise für E_1 und E_3 unverändert lassen müssen.

Aufgabe 4.16:

Ein Unternehmen besitzt ein Rohstofflager mit den Rohstoffen $q_R^L = \begin{pmatrix} 10 & 20 & 10 \end{pmatrix}^T$ und ein Zwischenproduktlager mit den Zwischenprodukten $q_Z^L = \begin{pmatrix} 30 & 20 \end{pmatrix}^T$. Die Einkaufspreise für die einzelnen Rohstoffe betragen $p_1 = 5$ € pro Stück, $p_2 = 3$ € pro Stück und $p_3 = 4$ € pro Stück. Die Matrix M_{RZ} zur Erstellung der Zwischenprodukte aus den Rohstoffen lautet:

$$M_{RZ} = \begin{pmatrix} 1 & 2 \\ 2 & 1 \\ 3 & 1 \end{pmatrix}$$

a) Welche Materialkosten entstehen dem Unternehmen bei einer Auffüllung seiner Lagerbestände auf $q_R^{L,neu} = (20 \quad 25 \quad 15)^T$ und $q_Z^{L,neu} = (35 \quad 25)^T$?

Das Unternehmen produziert zudem die Endprodukte $q_E = (E_1 \quad E_2)^T$, die aus den beiden Zwischenprodukten über $M_{ZE} = \begin{pmatrix} 2 & 1 \\ 3 & 2 \end{pmatrix}$ hergestellt werden. In die weiteren Überlegungen sollen die vorhandenen Rohstoffe nicht eingehen.

b) Wie viele Endprodukte stellt das Unternehmen mit seinem anfänglichen Zwischenproduktlager in Höhe von $q_Z^L = (30 \quad 20)^T$ her, wenn bis auf 19 Stück von Z_1 das Zwischenproduktlager geleert wird?

c) Von Endprodukt E_2 sollen genau 8 Stück hergestellt werden. Wie viele Mengeneinheiten von E_1 können höchstens hergestellt werden, wenn der Lagervorrat an Zwischenprodukten in Höhe von $q_Z^L = (30 \quad 20)^T$ ganz zur Verfügung steht und von den Endprodukten nur ganze Mengeneinheiten hergestellt werden können? Wie viele Zwischenprodukte bleiben dabei auf Lager?

Aufgabe 4.17:

Zur Herstellung der beiden von Ihrem Unternehmen produzierten Endprodukte werden Rohstoffe, Vorprodukte und Zwischenprodukte benötigt. Sie kennen die Verflechtungsmatrizen

$$M_{RV} = \begin{pmatrix} 1 & 1 \\ 2 & 2 \end{pmatrix}, \ M_{VZ} = \begin{pmatrix} 1 & a \\ 2 & 1 \end{pmatrix} \text{ und } M_{ZE} = \begin{pmatrix} 2 & 0 \\ 0 & 4 \end{pmatrix}.$$

Leider ist Ihnen der genaue Wert des Parameters a entfallen. Sie wissen aber noch, dass bei einer Produktion von $q_E = (50 \quad 25)^T$ der Rohstoffverbrauch $q_R = (700 \quad 1.400)^T$ beträgt. Berechnen Sie $a \in \mathbb{R}$.

Aufgabe 4.18:

Ihr Unternehmen stellt in zwei Produktionsschritten aus drei Rohstoffen R_1, R_2, R_3 zuerst vier Zwischenprodukte Z_1, Z_2, Z_3, Z_4 und daraus zwei Endprodukte E_1, E_2 her.

Sie arbeiten als Praktikant im Controlling und sollen dem Vorstand den Gewinn (Erlös minus Materialkosten) der letzten Woche präsentieren.

a) Der Vorstand ist ein alter Mannheimer Schüler und verlangt, dass Sie die Gewinngleichung allgemein in Matrixschreibweise aufstellen. (Vereinfachend sei angenommen, dass die einzigen Erlöse durch den Verkauf der Endprodukte zu $p_E \in \mathbb{R}^{1\times 2}$ und die einzigen Kosten durch den Einkauf der Rohstoffe zu $p_R \in \mathbb{R}^{1\times 3}$ entstehen.)

b) Nun öffnen Sie die Bücher. Verkauft wurden 100 Einheiten E_1 zu je 80 € und 20 E_2 zu je 50 €. Als einzige Kosten fielen die zur Produktion notwendigen Materialkosten für die Rohstoffe an. Deren Einkaufspreis betrug 2 € je Einheit R_1, 2 € je Einheit R_2 und 5 € je Einheit R_3. Jetzt fehlen nur noch die Produktionszusammenhänge in Form der Produktionsmatrizen. Über diese, wie sollte es anders sein, haben Sie Kaffee gekippt, weshalb sie nicht mehr vollständig lesbar sind:

$$M_{RZ} = \begin{pmatrix} 2 & 4 & 1 & a \\ 1 & 2 & 1 & 0 \\ 1 & 0 & 0 & 2 \end{pmatrix}, \quad M_{ZE} = \begin{pmatrix} 4 & 0 \\ 1 & 1 \\ 0 & 2 \\ 1 & 1 \end{pmatrix}$$

Sie schwitzen, doch Ihr ehrgeiziger Kollege hatte in weiser Voraussicht, als die Matrix M_{RZ} noch vollständig vorhanden war, den Gewinn schon berechnet. Dieser betrug 1.080 €. Bestimmen Sie den fehlenden Wert $a \in \mathbb{R}$ in der Matrix M_{RZ}, damit Sie bei Ihrer Präsentation so tun können, als sei alles auf Ihrem Mist gewachsen.

Aufgabe 4.19:

Als neuer Mitarbeiter eines Wurstherstellers offenbaren sich Ihnen die nachfolgenden Produktionszusammenhänge. Als Endprodukte verkaufen Sie Brat-, Blut- und Leberwürste. Zur Produktion dieser Delikatessen werden Schafe, Hühner, Schweine und Rinder verwurstet. Für die "Herstellung" (auch Aufzucht genannt) dieser tierischen Zwischenprodukte betreiben Sie eine Farm. Um die Tiere besonders schnell mästen zu können, verfüttern Sie eine Spezialmischung aus Löwenzahn, Körnern, Blattspinat und Karotten. Nachfolgende Graphik stellt die innerbetriebliche Materialverflechtung in Ihrem gesamten Produktionsprozess dar:

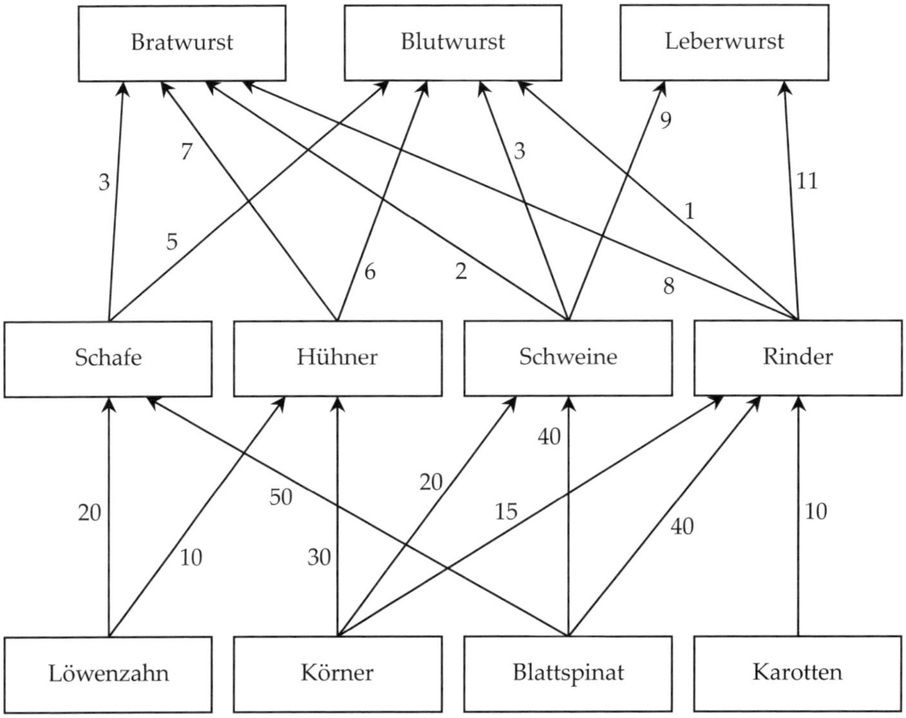

In der ersten Produktionsstufe ist angegeben, wie viel Kilogramm des jeweiligen Futters ein Schaf, Huhn, Schwein bzw. Rind benötigt. Die Zahlen der zweiten Produktionsstufe weisen aus, wie viele Tiere zur Herstellung je einer Tonne Bratwurst, Blutwurst bzw. Leberwurst benötigt werden.

a) Stellen Sie die Produktionsmatrizen M_{RZ} und M_{ZE} auf und berechnen Sie M_{RE}.

b) Die Preise der Rohstoffe liegen pro Kilogramm bei:

$$p_R = \begin{pmatrix} p_{\text{Löwenzahn}} & p_{\text{Körner}} & p_{\text{Blattspinat}} & p_{\text{Karotten}} \end{pmatrix} = \begin{pmatrix} 2 & 2 & 3 & 4 \end{pmatrix}$$

Ihre Vertriebspartner nehmen Ihnen folgende Mengen (in Tonnen) ab:

$$q_E = \begin{pmatrix} q_{\text{Bratwurst}} & q_{\text{Blutwurst}} & q_{\text{Leberwurst}} \end{pmatrix} = \begin{pmatrix} 10 & 22 & 30 \end{pmatrix}^T$$

Die Preise für Blut- und Leberwurst sind aufgrund vertraglicher Bestimmungen festgesetzt auf $p_{\text{Blutwurst}} = 6{,}90$ € pro kg bzw. $p_{\text{Leberwurst}} = 5{,}90$ € pro kg. Wie hoch muss der Preis für 1 kg Bratwurst sein, wenn Sie einen Gewinn (Erlös minus Materialkosten) von 200.000 € erwirtschaften möchten? Gehen Sie davon aus, dass außer den Rohstoffkosten keine weiteren Kosten anfallen.

c) Sie erwarten steigende Rohstoffpreise und haben deshalb in großen Mengen eingekauft. In ihrer Vorratskammer lagern 3.000 kg Löwenzahn, 15.000 kg Körner, 23.000 kg Blattspinat und 1.000 kg Karotten. Zudem hängen in Ihrem Kühlhaus 40 Schafe, 102 Hühner, 106 Schweine und 232 Rinder, die alle bereits geschlachtet sind und nur darauf warten, zu Wurst weiterverarbeitet zu werden. Reicht die genannte Futtermenge aus, um die in Aufgabenteil b) aufgeführte Menge ausliefern zu können, oder müssen Sie Futter nachkaufen? Wie sieht Ihr Lagerbestand nach dem Verkauf aus?

d) Aufgrund Ihrer hervorragenden Fähigkeiten werden Sie von der Konkurrenz abgeworben. Ihr neues Unternehmen stellt zwar dieselben Wurstsorten her, doch verarbeitet es keine Rinder und benötigt somit auch keine Karotten. Ihr Vorgänger hat folgende Produktionsmatrizen hinterlassen:

$$M_{RZ} = \begin{pmatrix} 40 & 10 & 10 \\ 20 & 30 & 20 \\ 30 & 20 & 10 \end{pmatrix}, \quad M_{RE} = \begin{pmatrix} 300 & 300 & 200 \\ 450 & 400 & 500 \\ 300 & 300 & 300 \end{pmatrix}$$

Wie viele Tiere benötigen Sie, um den Auftrag $q_E = \begin{pmatrix} 20 & 20 & 30 \end{pmatrix}^T$ zu erfüllen?

Aufgabe 4.20:

Ein Unternehmen fertigt aus den Rohstoffen R_1, R_2, R_3 zunächst die Zwischenprodukte Z_1, Z_2, Z_3 und hieraus die Endprodukte E_1, E_2, E_3. Sie kennen die Verflechtungsmatrizen

$$M_{RZ} = \begin{pmatrix} 1 & 3 & 1 \\ 2 & 0 & 1 \\ 1 & 1 & 2 \end{pmatrix} \text{ und } M_{ZE} = \begin{pmatrix} 1 & 2 & 1 \\ 2 & 1 & 3 \\ 2 & 3 & 3 \end{pmatrix}.$$

a) Bestimmen Sie die Gesamtverflechtungsmatrix M_{RE}.

b) Wie hoch ist der Rohstoffverbrauch q_R zur Produktion von $q_E = \begin{pmatrix} 15 & 10 & 10 \end{pmatrix}^T$?

c) Sie kaufen die Rohstoffe ein zum Preis von $p_R = \begin{pmatrix} 5 & 4 & 5 \end{pmatrix}$ und verkaufen die Endprodukte für $p_E = \begin{pmatrix} 100 & 200 & 150 \end{pmatrix}$. Wie hoch sind die Kosten K, der Erlös E und der Gewinn G bei der Produktion der in b) angegebenen Menge?

d) Sie bekommen das Angebot für 725 € eine neue Maschine zu kaufen, welche zu einem veränderten Rohstoffverbrauch im Produktionsprozess führt. Allerdings sind Sie noch nicht sicher, welche Spezifikationen der Parameter a in der neuen Gesamtverflechtungsmatrix

$$M_{RE}^{neu} = \begin{pmatrix} a & 8 & 13 \\ a & 7 & 5 \\ 7 & 9 & 10 \end{pmatrix}$$

erfüllen muss, damit mindestens ein Gewinn in Höhe von 1.000 € erzielt werden kann. Bestimmen Sie den kritischen Wertebereich von Parameter a, wobei die in b) angegebene Menge produziert werden soll und die Preise denen aus c) entsprechen.

Aufgabe 4.21:

Nachfolgende Produktionsmatrizen zwischen Rohstoffen, Vor-, Zwischen- und Endprodukten sind Ihnen bekannt:

$$M_{RV} = \begin{pmatrix} 4 & a & 2 \\ 0 & 2 & 1 \\ 1 & 2 & 1 \end{pmatrix},\ M_{VZ} = \begin{pmatrix} 1 & 1 & 1 & 1 \\ 5 & 2 & 1 & 2 \\ 2 & 6 & 3 & 4 \end{pmatrix},\ M_{ZE} = \begin{pmatrix} 6 & b \\ 5 & 1 \\ 5 & 6 \\ 3 & 1 \end{pmatrix}$$

Darüber hinaus wissen Sie, dass für die Produktion einer Einheit von E_1 Rohstoffe in Höhe von q_R und für die Produktion einer Einheit von E_2 Rohstoffe in Höhe von $c \cdot q_R$ benötigt werden. Bestimmen Sie $a, b, c \in \mathbb{R}$.

Aufgabe 4.22:

$$M_{RE} = \begin{pmatrix} x_{11} & x_{12} & 4 \\ 3 & x_{22} & x_{23} \\ x_{31} & 5 & x_{33} \end{pmatrix}$$

Wie viele Einheiten von R_1 werden zur Herstellung von 150 Einheiten von E_2 benötigt, wenn (neben einigen Einheiten von R_1 und R_2) genau 10 Einheiten von R_3 zur Herstellung von genau 5 Einheiten von E_3 benötigt werden? Zusätzlich gilt $\sum_{i=1}^{3} x_{ij} = 12 \quad \forall \; j$ sowie $\sum_{j=1}^{3} x_{ij} = 12 \quad \forall \; i$.

5 Leontief-Modell

5.1 Einordnung und Modellgrundlagen

Das vorherige Kapitel betrachtet einen Produktionsprozess, bei dem die Rohstoffe extern bezogen und die Endprodukte extern abgegeben werden. Im Unterschied hierzu werden im Leontief-Produktionsmodell keine Rohstoffe von außen bezogen. Die hergestellten Endprodukte werden als einzige Produktionsfaktoren angenommen. Das zugrunde liegende Modell wurde von Wassiliy Leontief zur Analyse von Volkswirtschaften und deren Industriesektoren entwickelt. Für seine grundlegenden Arbeiten in diesem Bereich erhielt Wassiliy Leontief 1973 den Nobelpreis für Wirtschaftswissenschaften.

Betrachtet wird im Folgenden eine Volkswirtschaft mit n Industrien. In jeder dieser Industrien wird genau ein Gut j mit $j=1,\ldots,n$ hergestellt. Alle Güter i mit $i=1,\ldots,n$ (also alle Güter), die in der Volkswirtschaft hergestellt werden, können in die Herstellung jedes einzelnen Guts j als Produktionsfaktor eingehen. Die Menge an Gut i, die zur Produktion einer Einheit des Guts j benötigt wird, heißt Produktionskoeffizient a_{ij}. Die Produktionsmatrix Q, die alle Produktionskoeffizienten a_{ij} enthält, ist quadratisch und hat die Ordnung $(n \times n)$. Die hier vorgestellten Annahmen des Leontief-Modells lassen sich dabei auch auf Unternehmen mit entsprechenden innerbetrieblichen Verflechtungen übertragen.

Zur Verdeutlichung sei ausdrücklich darauf hingewiesen, dass mit "Gut i" und "Gut j" auf dieselben Güter Bezug genommen wird. Die unterschiedliche Indizierung ist lediglich zur Beschreibung des Produktionsprozesses notwendig.

Beispiel 5-1: Bestimmung der Produktionsmatrix

Die Volkwirtschaft einer kleinen Insel besteht aus den drei Industrien Fischerei, Holzfällerei und Rumherstellung, die folgendermaßen miteinander verbunden sind:

- Die Produktion einer Tonne Fisch erfordert einen viertel Festmeter Holz zur Instandhaltung der Fischereiboote und ein fünftel Fass Rum, um eine Meuterei an Bord zu verhindern. Ein Zehntel des gefangenen Fischs wird von den Fischern selbst verbraucht.
- Um einen Festmeter Holz in den Palmenwäldern zu schlagen, benötigen die Holzfäller bei Ihrer anstrengenden Arbeit eine fünftel Tonne Fisch und fünfviertel Fässer Rum.
- Die Herstellung eines Fasses Rum erfordert einen halben Festmeter Holz, um die Destillerien betreiben und Holzfässer fertigen zu können. Die Arbeiter sind des Weiteren nicht davon abzubringen, ein Viertel des Rums selbst zu trinken.

Für Gütererstellung in den jeweiligen Industrien werden ausschließlich Leistungen (Güter) der drei auf der Insel vorkommenden Industrien benötigt, weshalb der Produktionsprozess der Inselökonomie über das Leontief-Modell formuliert werden kann. Die Verflechtungen der Inselwirtschaft werden durch die folgende Matrix beschrieben:

an / von	Fischerei	Holzfällerei	Rumherstellung
Fischerei	$1/10$	$1/5$	0
Holzfällerei	$1/4$	0	$1/2$
Rumherstellung	$1/5$	$5/4$	$1/4$

Aus diesen Angaben kann die Produktionsmatrix mit den Produktionsfaktoren a_{ij} erstellt werden, welche wegen der drei betrachteten Industrien die Ordnung (3×3) besitzt:

$$Q=\begin{pmatrix} 1/10 & 1/5 & 0 \\ 1/4 & 0 & 1/2 \\ 1/5 & 5/4 & 1/4 \end{pmatrix}$$

Zur Befriedigung der externen Nachfrage (beispielsweise von anderen Ländern) nach Gut i, y_i, steht die Gesamtproduktionsmenge von Gut i, q_i, abzüglich der durch die Produktion des Produktionsplans $q=(q_1 \;\cdots\; q_i \;\cdots\; q_n)^T$ innerhalb der Volkswirtschaft verbrauchten Menge von Gut i zur Verfügung. Die innerhalb der Ökonomie verbrauchte Menge von Gut i zur Produktion des Produktionsplans q berechnet sich dabei unter der Verwendung der Produktionsfaktoren als $\sum_{j=1}^{n} a_{ij} \cdot q_j$. Formalisiert lässt sich für jedes Gut i mit $i=1,\ldots,n$ folgern, dass gilt:

$$y_i = q_i - \sum_{j=1}^{n} a_{ij} \cdot q_j$$

Da n Güter produziert werden, ergibt sich ein LGS mit n Gleichungen, welches sich in Vektorschreibweise darstellen lässt durch:

$$\begin{pmatrix} y_1 \\ \vdots \\ y_i \\ \vdots \\ y_n \end{pmatrix} = \begin{pmatrix} q_1 \\ \vdots \\ q_i \\ \vdots \\ q_n \end{pmatrix} - \begin{pmatrix} \sum_{j=1}^{n} a_{1j} \cdot q_j \\ \vdots \\ \sum_{j=1}^{n} a_{ij} \cdot q_j \\ \vdots \\ \sum_{j=1}^{n} a_{nj} \cdot q_j \end{pmatrix}$$

wobei $y=(y_1 \;\cdots\; y_i \;\cdots\; y_n)^T$ den externen Nachfragevektor repräsentiert. Der Vektor $\left(\sum_{j=1}^{n} a_{1j} \cdot q_j \;\cdots\; \sum_{j=1}^{n} a_{ij} \cdot q_j \;\cdots\; \sum_{j=1}^{n} a_{nj} \cdot q_j\right)^T$ entspricht dabei dem Resultat der Matrixmultiplikation $Q \cdot q$, so dass sich die zentrale Gleichung des Leontief-Modells formulieren lässt als:

$$\begin{aligned} y &= q - Q \cdot q \\ &= (E-Q) \cdot q \end{aligned}$$

$(E-Q)$ wird dabei Technologiematrix genannt. Sie ist die Matrix, welche den Produktionsvektor in einen Vektor transformiert, der angibt, welche externe Nachfrage befriedigt werden kann.

Beispiel 5-2: Veranschaulichung des Leontief-Modells

Geht man von der Produktionsmatrix

$$Q = \begin{pmatrix} 0{,}1 & 0{,}3 \\ 0{,}4 & 0{,}2 \end{pmatrix}$$

und dem Produktionsplan $q = (20 \quad 30)^T$ aus, so berechnet sich der Verbrauch von Gut 1 innerhalb der Volkswirtschaft folgendermaßen: Zur Herstellung einer Einheit von Gut 1 braucht man unter anderem 0,1 Einheiten von Gut 1. Da aber insgesamt 20 Einheiten hergestellt werden, werden $20 \cdot 0{,}1 = 2$ Einheiten von Gut 1 benötigt. Zur Herstellung einer Einheit von Gut 2 braucht man unter anderem 0,3 Einheiten von Gut 1. Hiervon sollen aber insgesamt 30 Einheiten hergestellt werden, folglich werden hier weitere $30 \cdot 0{,}3 = 9$ Einheiten benötigt. Insgesamt werden bei der Herstellung des Produktionsplans q innerhalb der Volkswirtschaft also $2 + 9 = 11$ Einheiten von Gut 1 verbraucht. Der gleiche Rechenweg führt zu einem internen Verbrauch von 14 Einheiten von Gut 2 bei der Herstellung des Produktionsplans q.

Subtrahiert man vom Produktionsplan den Verbrauch innerhalb der Ökonomie, verbleibt diejenige Menge, welche zur Befriedigung der externen Nachfrage (also für andere Länder) zur Verfügung steht. Dies sind für Gut 1 genau $20 - 11 = 9$ Einheiten und für Gut 2 genau $30 - 14 = 16$ Einheiten.

Bei gegebener Produktionsmatrix Q lässt sich somit problemlos beantworten, wie viele Einheiten für die Nachfrager außerhalb der Volkswirtschaft verbleiben, wenn ein bestimmter Produktionsplan q hergestellt wird.

Beispiel 5-3: Berechnung der externen Nachfrage

Eine Volkswirtschaft stellt drei verschiedene Güter her und besitzt die Produktionsmatrix:

$$Q = \begin{pmatrix} 0{,}5 & 0 & 0{,}1 \\ 0{,}2 & 0{,}3 & 1{,}1 \\ 0{,}1 & 0{,}3 & 0{,}1 \end{pmatrix}$$

Bei einer Produktion von $q = \begin{pmatrix} 150 & 600 & 300 \end{pmatrix}^T$ kann die folgende Menge y nach außen abgegeben werden:

$$y = (E - Q) \cdot q = \left[\begin{pmatrix} 1 & 0 & 0 \\ 0 & 1 & 0 \\ 0 & 0 & 1 \end{pmatrix} - \begin{pmatrix} 0{,}5 & 0 & 0{,}1 \\ 0{,}2 & 0{,}3 & 1{,}1 \\ 0{,}1 & 0{,}3 & 0{,}1 \end{pmatrix} \right] \cdot \begin{pmatrix} 150 \\ 600 \\ 300 \end{pmatrix} = \begin{pmatrix} 45 \\ 60 \\ 75 \end{pmatrix}$$

Sehr leicht lässt sich auch die Umkehrfragestellung beantworten. Welche Mengen müssen hergestellt werden, damit eine vorgegebene externe Nachfrage befriedigt werden kann? Hierzu ist die zentrale Gleichung umzuformen in $q = (E - Q)^{-1} \cdot y$.

Alternativ kann in Analogie zur Schreibweise $A \cdot x = b$ der unbekannte Vektor q in $(E - Q) \cdot q = y$ auch über die Anwendung des Gauß/Jordan-Algorithmus auf die erweiterte Koeffizientenmatrix $(E - Q \mid y)$ bestimmt werden.

Beispiel 5-4: Berechnung des Produktionsplans

Der Produktionsplan q zur Befriedigung einer externen Nachfrage von $y = \begin{pmatrix} 411 & 137 & 274 \end{pmatrix}^T$ berechnet sich durch:

$$q = (E - Q)^{-1} \cdot y = \left[\begin{pmatrix} 1 & 0 & 0 \\ 0 & 1 & 0 \\ 0 & 0 & 1 \end{pmatrix} - \begin{pmatrix} 0{,}5 & 0 & 0{,}1 \\ 0{,}2 & 0{,}3 & 1{,}1 \\ 0{,}1 & 0{,}3 & 0{,}1 \end{pmatrix} \right]^{-1} \cdot \begin{pmatrix} 411 \\ 137 \\ 274 \end{pmatrix} = \begin{pmatrix} 1.070 \\ 2.450 \\ 1.240 \end{pmatrix}$$

Alternativ ergibt sich ausgehend von

$$(E - Q \mid y) = \left(\begin{array}{ccc|c} 0{,}5 & 0 & -0{,}1 & 411 \\ -0{,}2 & 0{,}7 & -1{,}1 & 137 \\ -0{,}1 & -0{,}3 & 0{,}9 & 274 \end{array} \right)$$

nach einigen EZUs im Rahmen des Gauß/Jordan-Algorithmus der Produktionsplan als rechte Seite der erweiterten Koeffizientenmatrix:

$$\left(\begin{array}{ccc|c} 1 & 0 & 0 & 1.070 \\ 0 & 1 & 0 & 2.450 \\ 0 & 0 & 1 & 1.240 \end{array}\right)$$

Eine weitere interessante Fragestellung ist, ob jede sinnvolle externe Nachfrage (das heißt $y \geq 0$) durch einen sinnvollen Produktionsplan (das heißt $q \geq 0$) befriedigt werden kann. Um dies zu beantworten, kann wahlweise eines der folgenden Kriterien betrachtet werden:

Kriterium I: Soll ein vorgegebenes $y \geq 0$ zwingend zu einem $q \geq 0$ führen, muss aufgrund des Zusammenhangs $q = (E - Q)^{-1} \cdot y$ auch $(E - Q)^{-1} \geq 0$ sein.

Kriterium II (Hawkins-Simon-Bedingung): Hierbei werden die sukzessiven Hauptminoren von $(E - Q)$ betrachtet. Sind alle sukzessiven Hauptminoren größer Null, so gilt $(E - Q)^{-1} \geq 0$.

Beide Kriterien führen stets zur gleichen Aussage, daher reicht es aus, eines der Kriterien zu betrachten.

Beispiel 5-5: Analyse des Produktionsprozesses

Die Produktionsmatrix der betrachteten Volkswirtschaft sei weiterhin:

$$Q = \begin{pmatrix} 0{,}5 & 0 & 0{,}1 \\ 0{,}2 & 0{,}3 & 1{,}1 \\ 0{,}1 & 0{,}3 & 0{,}1 \end{pmatrix}$$

Bei Verwendung von Kriterium I ergibt sich:

$$(E - Q)^{-1} = \frac{10}{137} \cdot \begin{pmatrix} 30 & 3 & 7 \\ 29 & 44 & 57 \\ 13 & 15 & 35 \end{pmatrix} \geq 0$$

Somit lässt sich jede sinnvolle Nachfrage durch eine sinnvolle Produktion befriedigen.

Alternativ kann die Hawkins-Simon-Bedingung verwendet werden:

$$\det(E-Q)=\det\begin{pmatrix}0{,}5 & 0 & -0{,}1\\ -0{,}2 & 0{,}7 & -1{,}1\\ -0{,}1 & -0{,}3 & 0{,}9\end{pmatrix}=\frac{137}{1.000}>0$$

$$\det\left((E-Q)_{33}\right)=\det\begin{pmatrix}0{,}5 & 0\\ -0{,}2 & 0{,}7\end{pmatrix}=\frac{35}{100}>0$$

$$\det\left(\left((E-Q)_{33}\right)_{22}\right)=\det(0{,}5)=0{,}5>0$$

Alle sukzessiven Hauptminoren sind größer als Null.

Statt der Produktionsmatrix Q können zur Beschreibung der Technologie die Gesamtliefermatrix X und der zugehörige Produktionsvektor q gegeben sein. Die Gesamtliefermatrix enthält die Liefermengen x_{ij} mit $i=1,\ldots,n$ sowie $j=1,\ldots,n$, welche von Industrie i zu Industrie j erfolgen, damit der zugehörige Produktionsplan q hergestellt werden kann. Analog zu den Produktionskoeffizienten a_{ij} bezeichnet x_{ij} die Menge von Gut i, die zur Produktion von q_j Einheiten des Guts j benötigt werden.

Bei gegebenem X und q lassen sich die Elemente von Q berechnen durch:

$$a_{ij}=\frac{x_{ij}}{q_j}$$

Die Menge von Gut i, welche an Industrie j geliefert wird, damit diese q_j Einheiten herstellen kann (x_{ij}), geteilt durch die Anzahl der dort hergestellten Einheiten von Gut j (q_j) ergibt die Menge, die von Gut i an Industrie j geliefert werden muss, damit dort eine Einheit hergestellt werden kann (a_{ij}).

Sind statt X und q nur X und y gegeben, muss zunächst der der Gesamtliefermatrix X zugrunde liegende Produktionsplan q berechnet werden. Dies lässt sich sehr leicht durchführen. Für jedes Gut i entspricht die Zeilensumme von X dem internen Gesamtverbrauch von Gut i, der notwendig ist, um den zugrunde liegenden Produktionsplan q zu realisieren. Wird hierzu die externe Nachfrage nach Gut i addiert, erhält man die produzierte Menge von Gut i:

$$q_i=\sum_{j=1}^{n}x_{ij}+y_i$$

Beispiel 5-6: Bestimmung der Produktionsmatrix

Eine drei Produkte herstellende Volkswirtschaft tauscht intern Güter in folgender Höhe aus:

$$X = \begin{pmatrix} 20 & 40 & 15 \\ 0 & 20 & 5 \\ 0 & 10 & 0 \end{pmatrix}$$

Hierbei wird eine externe Nachfrage von $y = (25 \quad 35 \quad 30)^T$ befriedigt.

Der zugrunde liegende Produktionsplan berechnet sich als Summe von internem Verbrauch und externer Nachfrage als:

$$\begin{pmatrix} q_1 \\ q_2 \\ q_3 \end{pmatrix} = \begin{pmatrix} \sum_{j=1}^{3} x_{1j} \\ \sum_{j=1}^{3} x_{2j} \\ \sum_{j=1}^{3} x_{3j} \end{pmatrix} + \begin{pmatrix} y_1 \\ y_2 \\ y_3 \end{pmatrix} = \begin{pmatrix} 20+40+15 \\ 0+20+5 \\ 0+10+0 \end{pmatrix} + \begin{pmatrix} 25 \\ 35 \\ 30 \end{pmatrix} = \begin{pmatrix} 100 \\ 60 \\ 40 \end{pmatrix}$$

Hieraus lässt sich im Weiteren die Produktionsmatrix Q bestimmen als:

$$Q = \begin{pmatrix} x_{11}/q_1 & x_{12}/q_2 & x_{13}/q_3 \\ x_{21}/q_1 & x_{22}/q_2 & x_{23}/q_3 \\ x_{31}/q_1 & x_{32}/q_2 & x_{33}/q_3 \end{pmatrix} = \begin{pmatrix} 1/5 & 2/3 & 3/8 \\ 0 & 1/3 & 1/8 \\ 0 & 1/6 & 0 \end{pmatrix}$$

Im Rahmen des Leontief-Modells ist es wichtig zu verstehen, dass X, y und q immer zusammen betrachtet werden müssen. Eine bestimmte angegebene Produktionsmenge q führt bei gegebener Produktionsmatrix immer zu denselben internen Liefermengen X und derselben Menge y, die nach außen abgegeben werden kann.

5.2 Aufgaben

Aufgabe 5.1:

Sie kennen die Produktionsmatrix Q und den Produktionsvektor q:

$$Q = \begin{pmatrix} 0{,}3 & 0{,}2 & 0{,}6 \\ 0{,}4 & 0{,}4 & 0 \\ 0{,}2 & 0 & 0{,}2 \end{pmatrix}, \quad q = \begin{pmatrix} 400 \\ 350 \\ 300 \end{pmatrix}$$

Welche externe Nachfrage wird hiermit befriedigt?

Aufgabe 5.2:

Kann ein Unternehmen mit der Produktionsmatrix

$$Q = \begin{pmatrix} 0{,}6 & 0{,}8 \\ 0{,}4 & 0{,}3 \end{pmatrix}$$

jede sinnvolle externe Nachfrage $(y \geq 0)$ durch einen sinnvollen Produktionsplan $(q \geq 0)$ befriedigen?

Aufgabe 5.3:

Eine Untersuchung an Ihrer Universität auf Grundlage des Leontief-Modells hat ergeben, dass die Mensaküche für die Erstellung eines Mittagsmahls einen Eigenverbrauch von 30% hat (die Köche verschlingen also 30% des Essens selbst) und weitere 0,1 Arbeitsstunden des Servicepersonals beansprucht (zum Schälen der Kartoffeln). Das Servicepersonal hingegen benötigt pro Arbeitsstunde 0,4 Portionen Mittagessen und macht pro Arbeitsstunde 12 Minuten Pause.

a) Erstellen Sie die zugehörige Produktionsmatrix.

b) Es werden 400 Portionen Mittagessen gekocht, während das Servicepersonal 100 Stunden arbeitet. Wie viele Mittagessen können noch an die Studenten als externe Nachfrager abgegeben werden und wie viele Arbeitsstunden des Servicepersonals stehen noch für den eigentliche Service bereit?

c) Die Studenten fragen allerdings 520 Portionen Mittagessen und 260 Stunden Service nach. Um wie viel muss die Produktion erhöht werden, damit diese Nachfrage befriedigt werden kann?

d) Lässt sich jede beliebige (sinnvolle) Nachfrage nach Essen und Service von Seiten der Studenten durch eine entsprechende (sinnvolle) Produktion befriedigen?

Aufgabe 5.4:

Gegeben sind die nachfolgenden Größen des Leontief-Modells:

$$Q=\begin{pmatrix} a_{11} & a_{12} & a_{13} \\ a_{21} & a_{22} & a_{23} \\ a_{31} & a_{32} & a_{33} \end{pmatrix},\ (E-Q)=\begin{pmatrix} b_{11} & b_{12} & b_{13} \\ b_{21} & b_{22} & b_{23} \\ b_{31} & b_{32} & b_{33} \end{pmatrix},\ X=\begin{pmatrix} x_{11} & x_{12} & x_{13} \\ x_{21} & x_{22} & x_{23} \\ x_{31} & x_{32} & x_{33} \end{pmatrix},$$

$$y=\begin{pmatrix} y_1 & y_2 & y_3 \end{pmatrix}^T,\ q=\begin{pmatrix} q_1 & q_2 & q_3 \end{pmatrix}^T$$

Interpretieren Sie kurz die folgenden Terme: a_{23}, $\sum_{j=1}^{3} x_{2j}$, $q_1 - y_1$, $\sum_{j=1}^{3} a_{1j}$, b_{11}

Aufgabe 5.5:

Für drei Abteilungen eines Unternehmens ist folgende Produktionsmatrix gegeben:

$$Q=\begin{pmatrix} 0{,}1 & 0{,}2 & 0{,}3 \\ 0{,}2 & 0{,}1 & 0{,}2 \\ 0{,}1 & 0{,}2 & 0{,}1 \end{pmatrix}$$

a) Welche externe Nachfrage y kann bei einer Gesamtproduktion von $q_1 = 50$, $q_2 = 100$ und $q_3 = 50$ erfüllt werden?

b) Wie hoch sind die Liefermengen zwischen den Abteilungen bei der Gesamtproduktion aus Teilaufgabe a)?

c) Lässt sich jede sinnvolle externe Nachfrage $(y \geq 0)$ durch eine sinnvolle Produktion $(q \geq 0)$ befriedigen?

d) Bestimmen Sie die erforderliche Produktion q für eine externe Nachfrage von $y = \begin{pmatrix} 35 & 245 & 70 \end{pmatrix}^T$.

Aufgabe 5.6:

Ihnen ist die nachfolgende Produktionsmatrix gegeben:

$$Q = \begin{pmatrix} 0{,}5 & 0{,}1 & 0{,}3 \\ 0{,}2 & 0{,}5 & 0{,}2 \\ 0{,}1 & 0{,}5 & 0{,}5 \end{pmatrix}$$

a) Wie viele Einheiten jedes Guts muss das Unternehmen herstellen, damit jeder Sektor 90 Einheiten nach außen abgeben kann?

b) Kann dieses Unternehmen jede beliebige sinnvolle (das heißt nichtnegative) Nachfrage mit einer sinnvollen (das heißt nichtnegativen) Produktion befriedigen?

Aufgabe 5.7:

Ein Unternehmen besteht aus den Teilbereichen Energieerzeugung, Wasserversorgung sowie zwei Produktionsabteilungen, welche die Produkte P_1 und P_2 herstellen. Über die Produktionsverhältnisse wissen Sie Folgendes:

Von einer kWh erzeugtem Strom verbraucht die Energieversorgung 10% selbst, während der Eigenverbrauch der Wasserversorgung je erstelltem Liter bei 0,2 l liegt. Bei der Erstellung einer Mengeneinheit des Produkts P_1 werden 0,75 kWh Strom und bei der Erstellung einer Mengeneinheit des Produkts P_2 0,5 l Wasser verbraucht. Der Eigenverbrauch der Produkte P_1 und P_2 beträgt jeweils 0,25 Mengeneinheiten des entsprechenden Produkts. Um eine Mengeneinheit des Produkts P_1 herzustellen, braucht man außerdem 0,5 Mengeneinheiten des Produkts P_2. Alle nicht angegebenen Produktionskoeffizienten sind Null.

a) Erstellen Sie die Produktionsmatrix Q.

b) Welche externe Nachfrage kann durch die Produktion von 30 kWh Strom, 25 l Wasser, 36 Mengeneinheiten von P_1 und 40 Mengeneinheiten von P_2 bedient werden?

c) Ein externer Nachfrager möchte von Ihnen weder Strom noch Wasser, jedoch 36 Mengeneinheiten von P_1 und 40 Mengeneinheiten von P_2 beziehen. Wie viele kWh Strom, Liter Wasser und Mengeneinheiten der Produkte P_1 und P_2 müssen Sie herstellen, um seinen Wunsch zu erfüllen?

Aufgabe 5.8:

Ein Unternehmen befriedigt mit der Gesamtliefermatrix $X = \begin{pmatrix} 15 & 20 \\ 15 & 30 \end{pmatrix}$ einen externen Konsum in Höhe von $y = \begin{pmatrix} 115 & 75 \end{pmatrix}^T$. Bestimmen Sie die Produktionsmatrix.

Aufgabe 5.9:

Nachfolgend ist Ihnen die Gesamtliefermatrix X bei einer bestimmten Gesamtproduktionsmenge q eines Unternehmens mit zwei Produktionsstätten angegeben:

$$X = \begin{pmatrix} 15 & 20 \\ 15 & 30 \end{pmatrix}, \quad q = \begin{pmatrix} 60 \\ 50 \end{pmatrix}$$

a) Bestimmen Sie die Leistungen y, die bei obiger Gesamtproduktion nach außen abgegeben werden können.

b) Bestimmen Sie die Produktionsmatrix Q.

c) Welche Gesamtproduktion q ist notwendig, um eine externe Nachfrage von $y = \begin{pmatrix} 60 & 80 \end{pmatrix}^T$ zu befriedigen?

Aufgabe 5.10:

Sie kennen nachfolgende Produktionsmatrix eines Unternehmens:

$$Q = \begin{pmatrix} 0,2 & 0,2 & 0,5 \\ 0,1 & 0,5 & 0,3 \\ 0,3 & 0,2 & 0,6 \end{pmatrix}$$

a) Welche externe Nachfrage y kann bei einer Gesamtproduktion von $q = \begin{pmatrix} 500 & 470 & 610 \end{pmatrix}^T$ erfüllt werden?

b) Wie hoch sind die Liefermengen zwischen den Sektoren bei der Gesamtproduktion aus Teilaufgabe a)?

c) Prüfen Sie anhand der Hawkins-Simon-Bedingung, ob sich jede sinnvolle externe Nachfrage $(y \geq 0)$ durch eine sinnvolle Produktion $(q \geq 0)$ befriedigen lässt.

d) Bestimmen Sie die erforderliche Produktion q für eine Nachfrage von $y = \begin{pmatrix} 7 & 14 & 0 \end{pmatrix}^T$.

Aufgabe 5.11:

Für drei Produktionsbereiche ist folgende Produktionsmatrix gegeben:

$$Q = \begin{pmatrix} 0,1 & 0,2 & 0,2 \\ 0,2 & 0,1 & 0,2 \\ 0,2 & 0,2 & 0,1 \end{pmatrix}$$

a) Wie hoch sind die Gesamtlieferungen x_{ij} zwischen den einzelnen Bereichen bei einer Gesamtproduktion von 20 Einheiten in Produktionsbereich 1, 30 Einheiten in Bereich 2 sowie 40 Einheiten in Bereich 3?

b) Wie hoch ist die externe Nachfrage y, die durch die in Aufgabenteil a) angegebene Gesamtproduktion befriedigt werden kann?

c) Lässt sich jede sinnvolle externe Nachfrage $(y \geq 0)$ durch eine sinnvolle Produktion $(q \geq 0)$ befriedigen?

d) Durch eine Neustrukturierung der einzelnen Produktionsbereiche ergibt sich die folgende (neue) Produktionsmatrix:

$$Q^* = \begin{pmatrix} 0,3 & 0,2 & 0,2 \\ 0 & 0,1 & 0,2 \\ 0 & 0 & 0,3 \end{pmatrix}$$

In Produktionsbereich 1 sollen genau 100 Einheiten nach außen abgeben werden, während in den Produktionsbereichen 2 und 3 jeweils die gleiche (noch unbekannte) Menge zur Nachfragebefriedigung bereitgestellt werden soll. Weiterhin ist bekannt, dass im Bereich 3 exakt 100 Einheiten produziert werden können. Die Produktionsmengen der Bereiche 1 und 2 sind dagegen nicht bekannt. Bestimmen Sie aus diesen Daten den kompletten Produktions- und Nachfragevektor.

Aufgabe 5.12:

Sie kennen die folgende Gesamtliefertabelle zwischen drei Wirtschaftssektoren:

von \ an	Sektor 1	Sektor 2	Sektor 3	Externe Nachfrage
Sektor 1	0	50	30	70
Sektor 2	30	30	30	110
Sektor 3	30	30	60	30

a) Bestimmen Sie, wie viel jeder Sektor insgesamt produziert.

b) Berechnen Sie die Produktionsmatrix Q dieses Unternehmens.

c) Wie viel muss von den einzelnen Sektoren produziert werden, damit eine externe Nachfrage in Höhe von $y = (80 \quad 100 \quad 40)^T$ befriedigt werden kann?

d) Kann jede sinnvolle externe Nachfrage durch eine sinnvolle Produktion befriedigt werden?

Aufgabe 5.13:

Ein Unternehmen mit drei Sektoren produziert anhand nachfolgender Produktionsmatrix Q:

$$Q=\begin{pmatrix} 0,5 & 0,2 & 0,3 \\ 0,2 & 0,3 & 0,4 \\ 0,4 & 0,5 & 0,2 \end{pmatrix}$$

a) Kann dieses Unternehmen jede sinnvolle externe Nachfrage $(y \geq 0)$ durch einen sinnvollen Produktionsplan $(q \geq 0)$ befriedigt werden? Begründen Sie Ihre Antwort durch die Anwendung aller Ihnen bekannten Kriterien.

b) Berechnen Sie den Produktionsplan q und die Gesamtliefermatrix X, welche bei Befriedigung der externen Nachfrage $y=(100 \quad 100 \quad 100)^T$ vorliegen.

c) Berechnen Sie die externe Nachfrage, die Sie mit $q=(52.500 \quad 47.000 \quad 56.000)^T$ befriedigen können.

Aufgabe 5.14:

Die Verflechtungen zwischen drei Sektoren sind durch die folgende Produktionsmatrix Q gegeben:

$$Q=\begin{pmatrix} 0,3 & 0,1 & 0 \\ 0,2 & 0 & 0,3 \\ 0,1 & 0,2 & 0,5 \end{pmatrix}$$

Bestimmen Sie die Gesamtliefermatrix X, wenn Sie eine externe Nachfrage von $y=(118 \quad 177 \quad 236)^T$ befriedigen.

Aufgabe 5.15:

Für die Gesamtlieferungen x_{ij} und die Produktionszusammenhänge a_{ij} eines Unternehmens mit drei Produktionsbereichen sind folgende Daten gegeben:

$$X = \begin{pmatrix} 1 & 4 & x_{13} \\ 2 & x_{22} & 1 \\ x_{31} & 2 & 4 \end{pmatrix}, \quad Q = \begin{pmatrix} a_{11} & 0{,}2 & 0{,}3 \\ 0{,}2 & 0{,}3 & 0{,}1 \\ 0{,}3 & a_{32} & a_{33} \end{pmatrix}$$

a) Ermitteln Sie mithilfe des Leontief-Modells die fehlenden Werte in den angegebenen Matrizen.

b) Welche Leistung kann das Unternehmen nach außen abgeben?

c) Welche Produktion ist nötig, um die durch den Vektor $y = \begin{pmatrix} 4 & 22 & 2 \end{pmatrix}^T$ dargestellte externe Nachfrage zu befriedigen?

Aufgabe 5.16:

$$Q = \begin{pmatrix} 0{,}1 & 0{,}2 & 0{,}1 \\ 0 & 0{,}3 & 0{,}2 \\ 0{,}2 & 0{,}1 & 0{,}1 \end{pmatrix}$$

a) Kann in einem Unternehmen mit der Produktionsmatrix Q jede sinnvolle externe Nachfrage $(y \geq 0)$ durch einen sinnvollen Produktionsplan $(q \geq 0)$ befriedigt werden? Begründen Sie Ihre Antwort durch die Anwendung aller Ihnen bekannten Kriterien.

b) Sie kennen zudem den zu einem bestimmten Produktionsplan q gehörigen Eigenverbrauch $x_{11} = 30$, $x_{22} = 75$, $x_{33} = 15$. Bestimmen Sie den dazugehörigen Produktionsplan q, die dazugehörige Gesamtliefermatrix X und die externe Nachfrage y, die bei einer Produktion von q befriedigt werden kann.

c) Was beschreibt die Größe $Q \cdot q$ im Leontief-Modell?

Aufgabe 5.17:

Ihnen ist bekannt, dass in einem Unternehmen mit drei Produktionssektoren zur Befriedigung einer externen Nachfrage von $y = (6 \quad 6 \quad 6)^T$ folgende Gesamtlieferungen benötigt werden:

$$X = \begin{pmatrix} 375 & 369 & 0 \\ 0 & 246 & 117 \\ 150 & 0 & 78 \end{pmatrix}$$

Bestimmen Sie den zugrunde liegenden Produktionsvektor und einen Spaltenvektor, der den innerbetrieblichen Verbrauch der Güter enthält. Mit welcher Produktionsmatrix produziert dieses Unternehmen?

Aufgabe 5.18:

In einem Unternehmen werden nachfolgende Leistungen ausgetauscht:

$$X = \begin{pmatrix} 30 & 40 & 10 \\ 20 & 20 & 20 \\ 10 & 30 & 20 \end{pmatrix}$$

Hierbei kann eine externe Nachfrage in Höhe von $y = (20 \quad 40 \quad 40)^T$ befriedigt werden. Wie viele Einheiten könnten von diesem Unternehmen nach außen abgegeben werden, falls es $q = (150 \quad 140 \quad 200)^T$ produzieren würde?

Aufgabe 5.19:

Sie kennen die Produktionsmatrix Q eines Unternehmens:

$$Q = \begin{pmatrix} 0{,}5 & 0 & 0{,}1 \\ 0{,}2 & 0{,}3 & 1{,}1 \\ 0{,}1 & 0{,}3 & 0{,}1 \end{pmatrix}$$

Die Menge der produzierten Güter wird in allen Sektoren in Tonnen gemessen. Ferner wissen Sie, dass bei einer Produktion in Höhe von q nachfolgende Beziehungen gelten.

Der erste Sektor gibt 30% seiner Produktionsmenge nach außen ab. Das Gewicht der vom dritten Sektor nach außen abgegebenen Güter beträgt ein Zehntel des Gewichts der Summe der in Sektor eins und zwei produzierten Güter. 10% der in Sektor drei hergestellten Güter sind 30 Tonnen leichter als die von Sektor zwei nach außen abgegebene Menge. Berechnen Sie unter Verwendung der Matrixrechnung die Gesamtproduktion in jedem der drei Sektoren sowie die jeweils nach außen abgegebenen Mengen.

Aufgabe 5.20:

Sie betrachten ein Unternehmen mit drei Produktionsstätten. Jede dieser Produktionsstätten gibt Leistungen an jede andere Produktionsstätte und an die Kunden ab.

a) Bei der Gesamtproduktionsmenge $q = (280 \quad 150 \quad 300)^T$ betragen die Lieferverflechtungen:

$$X = \begin{pmatrix} x_{11} & 90 & 30 \\ 60 & x_{22} & 45 \\ 120 & 12 & x_{33} \end{pmatrix}$$

Weiterhin ist Ihnen bekannt, dass vom ersten Gut dreimal soviel an die Kunden abgegeben wird wie die erste Produktionsstätte selbst von diesem Gut verbraucht. Vom zweiten bzw. dritten Gut wird doppelt soviel an die Kunden abgegeben wie die zweite bzw. dritte Produktionsstätte verbraucht. Komplettieren Sie die Matrix X und berechnen Sie, wie viel von jedem Gut an die Kunden abgegeben wird.

b) Nun produzieren Sie $q = (210 \quad 200 \quad 300)^T$ bei unveränderter Technologiematrix. Wie viele Einheiten jedes Guts können bei dieser Produktion nach außen abgegeben werden?

c) Nennen Sie zwei Möglichkeiten, um festzustellen, ob jede sinnvolle externe Nachfrage $(y \geq 0)$ mit einer sinnvollen Produktion $(q \geq 0)$ befriedigt werden kann.

d) Wann ist die Gesamtliefermatrix X mit der Produktionsmatrix Q identisch?

Aufgabe 5.21:

Ihnen sind nachfolgend die Produktionsmatrix und die Gesamtliefermatrix für den aufgeführten Produktionsplan gegeben:

$$Q=\begin{pmatrix} a_{11} & 1{,}1 & 0{,}2 \\ 0{,}2 & a_{22} & 0{,}3 \\ a_{31} & 0{,}1 & a_{33} \end{pmatrix},\ X=\begin{pmatrix} 28 & x_{12} & x_{13} \\ x_{21} & 0 & x_{23} \\ 56 & 7 & 65 \end{pmatrix},\ q=\begin{pmatrix} 140 \\ q_2 \\ 130 \end{pmatrix}$$

a) Berechnen Sie die fehlenden Werte.

b) Wie viele Einheiten kann das Unternehmen bei der gegebenen Produktion nach außen abgeben?

c) Wie muss der Produktionsplan angepasst werden, wenn sich die Nachfrage auf $y^c=\begin{pmatrix}18 & 6 & 4\end{pmatrix}^T$ erhöht?

d) Wie muss der Produktionsplan angepasst werden, wenn die Nachfrage auf $y^d=\begin{pmatrix}19 & 10 & 4\end{pmatrix}^T$ steigt?

e) Prüfen Sie anhand der Hawkins-Simon-Bedingung, ob jede sinnvolle externe Nachfrage $(y \geq 0)$ durch einen sinnvollen Produktionsplan $(q \geq 0)$ befriedigt werden kann.

Aufgabe 5.22:

In einem Unternehmen werden 2 Güter in 2 Sektoren hergestellt, wobei beide Güter jeweils als Input des anderen fungieren. Gegeben seien verschiedene Vektorpaare $A=(q \mid y)$, wobei q der Produktionsvektor ist und y die externe Nachfrage bezeichnet, welche durch q befriedigt werden kann.

a) Sie kennen ein Vektorpaar $A=\left(\begin{array}{c|c} 10 & 3 \\ 8 & 4 \end{array}\right)$. Weiterhin wissen Sie, dass der Eigenverbrauch zur Herstellung der Güter jeweils 30% beträgt. Bestimmen Sie die Produktionsmatrix Q.

b) Nun ist der Eigenverbrauch der Sektoren nicht bekannt. Wie viele Vektorpaare sind mindestens notwendig, um die Technologie $(E-Q)$ des Unternehmens eindeutig bestimmen zu können, wenn Sie davon ausgehen, dass die Paare keine Vielfachen voneinander sind? (Es gilt: $A_i = (q \mid y) \neq A_j = (m \cdot q \mid m \cdot y) \; \forall i \neq j \wedge m \in \mathbb{R}$)

c) Das Unternehmen erlebt eine technologische Veränderung und produziert jetzt mit der Technologie:

$$(E-Q)=\begin{pmatrix} 1/2 & -2/5 \\ -1/4 & 3/5 \end{pmatrix}$$

Bestimmen Sie den Produktionsvektor q zur Befriedigung von $y = (20 \quad 10)^T$.

6 Allgemeine lineare Gleichungssysteme

6.1 Linearkombinationen, lineare (Un-) Abhängigkeit

Im Folgenden beschränken wir uns auf $(m \times 1)$-Matrizen, also Spaltenvektoren mit m Komponenten.

> **Definition 6-1: Linearkombination**
>
> Eine lineare Verknüpfung der Form $x_1 \cdot a_1 + \cdots + x_n \cdot a_n$, wobei $x_1,\ldots,x_n \in \mathbb{R}$ und $a_1,\ldots,a_n \in \mathbb{R}^{m\times 1}$, wird als Linearkombination (LK) der Vektoren $a_1,\ldots,a_n$ bezeichnet.

Zur Überprüfung, ob ein spezieller Spaltenvektor $b \in \mathbb{R}^{m\times 1}$ eine Linearkombination der Spaltenvektoren $a_1,\ldots,a_n$ ist, wird die Vektorgleichung $x_1 \cdot a_1 + \cdots + x_n \cdot a_n = b$ betrachtet und nach $x_1,\ldots,x_n$ gelöst. Aus

$$x_1 \cdot \begin{pmatrix} a_{11} \\ \vdots \\ a_{m1} \end{pmatrix} + \cdots + x_n \cdot \begin{pmatrix} a_{1n} \\ \vdots \\ a_{mn} \end{pmatrix} = \begin{pmatrix} b_1 \\ \vdots \\ b_m \end{pmatrix}$$

ergibt sich das LGS

$$\begin{array}{ccccc} a_{11}x_1 & + \cdots + & a_{1n}x_n & = & b_1 \\ \vdots & \vdots & \vdots & \vdots & \vdots \\ a_{m1}x_1 & + \cdots + & a_{mn}x_n & = & b_m \end{array}$$

welches sich in Matrixschreibweise darstellen lässt als:

$$\begin{pmatrix} a_{11} & \cdots & a_{1n} \\ \vdots & \ddots & \vdots \\ a_{m1} & \cdots & a_{mn} \end{pmatrix} \cdot \begin{pmatrix} x_1 \\ \vdots \\ x_n \end{pmatrix} = \begin{pmatrix} b_1 \\ \vdots \\ b_m \end{pmatrix}$$

$$A \cdot x = b$$

In den Spalten der Koeffizientenmatrix A befinden sich die Vektoren $a_1,\ldots,a_n$. Der Unbekanntenvektor x enthält die Multiplikatoren der Linearkombination.

Ist das LGS lösbar, folgt daraus, dass b eine LK der Spaltenvektoren $a_1,\ldots,a_n$ ist. Ist das LGS dagegen unlösbar, so ist b keine LK der Vektoren $a_1,\ldots,a_n$.

Definition 6-2: Lineare Abhängigkeit, lineare Unabhängigkeit

Die Menge der Vektoren $a_1,\ldots,a_n$ heißt linear unabhängig (l. u.), falls sich keiner der Vektoren als Linearkombination der anderen Vektoren darstellen lässt. Andernfalls heißt sie linear abhängig (l. a.).

Um eine Menge von Vektoren auf lineare Unabhängigkeit zu testen, müssen nicht alle Linearkombinationsmöglichkeiten überprüft werden. Die Menge der Vektoren $a_1,\ldots,a_n$ ist, analog zu oben aufgeführter Vektorgleichung, auch dann linear unabhängig, wenn sich der Nullvektor nur auf genau eine Weise als Linearkombination der Vektoren darstellen lässt. Zur Überprüfung, ob die Vektoren $a_1,\ldots,a_n$ l. u. sind, betrachtet man somit die Vektorgleichung:

$$x_1 \cdot \begin{pmatrix} a_{11} \\ \vdots \\ a_{m1} \end{pmatrix} + \cdots + x_n \cdot \begin{pmatrix} a_{1n} \\ \vdots \\ a_{mn} \end{pmatrix} = \begin{pmatrix} 0 \\ \vdots \\ 0 \end{pmatrix}$$

In Matrixschreibweise folgt für das entstehende linear homogene Gleichungssystem:

$$\begin{pmatrix} a_{11} & \cdots & a_{1n} \\ \vdots & \ddots & \vdots \\ a_{m1} & \cdots & a_{mn} \end{pmatrix} \cdot \begin{pmatrix} x_1 \\ \vdots \\ x_n \end{pmatrix} = \begin{pmatrix} 0 \\ \vdots \\ 0 \end{pmatrix}$$

$$A \cdot x = 0$$

l.u. : linear unabhängig
l. a. : linear abhängig

In den Spalten der Koeffizientenmatrix A befinden sich die auf lineare Unabhängigkeit zu überprüfenden Vektoren $a_1,\ldots,a_n$. Der Unbekanntenvektor x enthält wiederum die Multiplikatoren der Linearkombination.

Ist das LGS eindeutig lösbar (die Lösung für x ist dann der Nullvektor, es gilt $x = 0$), so sind die Vektoren $a_1,\ldots,a_n$ l. u. Hat das LGS dagegen unendlich viele Lösungen, so sind die Vektoren $a_1,\ldots,a_n$ l. a.

6.2 Rang

Definition 6-3: Rang

Der Zeilen- bzw. Spaltenrang einer $(m \times n)$-Matrix A Matrix gibt die Anzahl von Vektoren in einer größtmöglichen linear unabhängigen Teilmenge aller Zeilen- bzw. Spaltenvektoren an. Vereinfachend wird auch von der Anzahl der linear unabhängigen Zeilen- bzw. Spaltenvektoren der Matrix A gesprochen. Die Anzahl der l. u. Zeilenvektoren einer Matrix entspricht immer der Anzahl der l. u. Spaltenvektoren der Matrix, somit können Zeilen- (gleich) und Spaltenrang zusammengefasst als Rang einer Matrix, $rg(A)$, bezeichnet werden.

Da sich Zeilen- und Spaltenrang gleichen, kann der Rang einer Matrix nie größer sein als das Minimum aus Zeilen- und Spaltenanzahl, es gilt somit $0 \leq rg(A) \leq \min(m,n)$. (Die einzige Matrix, deren Rang Null ist, ist die Nullmatrix.) Ebenso lässt sich aus der Gleichheit von Zeilen- und Spaltenrang ableiten, dass $rg(A) = rg(A^T)$ gilt.

min: m × n

EZUs (bzw. elementare Spaltenumformungen) verändern den Rang einer Matrix nicht, da sie lediglich Linearkombinationen der Zeilen (bzw. Spalten) darstellen. Zur Bestimmung des Rangs einer $(m \times n)$-Matrix kann diese mithilfe von EZUs in eine Treppenmatrix überführt werden, der Rang der Matrix gleicht dann der Anzahl der Nicht-Nullzeilen der Treppenmatrix. Alternativ kann der Rang der Matrix nach einer vollständigen Pivotisierung abgelesen werden, er ergibt sich dann auch als Anzahl der Nicht-Nullzeilen.

Eine erste Anwendungsmöglichkeit des Rangs besteht in der Überprüfung der linearen Unabhängigkeit von Vektoren. Werden die Vektoren in die Zeilen (bzw. Spalten) einer Matrix A übernommen, darf sich bei linearer Unabhängigkeit keine Zeile (bzw. Spalte) als LK aus den anderen Zeilen (bzw. Spalten) ergeben. Es darf sich somit durch EZUs (elementare Spaltenumformungen) keine Nullzeile (bzw. Nullspalte) in der Matrix bilden lassen. Der Rang von A muss gleich sein mit der Anzahl der in die Zeilen (bzw. Spalten) übernommenen Vektoren. Eine Matrix, deren Zeilen (bzw. Spalten) l. u. sind, für die also gilt $rg(A) = min(m,n)$, wird als Matrix mit "vollem Rang" bezeichnet.

Beispiel 6-1: **Überprüfung der linearen Abhängigkeit von Vektoren**

Zur Überprüfung, ob die Vektoren

$$a = \begin{pmatrix} -1 \\ 3 \\ -2 \\ 4 \end{pmatrix},\ b = \begin{pmatrix} 8 \\ 6 \\ 2 \\ 6 \end{pmatrix} \text{ und } c = \begin{pmatrix} 5 \\ 0 \\ 3 \\ -1 \end{pmatrix}$$

l. u. sind, werden diese beispielsweise in die Zeilen einer Matrix übernommen, welche anschließend in eine Treppenmatrix umgeformt wird.

$$\begin{pmatrix} \boxed{-1} & 3 & -2 & 4 \\ 8 & 6 & 2 & 6 \\ 5 & 0 & 3 & -1 \end{pmatrix} \begin{matrix} \text{II} + 8 \cdot \text{I} \\ \text{III} + 5 \cdot \text{I} \end{matrix} \begin{pmatrix} -1 & 3 & -2 & 4 \\ 0 & \boxed{30} & -14 & 38 \\ 0 & 15 & -7 & 19 \end{pmatrix} 2 \cdot \text{III} - \text{II} \begin{pmatrix} -1 & 3 & -2 & 4 \\ 0 & 30 & -14 & 38 \\ 0 & 0 & 0 & 0 \end{pmatrix}$$

Die Anzahl der Nicht-Nullzeilen entspricht dem Rang der Matrix und ist demnach gleich 2. Der Rang der Matrix ist kleiner als die Anzahl der in die Zeilen übernommenen Vektoren, folglich sind die Vektoren a, b, c l. a. Die größtmögliche Teilmenge der Ausgangsvektoren, welche ausschließlich l. u. Vektoren enthält, besteht aus 2 Vektoren.

6.3 Lösungen von linearen Gleichungssystemen

Eine zweite Möglichkeit der Anwendung des Rangs einer Matrix besteht in der Bestimmung der Lösbarkeit eines LGS. Betrachtet wird nachfolgend ein LGS mit m Gleichungen und n Unbekannten:

$$\begin{array}{ccccccc} a_{11}x_1 & +\cdots+ & a_{1j}x_j & +\cdots+ & a_{1n}x_n & = & b_1 \\ \vdots & \vdots & \vdots & \vdots & \vdots & \vdots & \vdots \\ a_{i1}x_1 & +\cdots+ & a_{ij}x_j & +\cdots+ & a_{in}x_n & = & b_i \\ \vdots & \vdots & \vdots & \vdots & \vdots & \vdots & \vdots \\ a_{m1}x_1 & +\cdots+ & a_{mj}x_j & +\cdots+ & a_{mn}x_n & = & b_m \end{array}$$

Neben der bekannten Matrixdarstellung kann die linke Seite des LGS auch als lineare Verknüpfung von Koeffizientenvektoren angesehen werden. In Vektordarstellung ergibt sich das LGS in folgender Form:

$$x_1 \cdot \begin{pmatrix} a_{11} \\ \vdots \\ a_{i1} \\ \vdots \\ a_{m1} \end{pmatrix} + \cdots + x_j \cdot \begin{pmatrix} a_{1j} \\ \vdots \\ a_{ij} \\ \vdots \\ a_{mj} \end{pmatrix} + \cdots + x_n \cdot \begin{pmatrix} a_{1n} \\ \vdots \\ a_{in} \\ \vdots \\ a_{mn} \end{pmatrix} = \begin{pmatrix} b_1 \\ \vdots \\ b_i \\ \vdots \\ b_m \end{pmatrix}$$

Der $(m \times 1)$-Ergebnisvektor b wird dabei dargestellt als Linearkombination der $(m \times 1)$-Koeffizientenvektoren a_j, die alle Koeffizienten der jeweiligen x_j enthalten. Die Vektorgleichung (und damit auch das LGS) ist genau dann lösbar, wenn der Ergebnisvektor eine Linearkombination der Koeffizientenvektoren ist.

Zur Überprüfung der Lösbarkeit eines LGS bzw. zur Überprüfung, ob der Ergebnisvektor b eine LK aus den Koeffizientenvektoren a_j ist, wird das Rangkriterium verwendet. Dazu werden sowohl der Rang der Koeffizientenmatrix A als auch der Rang der erweiterten Koeffizientenmatrix $(A \mid b)$ betrachtet. Der erstgenannte gibt an, wie viele der Koeffizientenvektoren a_j l. u. sind. Der Rang der erweiterten Koeffizientenmatrix gibt die Anzahl der l. u. Vektoren in einer Menge wieder, welche neben den Koeffizientenvektoren a_j zusätzlich den Ergebnisvektor b enthält. Falls die Anzahl der l. u. Vektoren in der Koeffizientenmatrix der Anzahl der l. u. Vektoren in der erweiterten Koeffizientenmatrix entspricht, ist der Ergebnisvektor b eine LK der Koeffizientenvektoren a_j. Gilt demnach $rg(A) = rg(A \mid b)$, ist der Ergebnisvektor b eine LK der Koeffizientenvektoren und das LGS lösbar. Andernfalls ist $rg(A) < rg(A \mid b)$, b ist keine LK der Koeffizientenvektoren a_j und das LGS ist unlösbar.

Nachdem auf diese Weise untersucht wurde, ob ein LGS überhaupt lösbar ist, kann der Rang der erweiterten Koeffizientenmatrix darüber hinaus dazu benutzt werden, eine Aussage über die Eindeutigkeit einer möglichen Lösung zu treffen. Der Rang der erweiterten Koeffizientenmatrix gibt die Anzahl der l. u. Zeilen der erweiterten Koeffizientenmatrix an, also die Anzahl der l. u. Gleichungen des LGS, die von den Lösungen des LGS erfüllt sein müssen. Enthält ein LGS weniger l. u. Restriktionen als Variablen, ist also $rg(A \mid b) < n$, so kann keine eindeutige Lösung bestimmt werden. Sind die Anzahl der l. u. Restriktionen und der Variablen hingegen gleich, das heißt, gilt $rg(A \mid b) = n$, besitzt das LGS nicht unendlich viele Lösungen.

Zusammengefasst gilt also für ein beliebiges LGS in Matrixdarstellung $A \cdot x = b$ mit einer $(m \times n)$-Koeffizientenmatrix der nachfolgende Zusammenhang zwischen Lösbarkeit und Rang. Das zugrunde liegende LGS mit n Variablen hat

- genau eine Lösung, falls $rg(A) = rg(A \mid b) = n$,
- unendlich viele Lösungen, falls $rg(A) = rg(A \mid b) < n$,
- keine Lösung, falls $rg(A) < rg(A \mid b)$.

Beispiel 6-2: Bestimmung der Lösbarkeit eines LGS

Ist die Lösbarkeit des LGS

$$\begin{array}{rcrcrcrcr} 4x_1 & + & 3x_2 & + & 2x_3 & - & x_4 & = & 4 \\ 8x_1 & + & 6x_2 & + & 6x_3 & - & 3x_4 & = & 11 \\ 12x_1 & + & 9x_2 & + & 10x_3 & - & 5x_4 & = & 20 \end{array}$$

zu bestimmen, so wird sowohl der Rang der Koeffizienten- als auch derjenige der erweiterten Koeffizientenmatrix berechnet.

$$\left(\begin{array}{cccc|c} \boxed{4} & 3 & 2 & -1 & 4 \\ 8 & 6 & 6 & -3 & 11 \\ 12 & 9 & 10 & -5 & 20 \end{array}\right) \begin{array}{c} II - 2 \cdot I \\ III - 3 \cdot I \end{array} \left(\begin{array}{cccc|c} 4 & 3 & 2 & -1 & 4 \\ 0 & 0 & \boxed{2} & -1 & 3 \\ 0 & 0 & 4 & -2 & 8 \end{array}\right) III - 2 \cdot II \left(\begin{array}{cccc|c} 4 & 3 & 2 & -1 & 4 \\ 0 & 0 & 2 & -1 & 3 \\ 0 & 0 & 0 & 0 & 2 \end{array}\right)$$

Die erweiterte Koeffizientenmatrix besitzt einen Rang von 3, während die Koeffizientenmatrix lediglich einen Rang von 2 hat. Das LGS ist somit unlösbar.

Bezieht man das Determinantenkriterium aus Abschnitt 3.4 zur Bestimmung der eindeutigen Lösbarkeit eines LGS mit quadratischer Koeffizientenmatrix in die Überlegungen mit ein, so lassen sich die folgenden wechselseitigen Zusammenhänge zwischen Determinantenkriterium und Rangkriterium formulieren:

- Ist die Determinante der Koeffizientenmatrix A nicht Null, so ist A invertierbar und somit regulär. Ein zugrunde liegendes LGS besitzt eine eindeutige Lösung. Der Rang der Koeffizientenmatrix entspricht in diesem Fall der Anzahl der Variablen des LGS, die Koeffizientenmatrix hat vollen Rang. Gilt demnach $\det(A) \neq 0$, so folgt $rg(A) = n$ und umgekehrt.
- Ist die Determinante der Koeffizientenmatrix A dagegen Null, so ist A nicht invertierbar und somit singulär. Ein zugrunde liegendes LGS besitzt keine eindeutige Lösung. Der Rang der Koeffizientenmatrix ist in diesem Fall kleiner als die Anzahl der Variablen des LGS. Gilt demnach $\det(A) = 0$, so folgt $rg(A) < n$ und umgekehrt.

Besitzt ein LGS unendlich viele Lösungen, so können nicht alle Variablen eindeutig bestimmt werden. Die Lösungsmenge $\mathbb{L}$ enthält dann unendlich viele Lösungsvektoren, deren Komponenten in Abhängigkeit von freien Variablen ausgedrückt werden müssen.

Definition 6-4: Freie und gebundene Variablen

Als freie Variablen werden diejenigen Variablen bezeichnet, für die bei einem LGS mit unendlich vielen Lösungen beliebige reelle Zahlen gewählt werden können. Gebundene Variablen hingegen sind über das LGS an die freien Variablen bzw. an bestimmte reelle Zahlen gebunden. Die Anzahl gebundener Variablen entspricht der Anzahl der l. u. Gleichungen, also dem Rang der erweiterten Koeffizientenmatrix. Die Anzahl freier Variablen eines LGS bestimmt sich als Differenz zwischen der Anzahl der Variablen insgesamt und der Anzahl der gebundenen Variablen, somit als $n - rg(A\,|\,b)$.

Nachfolgende vollständig pivotisierte Koeffizientenmatrix hat ohne die Erweiterung um den Ergebnisvektor fünf Spalten und resultiert somit aus einem Gleichungssystem mit fünf Variablen:

$$\left(\begin{array}{ccccc|c} 1 & 0 & 0 & 0 & \boxed{4} & 2 \\ 2 & 0 & \boxed{3} & 0 & 0 & 5 \\ 0 & 0 & 0 & 0 & 0 & 0 \\ 4 & \boxed{1} & 0 & \boxed{-7} & 0 & 2 \end{array}\right)$$

Die Koeffizientenmatrix besitzt drei Nicht-Nullzeilen und hat folglich einen Rang von 3. Die Lösungsmenge des zugrunde liegende LGS besitzt somit drei gebundene und zwei freie Variablen.

Um gebundene Variablen in Abhängigkeit von freien Variablen auszudrücken, wird die anfängliche Koeffizientenmatrix vollständig pivotisiert. Die dabei gegebenenfalls entstehenden Nullzeilen resultieren aus redundanten Gleichungen.

Definition 6-5: Redundante Gleichungen

Redundante Gleichungen sind Gleichungen, welche sich als Linearkombination aus anderen Gleichungen darstellen lassen und somit keine neuen Informationen enthalten. Die Anzahl redundanter Gleichungen eines LGS bestimmt sich als Differenz zwischen der Anzahl der Gleichungen und dem Rang der erweiterten Koeffizientenmatrix, somit als $m - rg(A\,|\,b)$.

Als gebundene Variablen sollten die Variablen der pivotisierten Spalten gewählt werden. Existieren mehrere pivotisierte Spalten, die ihr Pivotelement in derselben Zeile besitzen, so kann jeweils nur eine hiervon eine gebundene Variable repräsentieren.

Spezielle Lösungsvektoren ergeben sich durch das Einsetzen von beliebigen reellen Zahlen für die freien Variablen.

Beispiel 6-3: Bestimmung der Lösung bei unendlich vielen Lösungen

Um die Lösung des LGS

$$\begin{array}{rcrcrcrcrcr} 4x_1 & + & 2x_2 & + & 3x_3 & - & 4x_4 & + & 6x_5 & = & -1 \\ 14x_1 & + & 4x_2 & + & 3x_3 & + & 7x_4 & + & 6x_5 & = & -5 \\ -10x_1 & - & 4x_2 & - & 5x_3 & + & 3x_4 & - & 10x_5 & = & 3 \end{array}$$

zu bestimmen, wird die Koeffizientenmatrix vollständig pivotisiert.

$$\left(\begin{array}{ccccc|c} 4 & \boxed{2} & 3 & -4 & 6 & -1 \\ 14 & 4 & 3 & 7 & 6 & -5 \\ -10 & -4 & -5 & 3 & -10 & 3 \end{array}\right) \begin{array}{c} \text{II} - 2 \cdot \text{I} \\ \text{III} + 2 \cdot \text{I} \end{array} \left(\begin{array}{ccccc|c} 4 & 2 & 3 & -4 & 6 & -1 \\ 6 & 0 & -3 & 15 & -6 & -3 \\ -2 & 0 & \boxed{1} & -5 & 2 & 1 \end{array}\right)$$

$$\begin{array}{c} \text{I} - 3 \cdot \text{III} \\ \text{II} + 3 \cdot \text{III} \end{array} \left(\begin{array}{ccccc|c} 10 & 2 & 0 & 11 & 0 & -4 \\ 0 & 0 & 0 & 0 & 0 & 0 \\ -2 & 0 & 1 & -5 & 2 & 1 \end{array}\right)$$

Die Koeffizientenmatrix besitzt ~~drei pivotisierte Spalten~~ (Spalte zwei, drei und fünf), jedoch gibt es nur zwei Nicht-Nullzeilen. Der Rang der Koeffizientenmatrix ist somit zwei und das LGS besitzt folglich zwei gebundene Variablen. Angesichts von insgesamt fünf Variablen verbleiben drei Variablen, die frei gewählt werden können.

Als gebundene Variable wird zunächst x_2 gewählt, da die zweite Spalte pivotisiert ist und das Pivotelement der zweiten Spalte als einziges in der ersten Zeile liegt. Als zweite gebundene Variable ist dann entweder x_3 oder x_5 zu wählen. Deren Spalten sind ebenfalls pivotisiert, jedoch befinden sich ihre Pivotelemente in derselben Zeile, so dass nur eine der beiden Variablen gebundene Variable sein kann. Die anderen Variablen sind freie Variablen.

Bei einer Wahl von x_2 und x_3 als gebundene Variablen ergibt sich die Lösungsmenge als:

$$\mathbb{L} = \left\{ \begin{pmatrix} x_1 \\ -2 - 5x_1 - 11/2\,x_4 \\ 1 + 2x_1 + 5x_4 - 2x_5 \\ x_4 \\ x_5 \end{pmatrix}, x_1, x_4, x_5 \in \mathbb{R} \right\}$$

6.4 Lösungen von linearen Gleichungssystemen in Abhängigkeit von Parametern

Enthält ein LGS Parameter, so kann sowohl die Lösung als auch die Lösbarkeit des LGS von der Wahl der Parameter abhängen.

Eine einfache Möglichkeit, alle Lösungen bzw. die Lösbarkeit in Abhängigkeit der Parameter eines LGS zu bestimmen, besteht darin, die erweiterte Koeffizientenmatrix vollständig zu pivotisieren, so dass der Rang der Koeffizientenmatrix von den Parametern unabhängig ist. Bei der Pivotisierung können EZUs in Abhängigkeit der Parameter notwendig sein, die für bestimmte Werte der Parameter nicht definiert sind bzw. die Lösbarkeit des LGS verändern. Die Division einer Zeile durch einen Term, der mindestens einen der Parameter enthält und in Abhängigkeit der Parameter somit Null sein kann, ist nicht definiert für diejenigen Parameter(kombinationen), für die der Term Null ist. Des Weiteren kann sich die Lösbarkeit eines LGS verändern, wenn eine zu verändernde Zeile mit einem Term multipliziert wird, der mindestens einen der Parameter enthält und in Abhängigkeit der Parameter Null sein kann. In diesem Fall werden alle Koeffizienten der Gleichung zu Null und es können Informationen einer Gleichung verloren gehen.

Sind derartige EZUs bei der Pivotisierung der Koeffizientenmatrix notwendig, so muss eine Fallunterscheidung vorgenommen werden. Dabei werden die Werte der Parameter, für die unzulässige EZUs entstehen, in die erweiterte Koeffizientenmatrix eingesetzt. Anschließend werden dann jeweils die Lösbarkeit und gegebenenfalls die Lösung des LGS separat bestimmt, wobei hier alle Formen der Lösbarkeit (keine Lösung, genau eine Lösung oder unendlich viele Lösungen) denkbar sind.

Beispiel 6-4: Lösung eines LGS in Abhängigkeit von Parametern

Um die Lösbarkeit und gegebenenfalls die Lösung des nachfolgenden, die reellwertigen Parameter a und b enthaltenden LGS

$$\begin{array}{rcrcrcl} x_1 & + & ax_2 & + & 2x_3 & = & 1 \\ 2x_1 & & & + & 5x_3 & = & 3 \\ 3x_1 & + & ax_2 & + & ax_3 & = & b \end{array}$$

zu bestimmen, wird die Koeffizientenmatrix vollständig (und streng) pivotisiert. Zunächst wird das Element a_{12} als Pivotelement gewählt.

$$\left(\begin{array}{ccc|c} 1 & \boxed{a} & 2 & 1 \\ 2 & 0 & 5 & 3 \\ 3 & a & a & b \end{array}\right) \begin{array}{c} \text{III} - \text{I} \\ \text{I} : a \end{array}$$

Da die EZU eine Division durch a enthält, welche nur definiert ist, falls $a \neq 0$ gilt, muss die Lösbarkeit und gegebenenfalls die Lösung für $a = 0$ separat durch Einsetzen von $a = 0$ in die noch nicht umgeformte erweiterte Koeffizientenmatrix bestimmt werden. Anschließend wird die erweiterte Koeffizientenmatrix, in der a nun ersetzt ist, pivotisiert.

Fall 1: $a = 0$

$$\left(\begin{array}{ccc|c} \boxed{1} & 0 & 2 & 1 \\ 2 & 0 & 5 & 3 \\ 3 & 0 & 0 & b \end{array}\right) \begin{array}{c} \text{II} - 2 \cdot \text{I} \\ \text{III} - 3 \cdot \text{I} \end{array} \left(\begin{array}{ccc|c} 1 & 0 & 2 & 1 \\ 0 & 0 & \boxed{1} & 1 \\ 0 & 0 & -6 & b-3 \end{array}\right) \begin{array}{c} \text{I} - 2 \cdot \text{II} \\ \text{III} + 6 \cdot \text{II} \end{array} \left(\begin{array}{ccc|c} 1 & 0 & 0 & -1 \\ 0 & 0 & 1 & 1 \\ 0 & 0 & 0 & b+3 \end{array}\right)$$

Wie zu erkennen ist, hängt die Lösbarkeit des LGS von b ab. Betrachten wir zuerst den Fall $b + 3 = 0$.

Fall 1.1: $a = 0,\ b = -3$

Hier ist $rg(A) = rg(A \mid b) = 2 < n = 3$, das LGS besitzt unendlich viele Lösungen. Da x_1 und x_3 eindeutig durch das LGS festgelegt sind, muss x_2 als freie Variable gewählt werden und es ergibt sich als Lösungsmenge $\mathbb{L} = \left\{ \begin{pmatrix} -1 & x_2 & 1 \end{pmatrix}^T, x_2 \in \mathbb{R} \right\}$. Im Folgenden ist dagegen $b + 3 \neq 0$.

Fall 1.2: $a = 0,\ b \neq -3$

Da $\text{rg}(A) = 2 < \text{rg}(A\,|\,b) = 3$, ist das LGS unlösbar.

Nach dieser ausführlichen Diskussion der Lösbarkeit des LGS für $a = 0$ betrachten wir den Fall, in dem die EZU "I : a" definiert ist und fahren mit der vollständigen Pivotisierung fort.

Fall 2: $a \neq 0$

$$\left(\begin{array}{ccc|c} 1/a & 1 & 2/a & 1/a \\ \boxed{2} & 0 & 5 & 3 \\ 2 & 0 & a-2 & b-1 \end{array}\right) \begin{array}{c} 2\cdot I - 1/a \cdot II \\ III - II \end{array} \left(\begin{array}{ccc|c} 0 & 2 & -1/a & -1/a \\ 2 & 0 & 5 & 3 \\ 0 & 0 & \boxed{a-7} & b-4 \end{array}\right) \begin{array}{l} III : (a-7) \\ I + 1/a \cdot III_n \\ II - 5\cdot III_n \end{array}$$

Analog zur ersten Fallunterscheidung ist eine Division durch $(a-7)$ nicht definiert, falls $a = 7$. Eine separate Lösungsbestimmung ist somit für $a - 7 = 0$ erforderlich und führt zu folgender Fallunterscheidung.

Fall 2.1: $a = 7$

$$\left(\begin{array}{ccc|c} 0 & 2 & -1/7 & -1/7 \\ 2 & 0 & 5 & 3 \\ 0 & 0 & 0 & b-4 \end{array}\right) \quad I \leftrightarrow II \quad \left(\begin{array}{ccc|c} 2 & 0 & 5 & 3 \\ 0 & 2 & -1/7 & -1/7 \\ 0 & 0 & 0 & b-4 \end{array}\right)$$

Die Lösbarkeit des LGS hängt wiederum von b ab. Sei vorerst $b - 4 = 0$.

Fall 2.1.1: $a = 7,\ b = 4$

Es ist $\text{rg}(A) = \text{rg}(A\,|\,b) = 2 < n = 3$. Das LGS besitzt somit unendlich viele Lösungen. Wählt man x_3 als freie Variable, so lässt sich die Lösungsmenge darstellen als $\mathbb{L} = \left\{ \left(3/2 - 5/2\, x_3 \quad -1/14 + 1/14\, x_3 \quad x_3 \right)^T, x_3 \in \mathbb{R} \right\}$. Sei nun $b - 4 \neq 0$.

Fall 2.1.2: $a = 7,\ b \neq 4$

Da $\text{rg}(A) = 2 < \text{rg}(A\,|\,b) = 3$, ist das LGS unlösbar.

Ist im Folgenden allerdings $a - 7 \neq 0$, so ist die Division durch $(a-7)$ zulässig und es kann mit der Pivotisierung fortgefahren werden.

Fall 2.2: $a \neq 0,\ a \neq 7$

$$\left(\begin{array}{ccc|c} 0 & 2 & 0 & \frac{-a+b+3}{a(a-7)} \\ 2 & 0 & 0 & \frac{3a-5b-1}{a-7} \\ 0 & 0 & 1 & \frac{b-4}{a-7} \end{array}\right)$$

Die Koeffizientenmatrix ist nun vollständig pivotisiert. Der Rang der Koeffizientenmatrix ist nun unabhängig von den Parametern. Da $rg(A) = rg(A\,|\,b) = 3 = n$, hat das LGS in diesem Fall die eindeutige Lösung:

$$x = \begin{pmatrix} \frac{3a-5b-1}{2(a-7)} & \frac{-a+b+3}{2a(a-7)} & \frac{b-4}{a-7} \end{pmatrix}^T$$

6.5 Aufgaben

Aufgabe 6.1:

Wie lässt sich $c = \begin{pmatrix} 1 \\ 2 \end{pmatrix}$ als Linearkombination von $a = \begin{pmatrix} 1 \\ 3 \end{pmatrix}$ und $b = \begin{pmatrix} 2 \\ 1 \end{pmatrix}$ darstellen?

X

Aufgabe 6.2:

Sind die folgenden Vektoren linear unabhängig? Betrachten Sie hierzu die möglichen Lösungen des linearen Gleichungssystems $x_1 \cdot a + x_2 \cdot b + x_3 \cdot c = 0$.

a) $a = (5\ \ -4\ \ -5)^T,\ b = (-5\ \ 3\ \ 5)^T,\ c = (3\ \ -2\ \ -3)^T$

b) $a = (-1\ \ 3\ \ 2)^T,\ b = (3\ \ -5\ \ -4)^T,\ c = (4\ \ 6\ \ 2)^T$

Aufgabe 6.3:

$$a = \begin{pmatrix} 1 & -3 & 7 & 3 \end{pmatrix}^T,\ b = \begin{pmatrix} 2 & 6 & -2 & 2 \end{pmatrix}^T,\ c = \begin{pmatrix} 1 & 0 & 3 & d \end{pmatrix}^T$$

Bestimmen Sie, ob und falls ja, wie sich c mit $d \in \mathbb{R}$ als Linearkombination von a und b darstellen lässt.

Aufgabe 6.4:

$$a = \begin{pmatrix} 1 & 3 & 2 & -2 \end{pmatrix}^T,\ b = \begin{pmatrix} 2 & -3 & -3 & -2 \end{pmatrix}^T,\ c = \begin{pmatrix} -3 & -4 & -1 & 3 \end{pmatrix}^T,\ d = \begin{pmatrix} 3 & 1 & 2 & e \end{pmatrix}^T$$

Bestimmen Sie, für welches $e \in \mathbb{R}$ sich d als Linearkombination von a, b und c darstellen lässt und ermitteln Sie gegebenenfalls diese Linearkombination.

Aufgabe 6.5:

$$a = \begin{pmatrix} 9 & -6 & -5 \end{pmatrix}^T,\ b = \begin{pmatrix} 3 & 2 & -4 \end{pmatrix}^T,\ c = \begin{pmatrix} 1 & 2 & 7 \end{pmatrix}^T,\ d = \begin{pmatrix} -2 & 4 & -5 \end{pmatrix}^T$$

Sind a, b, c, d linear abhängig? Stellen Sie, falls möglich, a als Linearkombination von b, c und d dar.

Aufgabe 6.6:

Geben Sie alle Möglichkeiten an, um d als Linearkombination von a, b und c darzustellen. Beachten Sie, dass die Darstellung nicht eindeutig ist.

Hinweis: Gesucht ist eine Darstellung der Form $a \cdot x_1 + b \cdot x_2 + c \cdot x_3 = d$.

$$a = \begin{pmatrix} -7 \\ 3{,}5 \\ 6 \end{pmatrix},\ b = \begin{pmatrix} 9 \\ -3 \\ -4 \end{pmatrix},\ c = \begin{pmatrix} -13 \\ 2 \\ 0 \end{pmatrix},\ d = \begin{pmatrix} 3{,}5 \\ 3{,}5 \\ 10 \end{pmatrix}$$

Aufgabe 6.7:

$$a = \begin{pmatrix} -1 \\ 3 \\ -2 \\ 4 \end{pmatrix}, \quad b = \begin{pmatrix} 4 \\ 3 \\ 1 \\ 3 \end{pmatrix}, \quad c = \begin{pmatrix} 10 \\ 0 \\ 6 \\ -2 \end{pmatrix}$$

Untersuchen Sie, ob die Vektoren a, b und c linear unabhängig sind. Geben Sie an, aus wie vielen Vektoren die größtmögliche Teilmenge der drei Vektoren a, b und c besteht, welche ausschließlich linear unabhängige Vektoren enthält.

Aufgabe 6.8:

$$\mathbb{A} = \left\{ \begin{pmatrix} 1 \\ -2 \\ 2 \end{pmatrix}, \begin{pmatrix} 4 \\ 2 \\ -2 \end{pmatrix}, \begin{pmatrix} 1 \\ 1 \\ -2 \end{pmatrix}, \begin{pmatrix} -2 \\ 4 \\ -4 \end{pmatrix}, \begin{pmatrix} 2 \\ 4 \\ -4 \end{pmatrix} \right\}$$

$$\mathbb{B} = \left\{ \begin{pmatrix} 1 \\ 1 \end{pmatrix}, \begin{pmatrix} 3 \\ -3 \end{pmatrix}, \begin{pmatrix} 2 \\ -4 \end{pmatrix}, \begin{pmatrix} 0 \\ 5 \end{pmatrix}, \begin{pmatrix} 2 \\ -3 \end{pmatrix}, \begin{pmatrix} 1 \\ 4 \end{pmatrix}, \begin{pmatrix} -2 \\ 3 \end{pmatrix} \right\}$$

Bestimmen Sie alle Teilmengen von $\mathbb{A}$ bzw. $\mathbb{B}$, die wiederum Teilmengen besitzen, welche drei linear unabhängige Vektoren enthalten.

Aufgabe 6.9:

$$a = \begin{pmatrix} 1 & 0 & 1 & 1 \end{pmatrix}^T, \quad b = \begin{pmatrix} -1 & 0 & 3 & -2 \end{pmatrix}^T, \quad c = \begin{pmatrix} 0 & 2 & 4 & 0 \end{pmatrix}^T$$

Sind a, b, c linear abhängig? Stellen Sie, falls möglich, b als Linearkombination von a und c dar.

Aufgabe 6.10:

$$A=\begin{pmatrix}4&1&-1\\2&3&0\\1&0&2\end{pmatrix},\quad B=\begin{pmatrix}3&2&-1\\6&-4&2\\0&-1&\frac{1}{2}\end{pmatrix},\quad C=\begin{pmatrix}1&0&2&3\\-2&3&2&1\\2&1&1&-1\\0&2&-1&4\end{pmatrix},\quad D=\begin{pmatrix}2&4&1&0&-1\\2&3&1&-1&-4\\4&1&0&-3&-1\\6&-2&-1&-6&-1\end{pmatrix}$$

Berechnen Sie den Rang von A, B, C und D.

Aufgabe 6.11:

$$A=\begin{pmatrix}1&-2&3\\-2&5&-3\\-5&13&-6\end{pmatrix},\quad B=\begin{pmatrix}1&-2&-5\\-2&5&13\\3&-3&-6\end{pmatrix},\quad C=\begin{pmatrix}2&-1&3\\4&3&-2\\-2&-9&1\\4&-2&7\\-1&3&2\end{pmatrix},\quad D=\begin{pmatrix}7&0&0&0\\3&5&0&0\\4&9&8&2\end{pmatrix}$$

Berechnen Sie den Rang von A, B, C und D.

Aufgabe 6.12:

$$\begin{aligned} x_1 + 2x_2 + 4x_3 &= 3\\ 2x_1 + 2x_2 + 7x_3 &= 5\\ -2x_2 - x_3 &= -1 \end{aligned}$$

Bestimmen Sie die Lösung des Gleichungssystems.

Aufgabe 6.13:

$$\begin{aligned} -x_1 + 2x_2 - 3x_3 + 4x_4 &= 11\\ 3x_1 - 4x_2 + 5x_3 - 5x_4 &= -11\\ -2x_1 + 4x_2 - 6x_3 - 2x_4 &= 2\\ -6x_1 + 4x_2 - 2x_3 + 4x_4 &= -6 \end{aligned}$$

Lösen Sie das LGS.

Aufgabe 6.14:

$$\begin{array}{rcrcrcrcr} 3x_1 & + & 5x_2 & - & 2x_3 & - & 4x_4 & = & 4 \\ x_1 & + & 13x_2 & + & 4x_3 & - & 2x_4 & = & 18 \\ -2x_1 & + & 15x_2 & + & 2x_3 & - & 3x_4 & = & 22 \\ 6x_1 & - & 6x_2 & - & 3x_3 & - & 2x_4 & = & -13 \end{array}$$

Bestimmen Sie die Lösung des Gleichungssystems.

Aufgabe 6.15:

$$\begin{array}{rcrcrcrcr} 3x_1 & + & 8x_2 & + & 2x_3 & + & 2x_4 & = & 18 \\ -7x_1 & + & x_2 & + & 8x_3 & - & 6x_4 & = & 2 \\ x_1 & + & 6x_2 & - & 2x_3 & + & 6x_4 & = & 2 \\ -4x_1 & + & 5x_2 & - & x_3 & + & 6x_4 & = & -9 \end{array}$$

Lösen Sie das lineare Gleichungssystem.

Aufgabe 6.16:

$$\begin{array}{rcrcrcrcrcr} 3x_1 & + & 2x_2 & + & 3x_3 & - & 3x_4 & & & = & 5 \\ & & 2x_2 & + & x_3 & - & 2x_4 & - & x_5 & = & 6 \\ & & & & & & x_4 & + & 4x_5 & = & -7 \end{array}$$

a) Bestimmen Sie die Lösung des LGS. Wählen Sie x_2 und x_5 als freie Variablen.

b) Wären anstelle von x_2 und x_5 auch x_4 und x_5 gleichzeitig frei wählbar?

Aufgabe 6.17:

Eine (3×3)-Matrix A hat einen Rang von 2. Was folgt daraus für die Lösbarkeit des Gleichungssystems $A \cdot x = b$?

Aufgabe 6.18:

$$\begin{array}{rcrcrcrcr} x_1 & + & x_2 & + & 2x_3 & - & 8x_4 & = & 7 \\ x_1 & + & 2x_2 & + & x_3 & - & 4x_4 & = & 5 \\ 2x_1 & + & 3x_2 & + & 2x_3 & - & 7x_4 & = & 10 \\ 3x_1 & + & 2x_2 & + & x_3 & + & 2x_4 & = & 11 \end{array}$$

Lösen Sie das LGS.

Aufgabe 6.19:

Ein Gleichungssystem besitzt folgende Lösungsmenge:

$$\mathbb{L} = \left\{ \begin{pmatrix} -2+x_3 \\ 4+x_3 \\ x_3 \\ 14-2x_3 \end{pmatrix}, x_3 \in \mathbb{R} \right\}$$

a) Ermitteln Sie den Wertebereich für die freie Variable, für den sich eine nichtnegative Lösung ergibt.

b) Für welche Werte von $a \in \mathbb{R}$ ist der Vektor $v = \begin{pmatrix} 2 & 2a & 4 & a+2 \end{pmatrix}^T$ eine mögliche Lösung?

Aufgabe 6.20:

$$\begin{array}{rcrcrcrcr} x_1 & + & 2x_2 & + & 2x_3 & + & x_4 & = & 6 \\ 2x_1 & + & x_2 & + & x_3 & + & 2x_4 & = & 9 \\ -x_1 & + & 2x_2 & + & 2x_3 & - & x_4 & = & -2 \\ 3x_1 & + & 3x_2 & + & 3x_3 & + & 3x_4 & = & 15 \end{array}$$

a) Lösen Sie das LGS.

b) Ermitteln Sie die Wertebereiche für die freien Variablen, für die sich eine nichtnegative Lösung ergibt. Geben Sie drei nichtnegative, ganzzahlige Lösungen an.

Aufgabe 6.21:

$$\begin{array}{rcrcrcr} 2x_1 & - & x_2 & + & 3x_3 & = & 0 \\ x_1 & + & x_2 & - & 3x_3 & = & 0 \end{array}$$

Lösen Sie das LGS und bestimmen Sie den Wertebereich für die freie Variable, so dass sich nur positive Lösungen ergeben.

Aufgabe 6.22:

$$\begin{array}{rcrcrcrcr} \frac{5}{3}x_1 & - & x_2 & + & \frac{1}{2}x_3 & - & \frac{2}{3}x_4 & = & \frac{5}{2} \\ x_1 & + & 3x_2 & - & \frac{9}{2}x_3 & + & 8x_4 & = & \frac{3}{2} \\ 5x_1 & + & 3x_2 & - & \frac{13}{2}x_3 & + & 12x_4 & = & \frac{15}{2} \\ -8x_1 & - & 6x_2 & + & 12x_3 & - & 22x_4 & = & -12 \end{array}$$

a) Lösen Sie das LGS mit x_3 und x_4 als freien Variablen.

b) Können x_1 und x_3 gemeinsam freie Variablen sein?

Aufgabe 6.23:

$$\begin{array}{rcrcr} 2x_1 & + & 3x_2 & = & -2 \\ -x_1 & + & 4x_2 & = & -5 \\ 3x_1 & + & x_2 & = & -11 \end{array}$$

Lösen Sie das LGS.

Aufgabe 6.24:

$$\begin{array}{rcrcrcrcr} 2x_1 & + & x_2 & + & 4x_3 & + & 3x_4 & = & 2 \\ x_1 & - & x_2 & - & x_3 & - & 3x_4 & = & 7 \\ x_1 & + & 2x_2 & + & 5x_3 & & & = & -5 \end{array}$$

a) Lösen Sie das LGS.

b) Bestimmen Sie alle nichtnegativen Lösungen des LGS.

Aufgabe 6.25:

$$\begin{aligned} x_1 + x_2 + 2x_3 - 8x_4 &= 7 \\ x_1 + 2x_2 + x_3 - 4x_4 &= 5 \\ 2x_1 + 3x_2 + 2x_3 - 7x_4 &= 10 \\ 3x_1 + 2x_2 + x_3 + 2x_4 &= 11 \end{aligned}$$

a) Bestimmen Sie die Lösung des obigen Gleichungssystems.

b) Für welche Werte von $a \in \mathbb{R}$ ist der Vektor $v = \begin{pmatrix} a+2 & 2 & 8 & 2 \end{pmatrix}^T$ eine Lösung des obigen LGS?

Aufgabe 6.26:

$$\begin{aligned} x_1 + 3x_2 - x_3 \phantom{{}+2x_4} &= 2 \\ 2x_1 + 5x_2 \phantom{{}-x_3} + 2x_4 &= 7 \\ x_1 + 2x_2 + x_3 + 4x_4 &= 6 \\ 3x_1 + 9x_2 - 3x_3 \phantom{{}+2x_4} &= 6 \end{aligned}$$

a) Bestimmen Sie die Lösung des obigen Gleichungssystems.

b) Für welche Werte von $a \in \mathbb{R}$ ist der Vektor $v = \begin{pmatrix} -2 & a & 2 & \frac{1}{2} \end{pmatrix}^T$ eine Lösung des obigen LGS?

Aufgabe 6.27:

Geben Sie die Lösbarkeit und die Lösung des nachfolgenden LGS in Abhängigkeit von $a \in \mathbb{R}$ an.

$$\begin{aligned} x_1 + a \cdot x_2 &= 0 \\ 2x_1 + x_2 &= 4 \end{aligned}$$

Aufgabe 6.28:

$$\begin{aligned} x_1 + x_2 + ax_3 &= 7 \\ 2x_1 \phantom{{}+x_2} + 4x_3 &= 8 \\ 3x_1 - 2x_2 + 8x_3 &= 6 \end{aligned}$$

Lösen Sie das LGS in Abhängigkeit von $a \in \mathbb{R}$.

Aufgabe 6.29:

$$\begin{array}{rcrcrcl} 3x_1 & - & 6ax_2 & & & = & 3a \\ & & ax_2 & - & x_3 & = & 1 \\ -2x_1 & & & + & 4ax_3 & = & 0 \end{array}$$

Lösen Sie das LGS in Abhängigkeit von $a \in \mathbb{R}$.

Aufgabe 6.30:

$$\begin{array}{rcrcrcl} ax_1 & - & 2x_2 & + & 4x_3 & = & 1 \\ 3x_1 & + & 3x_2 & - & 4x_3 & = & 1 \\ 5x_1 & + & x_2 & + & 2x_3 & = & -1 \end{array}$$

Lösen Sie das Gleichungssystem in Abhängigkeit von $a \in \mathbb{R}$.

Aufgabe 6.31:

$$\begin{array}{rcrcrcl} -5x_1 & - & x_2 & + & 3ax_3 & = & 0 \\ 4x_1 & + & 5x_2 & - & 3x_3 & = & 0 \\ -2x_1 & + & x_2 & & & = & 0 \end{array}$$

Lösen Sie das LGS in Abhängigkeit des Parametersa $\in \mathbb{R}$.

Aufgabe 6.32:

$$\begin{array}{rcrcrcrcl} x_1 & - & x_2 & - & x_3 & - & 3x_4 & = & 7 \\ 2x_1 & + & x_2 & + & 4x_3 & - & 3x_4 & = & 2 \\ x_1 & + & 2x_2 & + & 5x_3 & & & = & a \end{array}$$

Lösen Sie das LGS in Abhängigkeit von $a \in \mathbb{R}$.

Aufgabe 6.33:

$$\begin{array}{rcrcl} -4x_1 & + & 3x_2 & = & a \\ 5x_1 & - & 4x_2 & = & b \\ -3x_1 & + & 2x_2 & = & c \end{array}$$

Unter welcher Bedingung für $a, b, c \in \mathbb{R}$ ist das LGS lösbar? Bestimmen Sie für diesen Fall die Lösung.

Aufgabe 6.34:

Gegeben sei die folgende partitionierte Matrix mit $a \in \mathbb{R}$:

$$A = \left(A_I \mid A_{II}\right) = \left(\begin{array}{cc|cc} 1 & 2 & 1 & a \\ 1 & 2 & 1 & 2a \\ 2 & 4 & 2 & 2a \end{array}\right)$$

a) Bestimmen Sie $rg(A_I)$, $rg(A_{II})$ und $rg(A)$ für $a \in \mathbb{R}$.

b) Welche Aussagen können Sie demnach über die lineare (Un-) Abhängigkeit der Zeilen und Spalten von A_I, A_{II} und A treffen?

c) Kann ein LGS $A \cdot x = b$ mit oben genanntem A als Koeffizientenmatrix eine eindeutige Lösung besitzen? Falls ja, was muss hierbei für $a \in \mathbb{R}$ gelten?

d) Ist ein LGS $A \cdot x = b$ mit oben genanntem A als Koeffizientenmatrix überhaupt lösbar? Was muss hierbei für den Ergebnisvektor $b = \begin{pmatrix} b_1 & b_2 & b_3 \end{pmatrix}^T$ gelten? Wäre demnach ein LGS mit $b = \begin{pmatrix} 1 & 2 & a-1 \end{pmatrix}^T$ lösbar?

Aufgabe 6.35:

Es sei $A \in \mathbb{R}^{m \times n}$ (d.h. A ist eine Matrix mit m Zeilen und n Spalten). Wie Sie wissen gilt $0 \le rg(A) \le \min\{m; n\}$. Welche Aussage können Sie über den Rang von A treffen,

a) falls $m \le n$?

b) falls $m \le n$ und die Matrix k Nullzeilen enthält

c) falls $m > n$ und die Matrix k Nullzeilen enthält?

Fassen Sie Ihre Aussagen so präzise wie möglich.

Aufgabe 6.36:

a) Lösen Sie das folgende LGS in Abhängigkeit des Parameters $a \in \mathbb{R}$:

$$\begin{pmatrix} 3 & -1 & 1 \\ -6 & 2 & 0 \\ 3/2 & -1/2 & 1/2 \end{pmatrix} \cdot x = \begin{pmatrix} a \\ -2a+2 \\ a/2 \end{pmatrix}$$

Im Weiteren betrachten Sie das folgende allgemeine LGS mit $A \in \mathbb{R}^{m \times n}$ und $b \in \mathbb{R}^m$:

$$A \cdot x = b$$

b) Geben Sie anhand des Rangkriteriums an, unter welcher Bedingung das LGS eindeutig lösbar ist.

c) Geben Sie, falls möglich, eine Bedingung für $b \in \mathbb{R}^m$ an, unter welcher das LGS unabhängig von der Gestalt der Koeffizientenmatrix A immer lösbar ist.

d) Geben Sie, falls möglich, eine Bedingung für $b \in \mathbb{R}^m$ an, unter welcher das LGS unabhängig von der Gestalt der Koeffizientenmatrix A immer eindeutig lösbar ist.

e) Gehen Sie im Weiteren von einem quadratischen LGS aus, es gelte also $m = n$. Können Sie eine Aussage über die Lösbarkeit des abgeänderten LGS mit transformierter Koeffizientenmatrix $A^T \cdot x = b$ treffen, falls:

   i) $A \cdot x = b$ eindeutig lösbar ist?

   ii) $A \cdot x = b$ unendlich viele Lösungen besitzt?

Aufgabe 6.37:

$$\begin{array}{rcrcrcl} (4a+3)x_1 & + & 2x_2 & & & = & 1 \\ 3x_1 & + & x_2 & + & (a-2)x_3 & = & 2 \\ ax_1 & + & x_2 & + & x_3 & = & 2 \end{array}$$

a) Lösen Sie das LGS in Abhängigkeit von $a \in \mathbb{R}$.

$$\begin{array}{rcrcrcr} (4a+3)x_1 & + & 2x_2 & & & = & 0 \\ 3x_1 & + & x_2 & + & (a-2)x_3 & = & 0 \\ ax_1 & + & x_2 & + & x_3 & = & 0 \\ -ax_1 & + & 3x_2 & + & (a+1{,}5)x_3 & = & 0 \end{array}$$

b) Für welche Werte von $a \in \mathbb{R}$ besitzt dieses um eine Gleichung erweiterte, nun homogene Gleichungssystem unendlich viele Lösungen? Bestimmen Sie für diesen Fall die Lösung.

Aufgabe 6.38:

$$\begin{array}{rcrcrcrcr} 4x_1 & + & 3x_2 & - & 6x_3 & - & 4x_4 & = & 21 \\ 2x_1 & + & x_2 & - & 3x_3 & - & 2x_4 & = & 7 \\ 7x_1 & - & 2ax_2 & + & x_3 & & & = & 3b \\ -3x_1 & & & + & 1{,}5x_3 & + & x_4 & = & -4a \end{array}$$

Lösen Sie das LGS in Abhängigkeit von $a, b \in \mathbb{R}$.

Aufgabe 6.39:

$$\begin{array}{rcrcrcr} x_1 & + & 2x_2 & + & 3x_3 & = & 3 \\ 2x_1 & + & x_2 & + & bx_3 & = & -2 \\ x_1 & - & x_2 & + & ax_3 & = & -2 \end{array}$$

Lösen Sie das LGS in Abhängigkeit von $a, b \in \mathbb{R}$.

Aufgabe 6.40:

$$\begin{array}{rcrcrcr} (2a-4)x_1 & - & 4x_2 & + & (6+2b)x_3 & = & 2 \\ 2x_1 & + & 4x_2 & - & bx_3 & = & 1 \\ 2x_1 & - & 4x_2 & + & (b-2)x_3 & = & 1 \end{array}$$

Lösen Sie das LGS in Abhängigkeit von $a, b \in \mathbb{R}$.

Aufgabe 6.41:

Gegeben sei das folgende LGS in Matrixform mit $a, b \in \mathbb{R}$:

$$\begin{pmatrix} -2 & 4 & -1 & 0 \\ 1 & 4a & 2 & -1 \\ -3 & 6 & 0 & a-\frac{1}{2} \end{pmatrix} \cdot x = \begin{pmatrix} 4 \\ -1 \\ b+7 \end{pmatrix}$$

a) Bestimmen Sie $a \in \mathbb{R}$ so, dass die Zeilen der Koeffizientenmatrix linear abhängig sind.

b) Bestimmen Sie $a \in \mathbb{R}$ so, dass die Spalten der Koeffizientenmatrix linear abhängig sind.

c) Bestimmen Sie die Lösung des LGS in Abhängigkeit von $a, b \in \mathbb{R}$.

Aufgabe 6.42:

$$\begin{array}{rcrcrcl} 2bx_1 & + & 8x_2 & - & 5x_3 & = & 11 \\ 2bx_1 & + & 12x_2 & + & (b-6)x_3 & = & a+9 \\ & & 4x_2 & - & 4x_3 & = & 4 \end{array}$$

Lösen Sie das LGS in Abhängigkeit von $a, b \in \mathbb{R}$.

Aufgabe 6.43:

$$\begin{array}{rcrcrcl} 2bx_1 & + & bx_2 & + & abx_3 & = & ab \\ x_1 & + & \frac{3}{2}x_2 & + & \frac{5}{2}ax_3 & = & \frac{1}{2}b+1 \\ 6x_1 & + & 4x_2 & + & 5ax_3 & = & -2a+\frac{7}{2}b+2 \end{array}$$

Lösen Sie das LGS in Abhängigkeit von $a, b \in \mathbb{R}$.

Aufgabe 6.44:

Sie betrachten die nachfolgende Matrixgleichung mit der Koeffizientenmatrix A und $a, b \in \mathbb{R}$:

$$\begin{pmatrix} a & 1 & 1 \\ 2 & 1 & -2 \\ 0 & 1 & a \end{pmatrix} \cdot x = \begin{pmatrix} 1 \\ 0 \\ b \end{pmatrix}$$

a) Bestimmen Sie $\det(A)$.

b) Bestimmen Sie $rg(A)$ und $rg(A \mid b)$.

c) Lösen Sie die Matrixgleichung und geben Sie die Lösung in Abhängigkeit von $a, b \in \mathbb{R}$ an. Geben Sie explizit an, für welche Werte der Parameter ein zugrunde liegendes LGS lösbar ist.

d) Setzen Sie $a = 1$ und $b = 0$. Geben Sie dann die Lösung an.

Aufgabe 6.45:

Gegeben sei die Koeffizientenmatrix $A \in \mathbb{R}^{m \times n}$ eines allgemeinen LGS in Matrixform $A \cdot x = b$.

a) Falls $rg(A) = m$ gilt, sind dann die Zeilen oder Spalten von A stets l. u.? (Begründen Sie Ihre Antwort.)

b) Nennen Sie das Rangkriterium zur Bestimmung der Lösbarkeit von LGS.

c) Welche Lösbarkeiten verbleiben für das LGS, falls

i) $rg(A) = m$ gilt?

ii) $rg(A) = n$ gilt?

d) Wie verändert sich Ihre Antwort in Aufgabe c), falls zudem $b = 0$ gilt?

e) Welche Lösbarkeiten verbleiben für das LGS, falls A die $(m \times n)$-Nullmatrix ist, also $A = 0$ gilt? Verändert sich Ihre Antwort, falls das LGS quadratisch ist, also $m = n$ gilt? Falls ja, inwiefern?

f) Gegeben sei die Matrix

$$B = \begin{pmatrix} 4 & 1 & -2 \\ 0{,}5 & 2 & -0{,}25 \\ -1 & 3 & 0{,}5 \end{pmatrix}$$

i) Zeigen Sie eine Möglichkeit auf, die zweite Zeile der Matrix B als Linearkombination aus anderen Zeilen darzustellen.

ii) Ist auch die zweite Spalte der Matrix B als Linearkombination anderer Spalten darstellbar?

---

7 Vektorraumtheorie

7.1 Axiome des Vektorraums

In diesem Kapitel werden die Rechenobjekte Matrix sowie Zeilen- und Spaltenvektor näher charakterisiert. Dabei wird zunächst der Vektorraum als eine elementare, alle relevanten Rechenobjekte differenziert erfassende Größe eingeführt. Anschließend konzentrieren wir uns auf Vektorräume, welche ausschließlich $(m \times 1)$-Vektoren enthalten. Zu solchen zählen unter anderem Lösungsmengen linear homogener Gleichungssysteme, womit auch hier unser Fokus auf die Lösung linearer Gleichungssysteme wieder hergestellt ist.

Definition 7-1: Axiome des Vektorraums

Es sei $\mathbb{V} \neq \emptyset$ eine Menge, auf welche die folgenden Rechenoperationen definiert seien:

- Vektoraddition (Operationszeichen "$\oplus$") nach der Vorschrift $\mathbb{V} \times \mathbb{V} \to \mathbb{V}$. Das heißt, die Addition zweier Elemente aus $\mathbb{V}$ bilde ein Element aus $\mathbb{V}$ ab, die Vektoraddition sei somit abgeschlossen.
- Multiplikation mit einem Skalar (Operationszeichen "$\otimes$") nach der Vorschrift $\mathbb{R} \times \mathbb{V} \to \mathbb{V}$. Das heißt, die Multiplikation eines Skalars mit einem Element aus $\mathbb{V}$ bilde ein Element aus $\mathbb{V}$ ab, die Multiplikation mit einem Skalar sei somit abgeschlossen.

Erfüllt die Menge $\mathbb{V}$ die nachfolgenden Rechengesetze, heißt $\mathbb{V}$ Vektorraum. Die Elemente von $\mathbb{V}$ heißen Vektoren. Im Folgenden seien $x, y, z \in \mathbb{V}$ sowie $a, b, c \in \mathbb{R}$:

- Assoziativgesetz der Vektoraddition:
  $(x \oplus y) \oplus z = x \oplus (y \oplus z)$
- Assoziativgesetz der Multiplikation mit einem Skalar:
  $a \otimes (b \otimes x) = (a \cdot b) \otimes x$
- Kommutativgesetz der Vektoraddition:
  $x \oplus y = y \oplus x$
- Distributivgesetze der Multiplikation mit einem Skalar:
  $(a \otimes z) \oplus (b \otimes z) = (a+b) \otimes z$, $(a \otimes x) \oplus (a \otimes y) = a \otimes (x \oplus y)$
- Existenz eines neutralen Elements der Vektoraddition:
  $\exists_{0 \in \mathbb{V}} \quad x \oplus 0 = 0 \oplus x = x$
- Existenz eines inversen Elements der Vektoraddition:
  $\exists_{(-x) \in \mathbb{V}} \quad x \oplus (-x) = (-x) \oplus x = 0$
- Existenz eines neutralen Elements der Multiplikation mit einem Skalar:
  $\exists_{1 \in \mathbb{R}} \quad 1 \otimes x = x$

Es sei $\mathbb{V}$ die Menge aller $(m \times 1)$-Matrizen, auf die analog zu Abschnitt 1.2 eine Vektoraddition und eine Multiplikation mit einem Skalar für $x, y \in \mathbb{V}$ und $a \in \mathbb{R}$ definiert seien durch:

$$\begin{pmatrix} x_1 \\ \vdots \\ x_i \\ \vdots \\ x_m \end{pmatrix} \oplus \begin{pmatrix} y_1 \\ \vdots \\ y_i \\ \vdots \\ y_m \end{pmatrix} := \begin{pmatrix} x_1 + y_1 \\ \vdots \\ x_i + y_i \\ \vdots \\ x_m + y_m \end{pmatrix} \text{ sowie } a \otimes \begin{pmatrix} x_1 \\ \vdots \\ x_i \\ \vdots \\ x_m \end{pmatrix} := \begin{pmatrix} a \cdot x_1 \\ \vdots \\ a \cdot x_i \\ \vdots \\ a \cdot x_m \end{pmatrix}$$

Es erfüllen dann $x, y \in \mathbb{V}$ die oben genannten Rechengesetze. $(m \times 1)$-Matrizen sind demnach im Grunde Vektoren und die Menge aller $(m \times 1)$-Matrizen ist ein Vektorraum.

Nun sei $\mathbb{V}$ die Menge aller $(m \times n)$-Matrizen, auf die analog zu Abschnitt 1.2 eine Vektoraddition (in diesem Fall die Matrixaddition) und eine Multiplikation mit einem Skalar für $A, B \in \mathbb{V}$ und $a \in \mathbb{R}$ definiert seien durch:

$$\begin{pmatrix} a_{11} & \cdots & a_{1n} \\ \vdots & \ddots & \vdots \\ a_{m1} & \cdots & a_{mn} \end{pmatrix} \oplus \begin{pmatrix} b_{11} & \cdots & b_{1n} \\ \vdots & \ddots & \vdots \\ b_{m1} & \cdots & b_{mn} \end{pmatrix} := \begin{pmatrix} a_{11}+b_{11} & \cdots & a_{1n}+b_{1n} \\ \vdots & \ddots & \vdots \\ a_{m1}+b_{m1} & \cdots & a_{mn}+b_{mn} \end{pmatrix} \text{ sowie}$$

$$a \otimes \begin{pmatrix} b_{11} & \cdots & b_{1n} \\ \vdots & \ddots & \vdots \\ b_{m1} & \cdots & b_{mn} \end{pmatrix} := \begin{pmatrix} a \cdot b_{11} & \cdots & a \cdot b_{1n} \\ \vdots & \ddots & \vdots \\ a \cdot b_{m1} & \cdots & a \cdot b_{mn} \end{pmatrix}$$

Auch dann erfüllen alle $A, B \in \mathbb{V}$ die oben genannten Rechengesetze. $(m \times n)$-Matrizen sind demnach Vektoren und die Menge aller $(m \times n)$-Matrizen ist ein Vektorraum.

Sei dagegen $\mathbb{V}$ die Menge der ganzen Zahlen $\mathbb{Z}$, auf die eine Vektoraddition bzw. eine Multiplikation mit einem Skalar in üblicher Weise für $x, y \in \mathbb{V}$ und $a \in \mathbb{R}$ definiert seien durch:

$$x \oplus y := x + y \text{ sowie } a \otimes x := a \cdot x$$

In diesem Fall handelt es sich bei $\mathbb{V}$ um keinen Vektorraum, da die Multiplikation mit einem Skalar auf $\mathbb{Z}$ nicht abgeschlossen ist. Wird beispielsweise als reellwertiger Skalar $a = 0{,}5$ und als ganzzahliges Element $x = 3$ gewählt, so resultiert $a \cdot x = 0{,}5 \cdot 3 = 1{,}5$, wobei das Ergebnis keine ganze Zahl und somit kein Element von $\mathbb{V}$ ist.

Nachfolgend sei wiederum $\mathbb{V}$ die Menge aller $(m \times 1)$-Vektoren, auf die allerdings abweichend vom ersten Beispiel eine Vektoraddition und eine Multiplikation mit einem Skalar für $x, y \in \mathbb{V}$ und $a \in \mathbb{R}$ definiert seien durch:

$$\begin{pmatrix} x_1 \\ \vdots \\ x_i \\ \vdots \\ x_m \end{pmatrix} \oplus \begin{pmatrix} y_1 \\ \vdots \\ y_i \\ \vdots \\ y_m \end{pmatrix} := \begin{pmatrix} x_1 + y_1 \\ \vdots \\ x_i + y_i \\ \vdots \\ x_m + y_m \end{pmatrix} \text{ sowie } a \otimes \begin{pmatrix} x_1 \\ \vdots \\ x_i \\ \vdots \\ x_{m-1} \\ x_m \end{pmatrix} := \begin{pmatrix} a \cdot x_1 \\ \vdots \\ a \cdot x_i \\ \vdots \\ a \cdot x_{m-1} \\ 0 \end{pmatrix}$$

Nun existiert kein neutrales Element der Multiplikation mit einem Skalar, so dass stets $1 \otimes x = x$ gilt. In diesem Fall ist die Menge aller $(m \times 1)$-Spaltenvektoren wegen der besonderen Definition der Multiplikation mit einem Skalar kein Vektorraum.

7.2 Spezielle Vektorräume und Unterräume

Im Weiteren seien die Vektoraddtion und die Multiplikation mit einem Skalar auf herkömmliche Weise (analog zu Abschnitt 1.2) definiert. Wir betrachten nun die Mengen aller $(m \times 1)$-Spaltenvektoren als Vektorräume, somit die verschiedenen $\mathbb{R}^m$.

Definition 7-2: Unterraum des $\mathbb{R}^m$

Falls für eine nichtleere Teilmenge $\mathbb{U}$ des $\mathbb{R}^m$ alle Vektorraumaxiome gelten, heißt $\mathbb{U}$ Unterraum des $\mathbb{R}^m$.

Ist $\mathbb{U}$ ein Unterraum des $\mathbb{R}^m$, so müssen unter anderem die Abgeschlossenheiten der Vektoraddition und der Multiplikation mit einem Skalar gegeben sein. Somit muss für je zwei Elemente $u, v \in \mathbb{U}$ und $a \in \mathbb{R}$ gelten, dass sowohl die Vektorsumme von u und v als auch das Produkt aus Skalar und Spaltenvektor in $\mathbb{U}$ enthalten sind, also $u + v \in \mathbb{U}$ sowie $a \cdot u \in \mathbb{U}$. Aus letztgenanntem folgt direkt, dass jeder Unterraum des $\mathbb{R}^m$ den Nullvektor 0 enthält, denn wird für den Skalar $a = 0$ gewählt, so ergibt sich als Produkt des Skalars mit einem beliebigen Element u des Unterraums der Nullvektor.

Hieraus kann man unter anderem Folgendes ableiten:

- Der $\mathbb{R}^m$ ist immer Unterraum des $\mathbb{R}^m$.
- Der ausschließlich aus dem Nullvektor bestehende Unterraum, der Ursprung also, ist immer Unterraum des $\mathbb{R}^m$.
- Alle Unterräume des $\mathbb{R}^2$ sind demnach der $\mathbb{R}^2$, alle Ursprungsgeraden und der Ursprung.
- Alle Unterräume des $\mathbb{R}^3$ sind der $\mathbb{R}^3$, alle Ursprungsebenen, alle Ursprungsgeraden und der Ursprung.

Es sei ausdrücklich darauf hingewiesen, dass die verschiedenen Vektorräume $\mathbb{R}^m$ in keiner Beziehung zueinander stehen. Sie enthalten Spaltenvektoren unterschiedlicher Ordnung, weshalb sie nicht miteinander verknüpft werden können. Somit ist, selbst falls $n < m$, der $\mathbb{R}^n$ kein Unterraum des $\mathbb{R}^m$.

7.3 Erzeugendensystem, Basis und Dimension von Unterräumen

Neben dem $\mathbb{R}^m$, der alle $(m \times 1)$-Spaltenvektoren enthält, erfüllen auch bestimmte Teilmengen des $\mathbb{R}^m$ die Anforderungen an einen Unterraum. Unterräume des $\mathbb{R}^m$ werden durch ein Erzeugendensystem oder eine Basis dargestellt. Die Dimension beschreibt den jeweiligen Unterraum näher.

Definition 7-3: Erzeugendensystem (EZS)

Enthält die Menge $\mathbb{A} = \{a_1, \ldots, a_n\}$ ausschließlich $(m \times 1)$-Vektoren, so bildet die Menge aller Linearkombinationen der Vektoren aus $\mathbb{A}$ einen Unterraum des $\mathbb{R}^m$. Dieser Unterraum wird mit $[\mathbb{A}]$ bezeichnet. $\mathbb{A}$ selbst heißt dann Erzeugendensystem dieses Unterraums.

Ein EZS ist demnach eine Menge mit endlich vielen (abzählbaren) Spaltenvektoren gleicher Ordnung. Der von dem EZS erzeugte Unterraum hingegen enthält alle Linearkombinationen der Vektoren des EZS, also unendlich viele. Darüber hinaus kann jede nichtleere Menge, welche $(m \times 1)$-Spaltenvektoren gleicher Ordnung beinhaltet, immer ein EZS irgendeines Unterraums des $\mathbb{R}^m$ bilden, denn es lassen sich immer unendlich viele Linearkombinationen aus den Vektoren des EZS bilden. Selbst wenn die Menge nur aus einem einzigen Vektor besteht, kann dieser mit jeder beliebigen reellen Zahl multipliziert werden, so dass immer neue Linearkombinationen des Ausgangsvektors entstehen. Der hierdurch gebildete Unterraum ist dann eine Ursprungsgerade. Jeder Unterraum wird zudem von unendlich vielen verschiedenen EZS erzeugt. Die einzige Ausnahme bildet der $\mathbb{R}^0 = [\{0\}]$, welcher stets nur einen Vektor (den Ursprung) enthält.

Ist ein beliebiger Vektor $w \in [\mathbb{A}]$, so ist w eine Linearkombination der Vektoren aus $\mathbb{A}$, und es gilt definitionsgemäß $w = x_1 \cdot a_1 + \cdots + x_n \cdot a_n$. Diese Gleichung ist lösbar, aber nicht zwingend eindeutig lösbar.

Ein Erzeugendensystem eines vollständigen $\mathbb{R}^m$ muss m linear unabhängige $(m \times 1)$-Vektoren enthalten, denn nur dann lässt sich jeder beliebige $(m \times 1)$-Vektor als Linearkombination der Vektoren des EZS darstellen.

Definition 7-4: Basis

Die Menge $\mathbb{B} = \{b_1, \ldots, b_k\}$ ist eine Basis von $[\mathbb{A}]$, wenn sie ein Erzeugendensystem von $[\mathbb{A}]$ ist und ihre Vektoren l. u. sind. Sie bildet ein minimales Erzeugendensystem.

Eine Basis ist demnach ebenfalls eine Menge mit endlich vielen (abzählbaren) Spaltenvektoren, denn auch sie ist ein EZS. Allerdings enthält eine Basis eines Unterraums nur linear unabhängige Vektoren, also die minimale Anzahl an Vektoren, die notwendig ist, um den betreffenden Unterraum zu erzeugen. Derselbe Unterraum lässt sich durch unendlich viele verschiedene Basen darstellen. (Die einzige Ausnahme bildet wiederum der $\mathbb{R}^0$.)

Ist ein beliebiger Vektor $w \in [\mathbb{A}]$, so ist w eine Linearkombination der Vektoren einer Basis $\mathbb{B}$ von $[\mathbb{A}]$, und es gilt $w = x_1 \cdot b_1 + \cdots + x_k \cdot b_k$. Diese Gleichung ist eindeutig lösbar.

Zwei Basen des selben Unterraums besitzen somit stets gleich viele Elemente.

Definition 7-5: Dimension

Die Dimension eines Unterraums gibt die Mächtigkeit des Unterraums an und resultiert aus der Anzahl der Vektoren einer Basis. (Die einzige Ausnahme bildet der Unterraum $[\{0\}]$, welcher zwar einen Vektor enthält, jedoch die Dimension Null besitzt. Die Dimension eines Unterraums $\mathbb{U}$ wird mit $\dim(\mathbb{U})$ bezeichnet.

Ist die Dimension eines Unterraums gleich n, so ist jedes EZS des Unterraums, das genau n Vektoren enthält, eine Basis des Unterraums. Um einen n-dimensionalen

Unterraum zu erzeugen, werden mindestens n Vektoren benötigt. In einem n-dimensionalen Unterraum sind höchstens n Vektoren linear unabhängig, so sind beispielsweise vier Vektoren des $\mathbb{R}^3$ immer linear abhängig. Eine Menge $\mathbb{A}$, die diese Vektoren enthält, ist demnach keine Basis von $[\mathbb{A}]$.

Jeder Unterraum eines $\mathbb{R}^m$ lässt sich durch seine Erzeugendensysteme und seine Basen eindeutig beschreiben. Die Dimension gibt lediglich eine nähere Beschreibung. Ausgehend von einem EZS eines Unterraums können Basis und Dimension einfach bestimmt werden. Hierzu werden die Spaltenvektoren aus dem EZS in die Zeilen einer Matrix geschrieben, welche durch EZUs, wie bei der Rangbestimmung, in eine Treppenmatrix überführt wird. EZUs führen zu Linearkombinationen der Zeilen einer Matrix. Die Nicht-Nullzeilen der Treppenmatrix sind folglich Linearkombinationen der Vektoren des EZS und erzeugen somit denselben Unterraum wie das EZS. Durch die Umformung in eine Treppenmatrix sind die entstehenden Nicht-Nullzeilen jedoch l. u. Werden die Nicht-Nullzeilen nun wiederum als Spaltenvektoren in einer Menge zusammengefasst, erhält man eine Basis des Unterraums. (Werden die Vektoren des EZS hingegen in die Spalten einer Matrix übernommen, müssen zur Basisbestimmung elementare Spaltenumformungen verwendet werden, damit es sich weiterhin um Linearkombinationen der Vektoren handelt.) Da die Dimension des Unterraums der Anzahl der Vektoren in der Basis entspricht, ergibt sie sich auch aus dem Rang der Matrix.

Beispiel 7-1: Bestimmung von Basis und Dimension eines Unterraums

Sind eine Basis und die Dimension des von der Menge

$$\mathbb{A} = \left\{ \begin{pmatrix} 1 \\ 1 \\ 3 \end{pmatrix}, \begin{pmatrix} -1 \\ -6 \\ -3 \end{pmatrix}, \begin{pmatrix} 2 \\ -3 \\ 6 \end{pmatrix} \right\}$$

erzeugten Unterraums zu bestimmen, so werden die Vektoren aus $\mathbb{A}$ in die Zeilen einer Matrix geschrieben und diese in eine Treppenmatrix überführt:

$$\begin{pmatrix} \boxed{1} & 1 & 3 \\ -1 & -6 & -3 \\ 2 & -3 & 6 \end{pmatrix} \begin{matrix} II + I \\ III - 2 \cdot I \end{matrix} \begin{pmatrix} 1 & 1 & 3 \\ 0 & \boxed{-5} & 0 \\ 0 & -5 & 0 \end{pmatrix} III - II \begin{pmatrix} 1 & 1 & 3 \\ 0 & -5 & 0 \\ 0 & 0 & 0 \end{pmatrix}$$

Eine Basis von $[\mathbb{A}]$ enthält die Nicht-Nullzeilen der Treppenmatrix. Folglich ist

$$\mathbb{B} = \left\{ \begin{pmatrix} 1 \\ 1 \\ 3 \end{pmatrix}, \begin{pmatrix} 0 \\ -5 \\ 0 \end{pmatrix} \right\}$$

eine Basis von $[\mathbb{A}]$. Die Dimension von $[\mathbb{A}]$ entspricht dem Rang der Matrix, folglich gilt $\dim([\mathbb{A}]) = 2$. $\mathbb{A}$ spannt somit einen zweidimensionalen Unterraum des $\mathbb{R}^3$ auf.

7.4 Lösungsmengen von linear homogenen Gleichungssystemen als Unterräume

Die in Kapitel 6.3 betrachteten Lösungsmengen von mehrdeutig lösbaren linearen Gleichungssystemen enthalten unendlich viele Lösungsvektoren, doch erfüllen nicht alle Lösungsmengen die Kriterien an einen Unterraum. Lösungsmengen inhomogener LGS verletzen die Kriterien der Abgeschlossenheit bezüglich der Vektoraddition bzw. der Multiplikation mit einem Skalar. Dagegen genügen Lösungsmengen linear homogener Gleichungssysteme den Vektorraumaxiomen, Vektoraddition und Multiplikation mit einem Skalar sind hier abgeschlossen. (Ausgehend von der Definition eines Unterraums des $\mathbb{R}^m$ muss also zum einen die Lösungsmenge des LhGS $\mathbb{L}_h$ nicht leer sein und eine Teilmenge eines $\mathbb{R}^m$ darstellen. Zum anderen müssen die auf $\mathbb{L}_h$ definierten Operationen Vektoraddition sowie Multiplikation mit einem Skalar abgeschlossen sein und die Axiome des Vektorraums erfüllen.) Eine Betrachtung von $\mathbb{L}_h$ führt zu:

- $\mathbb{L}_h$ ist nie leer, da der Nullvektor immer eine Lösung des LhGS $A \cdot x = 0$ ist.
- $\mathbb{L}_h$ ist immer eine Teilmenge eines $\mathbb{R}^m$ (m entspricht dabei der Anzahl der Variablen des LhGS).
- Die auf $\mathbb{L}_h$ definierte Vektoraddition ist abgeschlossen. Sind $u, v \in \mathbb{L}_h$, so erfüllen u und v jeweils das LhGS, es gilt $A \cdot u = 0$ und $A \cdot v = 0$. Ist $\mathbb{L}_h$ abgeschlossen bezüglich der Vektoraddition, muss $u + v \in \mathbb{L}_h$ und somit $A \cdot (u + v) = 0$ erfüllt sein. Aufgrund des Distributivgesetzes ergibt sich $A \cdot (u + v) = A \cdot u + A \cdot v = 0 + 0 = 0$. Somit ist $u + v \in \mathbb{L}_h$ immer erfüllt.
- Die auf $\mathbb{L}_h$ definierte Multiplikation mit einem Skalar ist abgeschlossen. Ist $u \in \mathbb{L}_h$ und $c \in \mathbb{R}$, so erfüllt u das LhGS, es gilt $A \cdot u = 0$. Ist $\mathbb{L}_h$ abgeschlossen bezüglich der Multiplikation mit einem Skalar, muss $c \cdot u \in \mathbb{L}_h$ und somit $A \cdot (c \cdot u) = 0$ erfüllt sein. Aufgrund des Assoziativgesetzes der Matrixmultiplikation und der Kommutativität der Multiplikation mit einem Skalar folgt $A \cdot (c \cdot u) = c \cdot (A \cdot u) = c \cdot 0 = 0$. Somit ist $c \cdot u \in \mathbb{L}_h$ immer erfüllt.
- Falls die Vektoraddition und die Multiplikation mit einem Skalar entsprechend Kapitel 1.2 definiert sind, erfüllt $\mathbb{L}_h \subseteq \mathbb{R}^m$ immer die Axiome des Vektorraums.

Da es sich bei Lösungsmengen von LhGS somit immer um Unterräume eines $\mathbb{R}^m$ handelt, können für diese eine Basis und die Dimension bestimmt werden. Dazu wird der allgemeine Lösungsvektor in eine Summe einzelner Vektoren zerlegt, die jeweils nur eine der freien Variablen enthalten. Anschließend werden die freien Variablen aus den einzelnen Vektoren ausgeklammert. Es entsteht eine eindeutige Darstellung aller Lösungsvektoren durch die Vektoren einer Basis der Lösungsmenge. Alle Linearkombinationen der Basisvektoren geben alle Lösungen des LhGS wieder. Die Dimension der Lösungsmenge des LhGS entspricht der Anzahl der Basisvektoren bzw. der Anzahl der freien Variablen in der Lösungsmenge. Es gilt $\dim(\mathbb{L}_h) = m - rg(A \mid 0)$.

Beispiel 7-2: Bestimmung einer Basis und der Dimension von $\mathbb{L}_h$

Um eine Basis der Lösungsmenge

$$\mathbb{L}_h = \left\{ \begin{pmatrix} 3x_2 - 4x_3 & x_2 & x_3 & -x_2 + 2x_3 \end{pmatrix}^T, x_2, x_3 \in \mathbb{R} \right\}$$

zu bestimmen, wird der allgemeine Lösungsvektor so zerlegt, dass sich jeder Lösungsvektor eindeutig aus Basisvektoren darstellen lässt:

$$\begin{pmatrix} 3x_2 - 4x_3 \\ x_2 \\ x_3 \\ -x_2 + 2x_3 \end{pmatrix} = \begin{pmatrix} 3x_2 \\ x_2 \\ 0 \\ -x_2 \end{pmatrix} + \begin{pmatrix} -4x_3 \\ 0 \\ x_3 \\ 2x_3 \end{pmatrix} = x_2 \cdot \begin{pmatrix} 3 \\ 1 \\ 0 \\ -1 \end{pmatrix} + x_3 \cdot \begin{pmatrix} -4 \\ 0 \\ 1 \\ 2 \end{pmatrix}$$

Anschließend werden die Basisvektoren in eine Menge

$$\mathbb{B} = \left\{ \begin{pmatrix} 3 \\ 1 \\ 0 \\ -1 \end{pmatrix}, \begin{pmatrix} -4 \\ 0 \\ 1 \\ 2 \end{pmatrix} \right\}$$

übernommen, welche eine Basis von $\mathbb{L}_h$ ist. Die Dimension von $\mathbb{L}_h$ entspricht der Anzahl der freien Variablen und ist somit 2.

7.5 Aufgaben

Aufgabe 7.1:

a) Abweichend von den üblichen Normen sei für $x, y, z \in \mathbb{V} = \mathbb{R}^m$ die Vektoraddition $z = x \oplus y$ definiert als:

$$z_i = \begin{cases} 2x_i & \text{falls} \quad 8i = i^2 + 15 \\ y_i^2 & \text{falls} \quad 0{,}5(i+1) \notin \mathbb{N} = \{1;2;3;\ldots\} \\ x_i + y_i & \text{sonst} \end{cases}$$

Bestimmen Sie z für $x = \begin{pmatrix} 4 & -2 & 1 & 1 & 3 & -7 \end{pmatrix}^T$ und $y = \begin{pmatrix} 2 & 4 & -1 & 0 & 2 & 8 \end{pmatrix}^T$.

b) Nun sei für $x, y, z \in \mathbb{V} = \mathbb{R}^m$ die Vektoraddition $z = x \oplus y$ definiert als:

$$z_i = \begin{cases} 2x_i & \text{falls} \quad 8i = i^2 + 15 \\ y_i^2 & \text{falls} \quad 0{,}5(x_i + 1) \notin \mathbb{N} = \{1;2;3;\ldots\} \\ x_i + y_i & \text{sonst} \end{cases}$$

Bestimmen Sie erneut z für obiges x und y.

c) Worin liegt die Problematik der Definition in Teilaufgabe b)? Geben Sie exakt an, wann sie sichtbar wird.

d) Es sei nun $\mathbb{V} = \mathbb{R}^3$ mit $a = (2 \quad -5 \quad -2)^T$, $b = (1 \quad 3 \quad 8)^T$, $c = (3 \quad 4 \quad 1)^T$. Bilden Sie unter Verwendung der Definition aus Teilaufgabe a) die Vektorsummen $a \oplus b$, $b \oplus a$, $(a \oplus b) \oplus c$ und $a \oplus (b \oplus c)$. Ist die Vektoraddition auf $\mathbb{V}$ abgeschlossen? Sind das Kommutativgesetz und/oder das Assoziativgesetz bzgl. der Vektoraddition auf $\mathbb{V}$ erfüllt? Existiert ein neutrales und/oder ein inverses Element der Vektoraddition auf $\mathbb{V}$? Handelt es sich bei $\mathbb{V}$ um einen Vektorraum?

Aufgabe 7.2:

$$a = (1 \quad 2 \quad 1)^T, \quad b = (0 \quad 1 \quad -1)^T, \quad c = (1 \quad 0 \quad 2)^T$$

a) Bilden die Vektoren a, b, c eine Basis des $\mathbb{R}^3$? Stellen Sie hierzu den Vektor $d \in \mathbb{R}^3$ allgemein als Linearkombination aus a, b und c dar.

b) Berechnen Sie, wie sich der spezielle Vektor $e = (7 \quad 5 \quad 2)^T$ durch a, b und c darstellen lässt.

Aufgabe 7.3:

$$a = (2 \quad -1 \quad 0)^T, \quad b = (0 \quad 3 \quad -2)^T, \quad c = (4 \quad -5 \quad 2)^T$$

a) Bilden die Vektoren a, b und c eine Basis des $\mathbb{R}^3$?

b) Liegt der Vektor $d = (6 \quad -8 \quad 5)^T$ in dem von a, b und c aufgespannten Unterraum $\mathbb{U}$ des $\mathbb{R}^3$? Falls ja, stellen Sie d mittels a, b und c dar.

Aufgabe 7.4:

$$v_1 = \begin{pmatrix}1 & 2 & 0\end{pmatrix}^T,\ v_2 = \begin{pmatrix}2 & 0 & 3\end{pmatrix}^T,\ v_3 = \begin{pmatrix}1 & -2 & 3\end{pmatrix}^T$$

Bestimmen Sie eine Basis und die Dimension des von v_1, v_2, v_3 aufgespannten Unterraums.

Aufgabe 7.5:

Geben Sie vier Basen des $\mathbb{R}^3$ an.

Aufgabe 7.6:

$$\mathbb{A} = \left\{\begin{pmatrix}4 & 1 & -3\end{pmatrix}^T,\ \begin{pmatrix}2 & 3 & 1\end{pmatrix}^T,\ \begin{pmatrix}4 & -1 & 1\end{pmatrix}^T,\ \begin{pmatrix}1 & -3 & 0\end{pmatrix}^T\right\}$$

a) Ist $\mathbb{A}$ ein Erzeugendensystem des $\mathbb{R}^4$?

b) Welche Dimension hat $[\mathbb{A}]$?

c) Bestimmen Sie eine Basis von $[\mathbb{A}]$.

d) Liegt der Vektor $x = \begin{pmatrix}8 & 6 & 5\end{pmatrix}^T$ in $[\mathbb{A}]$?

Aufgabe 7.7:

$$a = \begin{pmatrix}4\\2\\-6\\4\end{pmatrix},\ b = \begin{pmatrix}4\\2\\1\\-3\end{pmatrix},\ c = \begin{pmatrix}-4\\6\\-8\\1\end{pmatrix},\ d = \begin{pmatrix}8\\0\\-5\\5\end{pmatrix}$$

a) Liegt d in dem von a, b und c erzeugten Unterraum $\mathbb{U}$?

b) Welche Dimension hat $\mathbb{U}$?

c) Bilden a, b und d eine Basis von $\mathbb{U}$?

Aufgabe 7.8:

$$\mathbb{A}=\left\{\begin{pmatrix}1\\-6\\9\\-2\end{pmatrix},\begin{pmatrix}0\\-3\\5\\-8\end{pmatrix},\begin{pmatrix}3\\-7\\7\\5\end{pmatrix},\begin{pmatrix}7\\-9\\2\\8\end{pmatrix}\right\}$$

Bestimmen Sie die Dimension und eine Basis von $[\mathbb{A}]$.

Aufgabe 7.9:

$$\mathbb{A}=\left\{\begin{pmatrix}1\\2\\0\\1\end{pmatrix},\begin{pmatrix}3\\4\\-1\\0\end{pmatrix},\begin{pmatrix}2\\-1\\1\\1\end{pmatrix},\begin{pmatrix}4\\0\\3\\5\end{pmatrix}\right\}$$

a) Bestimmen Sie eine Basis und die Dimension von $[\mathbb{A}]$.

b) Ist $\mathbb{A}$ ein Erzeugendensystem des $\mathbb{R}^3$ oder des $\mathbb{R}^4$?

Aufgabe 7.10:

$$\mathbb{A}=\left\{\begin{pmatrix}2\\3\end{pmatrix},\begin{pmatrix}-1\\2\end{pmatrix},\begin{pmatrix}3\\4\end{pmatrix}\right\},\ \mathbb{B}=\left\{\begin{pmatrix}1\\2\\1\end{pmatrix},\begin{pmatrix}-4\\2\\-1\end{pmatrix},\begin{pmatrix}4\\1\\2\end{pmatrix}\right\},\ \mathbb{C}=\left\{\begin{pmatrix}3\\-2\\1\\4\end{pmatrix},\begin{pmatrix}1\\-2\\-8\\2\end{pmatrix},\begin{pmatrix}3\\-6\\8\\5\end{pmatrix},\begin{pmatrix}2\\4\\2\\1\end{pmatrix}\right\}$$

a) Bestimmen Sie je eine Basis des von $\mathbb{A}$, $\mathbb{B}$ und $\mathbb{C}$ aufgespannten Unterraums.

b) Geben Sie an, welchen Unterraum die jeweiligen Mengen erzeugen. Formulieren Sie dabei wie folgt: "Die Vektoren der Menge ... bilden einen n-dimensionalen Unterraum des $\mathbb{R}^m$".

Aufgabe 7.11:

$$\mathbb{A} = \left\{ \begin{pmatrix} 2 \\ -2 \\ 1 \\ 0 \end{pmatrix}, \begin{pmatrix} -3 \\ 2 \\ 0 \\ 1 \end{pmatrix}, \begin{pmatrix} -2 \\ 0 \\ 2 \\ 2 \end{pmatrix}, \begin{pmatrix} 3 \\ -4 \\ 3 \\ 1 \end{pmatrix} \right\}$$

a) Handelt es sich bei $\mathbb{A}$ um ein Erzeugendensystem des $\mathbb{R}^4$?

b) Welche Dimension besitzt der von $\mathbb{A}$ erzeugte Unterraum?

c) Nennen Sie eine Basis von $[\mathbb{A}]$.

d) Für welches $a \in \mathbb{R}$ liegt der Vektor $v = (a \quad 2 \quad 3 \quad 4)^T$ in $[\mathbb{A}]$?

Aufgabe 7.12:

$$\mathbb{A} = \left\{ \begin{pmatrix} 2 \\ 1 \end{pmatrix}, \begin{pmatrix} 4 \\ 3 \end{pmatrix}, \begin{pmatrix} -1 \\ -1 \end{pmatrix} \right\}, \ \mathbb{B} = \left\{ \begin{pmatrix} 2 \\ 1 \\ 3 \end{pmatrix}, \begin{pmatrix} 0 \\ 1 \\ 1 \end{pmatrix}, \begin{pmatrix} 1 \\ 3 \\ 4 \end{pmatrix} \right\}, \ \mathbb{C} = \left\{ \begin{pmatrix} 2 \\ 1 \\ 3 \end{pmatrix}, \begin{pmatrix} 8/3 \\ 4/3 \\ 4 \end{pmatrix} \right\}, \ \mathbb{D} = \left\{ \begin{pmatrix} 1 \\ 0 \\ 2 \end{pmatrix}, \begin{pmatrix} 4 \\ 1 \\ 1 \end{pmatrix} \right\}$$

a) Welche Dimension besitzt der von $\mathbb{B}$ erzeugte Unterraum?

b) Nennen Sie eine Basis von $[\mathbb{B}]$.

c) Handelt es sich bei einer oder mehrerer der Mengen $\mathbb{A}, \mathbb{B}, \mathbb{C}, \mathbb{D}$ um eine Basis eines zweidimensionalen Unterraums des $\mathbb{R}^3$? Falls ja, bei welcher oder welchen?

Aufgabe 7.13:

a) Geben Sie, falls möglich, eine Basis eines dreidimensionalen Unterraums des $\mathbb{R}^4$ an.

b) Geben Sie, falls möglich, eine Basis eines vierdimensionalen Unterraums des $\mathbb{R}^3$ an.

Aufgabe 7.14:

$$\mathbb{A}=\left\{\begin{pmatrix}4\\-1\\5\\9\\-1\end{pmatrix},\begin{pmatrix}4\\2\\1\\4\\2\end{pmatrix},\begin{pmatrix}-2\\1\\-3\\-5\\1\end{pmatrix},\begin{pmatrix}7\\-2\\8\\14\\-2\end{pmatrix},\begin{pmatrix}10\\-3\\9\\15\\-3\end{pmatrix}\right\}$$

a) Welche Dimension besitzt der von $\mathbb{A}$ aufgespannte Unterraum $[\mathbb{A}]$?

b) Nennen Sie eine Basis von $[\mathbb{A}]$.

c) Wie viele linear unabhängige Vektoren kann eine beliebige Menge $\mathbb{B}\subseteq\mathbb{R}^5$ höchstens enthalten?

d) Wie viele linear unabhängige Vektoren muss eine Menge $\mathbb{B}\subseteq\mathbb{R}^5$ enthalten, damit gilt $\mathbb{R}^5\subseteq[\mathbb{A}\cup\mathbb{B}]$, und was muss für diese gelten?

Aufgabe 7.15:

$$\mathbb{A}=\left\{\begin{pmatrix}1\\3\\7\end{pmatrix},\begin{pmatrix}2\\-1\\-2\end{pmatrix}\right\},\ \mathbb{B}=\left\{\begin{pmatrix}1\\2\\-4\\3\end{pmatrix},\begin{pmatrix}7\\4\\-6\\1\end{pmatrix},\begin{pmatrix}-2\\1\\-3\\4\end{pmatrix}\right\},\ \mathbb{C}=\left\{\begin{pmatrix}-2\\5\\3\\-4\end{pmatrix},\begin{pmatrix}-3\\7\\3\\6\end{pmatrix},\begin{pmatrix}-1\\1\\-3\\-2\end{pmatrix}\right\}$$

a) Erweitern Sie die Menge $\mathbb{A}$ so, dass der ganze $\mathbb{R}^3$ aufgespannt wird.

b) Erweitern Sie die Menge $\mathbb{B}$ so, dass der ganze $\mathbb{R}^4$ aufgespannt wird.

c) Geben Sie eine Basis von $[\mathbb{C}]$ an.

d) Geben Sie die Dimension von $[\mathbb{C}]$ an.

Sie haben keine näheren Angaben über die Mengen $\mathbb{D}$ und $\mathbb{E}$, wissen aber, dass $[\mathbb{D}]$ ein dreidimensionaler und $[\mathbb{E}]$ ein fünfdimensionaler Unterraum des $\mathbb{R}^7$ ist.

e) $\mathbb{F}$ sei die Vereinigungsmenge von $\mathbb{D}$ und $\mathbb{E}$, das heißt $\mathbb{F} = \mathbb{D} \cup \mathbb{E}$. Geben Sie die möglichen Dimensionen von $[\mathbb{F}]$ an.

f) $\mathbb{G}$ sei die Schnittmenge von $\mathbb{D}$ und $\mathbb{E}$, das heißt $\mathbb{G} = \mathbb{D} \cap \mathbb{E}$. $\mathbb{G}$ ist nicht die leere Menge. Geben Sie die möglichen Dimensionen von $[\mathbb{G}]$ an.

Aufgabe 7.16:

$$\mathbb{A} = \left\{ \begin{pmatrix} 1 \\ -2 \\ 0 \\ 3 \end{pmatrix}, \begin{pmatrix} -2 \\ 1 \\ 0 \\ -1 \end{pmatrix}, \begin{pmatrix} -3 \\ 0 \\ 0 \\ a \end{pmatrix}, \begin{pmatrix} b \\ 0 \\ 0 \\ -1 \end{pmatrix} \right\}$$

a) Was muss für $a, b \in \mathbb{R}$ gelten, damit $\mathbb{A}$ einen zweidimensionalen Unterraum des $\mathbb{R}^4$ erzeugt?

b) Kann $\mathbb{A}$ durch entsprechende Wahl von $a, b \in \mathbb{R}$ den $\mathbb{R}^3$ bzw. den $\mathbb{R}^4$ erzeugen?

c) Setzen Sie $a = 1$ und $b = -1$ und bestimmen Sie für diesen Fall die Dimension und eine Basis des von $\mathbb{A}$ erzeugten Unterraums.

Aufgabe 7.17:

$$\mathbb{A} = \left\{ \begin{pmatrix} 0 \\ 3 \\ 3 \\ 6 \end{pmatrix}, \begin{pmatrix} 2 \\ 1 \\ -1 \\ 3 \end{pmatrix}, \begin{pmatrix} 6 \\ -8 \\ -14 \\ -13 \end{pmatrix} \right\}, \quad \mathbb{B} = \left\{ \begin{pmatrix} 6 \\ 1 \\ x \\ 5 \end{pmatrix}, \begin{pmatrix} -4 \\ -3 \\ 1 \\ -7 \end{pmatrix} \right\}$$

a) Welche Dimension besitzt der von $\mathbb{A}$ aufgespannte Unterraum $[\mathbb{A}]$?

b) Bestimmen Sie eine Basis von $[\mathbb{A}]$.

c) Was muss für $x \in \mathbb{R}$ gelten, damit die Vereinigungsmenge $\mathbb{C} = \mathbb{A} \cup \mathbb{B}$ ein Erzeugendensystem des $\mathbb{R}^4$ ist?

d) Was muss für $x \in \mathbb{R}$ gelten, damit die Vereinigungsmenge $\mathbb{C} = \mathbb{A} \cup \mathbb{B}$ ein Erzeugendensystem des $\mathbb{R}^3$ ist?

Aufgabe 7.18:

$$a=\begin{pmatrix}1\\1\\1\\3\end{pmatrix},\ b=\begin{pmatrix}-2\\6\\8\\4\end{pmatrix},\ c=\begin{pmatrix}0\\2\\5/2\\5/2\end{pmatrix},\ d=\begin{pmatrix}3\\-5\\-7\\u\end{pmatrix}$$

a) Für welche $u\in\mathbb{R}$ sind die Vektoren a, b, c, d linear abhängig?

b) Geben Sie in Abhängigkeit von $u\in\mathbb{R}$ eine Basis und die Dimension des von den Vektoren a, b, c, d erzeugten Unterraums $[\mathbb{A}]$ an.

c) Liegt der Vektor $e=(u\quad u\quad u\quad u)^T$ in dem von a, b, c, d erzeugten Unterraum $[\mathbb{A}]$?

Aufgabe 7.19:

$$\mathbb{A}=\left\{\begin{pmatrix}2\\1\\2\\1\end{pmatrix},\begin{pmatrix}1\\-1\\1\\0\end{pmatrix},\begin{pmatrix}0\\6\\0\\2\end{pmatrix}\right\},\ \mathbb{B}=\left\{\begin{pmatrix}-2\\-1\\3\\-0,5\end{pmatrix},\begin{pmatrix}0,5\\2,5\\0,5\\1\end{pmatrix}\right\},\ \mathbb{C}=\left\{\begin{pmatrix}4\\2\\-6\\1\end{pmatrix}\right\}$$

a) Bestimmen Sie eine Basis und die Dimension des von $\mathbb{A}$ erzeugten Unterraums.

b) Erzeugt $\mathbb{A}$ den $\mathbb{R}^2$, den $\mathbb{R}^3$ oder den $\mathbb{R}^4$?

c) Erzeugt $\mathbb{A}\cup\mathbb{B}\cup\mathbb{C}$ den $\mathbb{R}^4$?

d) Gibt es Vektoren $v\in\mathbb{R}^4$ mit $v\neq 0$, welche sowohl von $\mathbb{A}$ als auch von $\mathbb{B}$ erzeugt werden?

Aufgabe 7.20:

$$\mathbb{A}=\left\{\begin{pmatrix}4\\1\\1\end{pmatrix},\begin{pmatrix}3\\1\\2\end{pmatrix},\begin{pmatrix}-1\\-3/2\\-5/2\end{pmatrix}\right\},\ \mathbb{B}=\left\{\begin{pmatrix}5\\-1\\-2\end{pmatrix},\begin{pmatrix}-15\\3\\6\end{pmatrix},\begin{pmatrix}5/2\\-1/2\\-1\end{pmatrix}\right\}$$

a) Welche Dimension besitzt der von $\mathbb{A}$ erzeugte Unterraum $[\mathbb{A}]$? Nennen Sie eine Basis von $[\mathbb{A}]$.

b) Ist $\mathbb{A}$ somit ein Erzeugendensystem des $\mathbb{R}^2$? Oder des $\mathbb{R}^3$?

c) Ist der von $\mathbb{B}$ erzeugte Unterraum $[\mathbb{B}]$ eine Teilmenge des von $\mathbb{A}$ erzeugten Unterraums $[\mathbb{A}]$, gilt somit $[\mathbb{B}] \subseteq [\mathbb{A}]$?

Aufgabe 7.21:

$$\mathbb{A} = \left\{ \begin{pmatrix} 1 \\ -2 \\ -4 \\ -3 \end{pmatrix}, \begin{pmatrix} 4 \\ 1 \\ 2 \\ 0 \end{pmatrix}, \begin{pmatrix} 2 \\ 7 \\ -1 \\ 2 \end{pmatrix}, \begin{pmatrix} 4 \\ -10 \\ -5 \\ -8 \end{pmatrix} \right\}, \quad \mathbb{B} = \left\{ \begin{pmatrix} -17/2 \\ -9 \\ -51/2 \\ -25/2 \end{pmatrix}, \begin{pmatrix} -2 \\ 1/2 \\ -13/2 \\ -2 \end{pmatrix}, \begin{pmatrix} -1 \\ -22 \\ 1 \\ -9 \end{pmatrix} \right\}$$

a) Welche Dimension besitzt der von $\mathbb{A}$ erzeugte Unterraum $[\mathbb{A}]$? Nennen Sie eine Basis von $[\mathbb{A}]$.

b) Erzeugen $\mathbb{B}$ und $\mathbb{A}$ den selben Unterraum, gilt somit $[\mathbb{B}] = [\mathbb{A}]$? Ist der von $\mathbb{B}$ erzeugte Unterraum Teilmenge des von $\mathbb{A}$ erzeugten Unterraums, gilt somit $[\mathbb{B}] \subseteq [\mathbb{A}]$?

Aufgabe 7.22:

$$\mathbb{A} = \left\{ \begin{pmatrix} 1 \\ -4 \\ -3 \\ -2 \end{pmatrix}, \begin{pmatrix} 0 \\ 1 \\ 1 \\ 3 \end{pmatrix}, \begin{pmatrix} 4 \\ -2 \\ -3 \\ -5 \end{pmatrix}, \begin{pmatrix} 1 \\ 8 \\ 4 \\ -5 \end{pmatrix} \right\}, \quad \mathbb{B} = \left\{ \begin{pmatrix} -2 \\ -4 \\ -1 \\ 7 \end{pmatrix}, \begin{pmatrix} 4 \\ 0 \\ -1 \\ 1 \end{pmatrix}, \begin{pmatrix} 0 \\ -19 \\ -23/2 \\ 3/2 \end{pmatrix} \right\}, \quad \mathbb{C} = \left\{ \begin{pmatrix} 3 \\ 1 \\ 4 \\ 0 \end{pmatrix}, \begin{pmatrix} -2 \\ 1 \\ 2 \\ 2 \end{pmatrix} \right\}$$

Überprüfen Sie, ob die Unterräume Teilmengen von $[\mathbb{A}]$ sind.

a) Gilt $\mathbb{R}^3 \subseteq [\mathbb{A}]$?

b) Gilt $\mathbb{R}^4 \subseteq [\mathbb{A}]$?

c) Gilt $[\mathbb{B}] \subseteq [\mathbb{A}]$?

d) Gilt $[\mathbb{C}] \subseteq [\mathbb{A}]$?

Aufgabe 7.23:

$$\begin{array}{rcrcrcrcl} x_1 & + & x_2 & + & x_3 & + & 6x_4 & = & 0 \\ -2x_1 & & & - & 6x_3 & + & 6x_4 & = & 0 \\ -x_1 & + & 2x_2 & - & 7x_3 & + & 2x_4 & = & 0 \\ 7x_1 & + & 3x_2 & + & 15x_3 & + & 6x_4 & = & 0 \end{array}$$

a) Lösen Sie das LhGS.

b) Geben Sie die Dimension der Lösungsmenge an.

c) Geben Sie eine Basis der Lösungsmenge an.

Aufgabe 7.24:

$$\begin{array}{rcrcrcrcl} x_1 & + & x_2 & + & x_3 & + & x_4 & = & 0 \\ x_1 & + & 2x_2 & + & 3x_3 & + & 4x_4 & = & 0 \\ 2x_1 & + & 3x_2 & + & 4x_3 & + & 5x_4 & = & 0 \\ & & x_2 & + & 2x_3 & + & 3x_4 & = & 0 \end{array}$$

a) Lösen Sie das LhGS.

b) Bestimmen Sie eine Basis und die Dimension von $\mathbb{L}_h$.

c) Liegt der Vektor $x = \begin{pmatrix}1 & 1 & 1 & 1\end{pmatrix}^T$ in $\mathbb{L}_h$?

Aufgabe 7.25:

$$\begin{array}{rcrcrcrcl} 0{,}5x_1 & - & x_2 & - & 1{,}5x_3 & + & 0{,}5x_4 & = & 0 \\ x_1 & + & x_2 & - & 2x_3 & & & = & 0 \\ 2{,}5x_1 & + & 8{,}5x_2 & - & 3x_3 & - & 2x_4 & = & 0 \\ 2x_1 & + & 5x_2 & - & 3x_3 & - & x_4 & = & 0 \end{array}$$

a) Geben Sie die Lösungsmenge des LGS an.

b) Geben Sie eine Basis und die Dimension der Lösungsmenge an.

Aufgabe 7.26:

$$\begin{array}{rcrcrcrcrcl} x_1 & + & 2x_2 & + & 3x_3 & + & 4x_4 & + & 5x_5 & = & 0 \\ -2x_1 & + & 3x_2 & + & 4x_3 & & & - & 4x_5 & = & 0 \\ 4x_1 & + & x_2 & + & 8x_3 & + & 4x_4 & + & 4x_5 & = & 0 \\ -3x_1 & + & 8x_2 & + & 5x_3 & + & 8x_4 & + & 7x_5 & = & 0 \end{array}$$

a) Lösen Sie das LhGS.

b) Bestimmen Sie eine Basis und die Dimension von $\mathbb{L}_h$.

c) Geben Sie an, welchen Raum die Lösungsmenge erzeugt. Formulieren Sie dabei wie folgt: "Die Lösungsmenge bildet einen n-dimensionalen Unterraum des $\mathbb{R}^m$".

Aufgabe 7.27:

$$\begin{array}{rcrcrcrcrcl} 2x_1 & - & 0{,}5x_2 & + & x_3 & - & x_4 & + & 2{,}5x_5 & = & 0 \\ x_1 & + & 0{,}5x_2 & + & 2x_3 & - & 3{,}5x_4 & + & 5x_5 & = & 0 \\ 6x_1 & + & 2x_2 & + & 2x_3 & + & 7x_4 & + & 21x_5 & = & 0 \\ & & x_2 & - & x_3 & + & 5x_4 & + & 3{,}5x_5 & = & 0 \end{array}$$

a) Bestimmen Sie die Lösungsmenge des obigen Gleichungssystems.

b) Ermitteln Sie die Dimension und eine Basis des Lösungsraums.

c) Handelt es sich bei der Lösungsmenge um einen Unterraum des $\mathbb{R}^5$?

Aufgabe 7.28:

$$\begin{array}{rcrcrcrcrcl} x_1 & + & 3x_2 & + & 9x_3 & - & x_4 & + & 2x_5 & = & 0 \\ -5x_1 & + & x_2 & + & 3x_3 & - & 11x_4 & - & 10x_5 & = & 0 \\ 2x_1 & + & x_2 & + & 3x_3 & + & 3x_4 & + & 4x_5 & = & 0 \\ 3x_1 & - & 2x_2 & - & 6x_3 & + & 8x_4 & + & 6x_5 & = & 0 \end{array}$$

a) Bestimmen Sie die Lösungsmenge des obigen Gleichungssystems.

b) Bestimmen Sie eine Basis und die Dimension von $\mathbb{L}_h$.

$$\mathbb{A} = \left\{ \begin{pmatrix} 0 & 8 & 4 & 1 & 3 \end{pmatrix}^T, \begin{pmatrix} -8 & -7 & 3 & a & 2 \end{pmatrix}^T \right\}$$

c) Für welche $a \in \mathbb{R}$ ist $\mathbb{C} = \mathbb{A} \cup \mathbb{L}_h$ ein EZS des $\mathbb{R}^5$?

d) Für welche $a \in \mathbb{R}$ ist $\mathbb{C} = \mathbb{A} \cup \mathbb{L}_h$ ein EZS des $\mathbb{R}^4$?

Aufgabe 7.29:

$$\begin{array}{rcrcrcrcl} 2x_1 & + & 3x_2 & & & + & 4x_4 & = & 0 \\ 2x_1 & + & x_2 & + & 4x_3 & - & x_4 & = & 0 \\ 4x_1 & - & 2x_2 & + & 16x_3 & - & 14x_4 & = & 0 \\ x_1 & - & x_2 & + & 5x_3 & - & 5x_4 & = & 0 \end{array}$$

a) Lösen Sie das LhGS.

b) Bestimmen Sie eine Basis und die Dimension von $\mathbb{L}_h$.

$$\mathbb{A} = \left\{ \begin{pmatrix} 98 \\ 19 \\ 15 \\ 2 \end{pmatrix}, \begin{pmatrix} 132 \\ 1 \\ 45 \\ 0 \end{pmatrix}, \begin{pmatrix} 0 \\ -1 \\ -1 \\ 0 \end{pmatrix} \right\}$$

c) Bildet die Vereinigungsmenge von $\mathbb{L}_h$ und $\mathbb{A}$ eine Basis des $\mathbb{R}^4$?

Aufgabe 7.30:

$$\mathbb{A} = \left\{ \begin{pmatrix} 1 & 1 & 2 & 3 & 0 \end{pmatrix}^T, \begin{pmatrix} 2 & 0 & 1 & 1 & 1 \end{pmatrix}^T \right\}$$

a) Geben Sie ein LhGS mit unendlich vielen Lösungen an, dessen Lösungsmenge $\mathbb{A}$ zur Basis hat.

b) Bestimmen Sie die Lösung des Gleichungssystems, nachdem Sie das LhGS um die Gleichung $2x_1 + 4x_2 - 2x_3 + 3x_4 = 1$ ergänzt haben.

c) Handelt es sich bei der Lösungsmenge des Gleichungssystems aus b) um einen Unterraum des $\mathbb{R}^5$? Falls ja, geben Sie eine Basis und die Dimension des Unterraums an.

Aufgabe 7.31:

$$\mathbb{A} = \left\{ \begin{pmatrix} 1 \\ 3 \\ 2 \\ 4 \end{pmatrix}, \begin{pmatrix} 0 \\ 2 \\ 1 \\ 1 \end{pmatrix}, \begin{pmatrix} -\frac{1}{2} \\ 3 \\ 1 \\ 0 \end{pmatrix}, \begin{pmatrix} 3 \\ -2 \\ 1 \\ 7 \end{pmatrix} \right\}, \quad \mathbb{B} = \left\{ \begin{pmatrix} 1 \\ \frac{1}{2} \\ 1 \\ 3 \end{pmatrix}, \begin{pmatrix} 1 \\ 0 \\ -1 \\ 2 \end{pmatrix}, \begin{pmatrix} 2 \\ \frac{1}{2} \\ 0 \\ 5 \end{pmatrix} \right\}$$

a) Ist $\mathbb{B}$ eine Basis von $[\mathbb{A}]$?

b) Sind $\mathbb{A}$, oder $\mathbb{B}$, oder sowohl $\mathbb{A}$ als auch $\mathbb{B}$ ein Erzeugendensystem der Lösungsmenge des nachfolgenden LhGS?

$$\begin{array}{rcrcrcrcl} -3x_1 & + & 22x_2 & - & 5x_3 & - & x_4 & = & 0 \\ x_1 & + & 6x_2 & - & x_3 & - & x_4 & = & 0 \\ 2x_1 & - & 3x_2 & + & x_3 & - & \frac{1}{2}x_4 & = & 0 \\ & & 10x_2 & - & 2x_3 & - & x_4 & = & 0 \end{array}$$

Aufgabe 7.32:

$$\begin{array}{rcrcl} -2x_1 & & & = & 2ab \\ x_1 & + & 2ax_2 & = & a+b-1 \end{array}$$

a) Bestimmen Sie die Lösung des Gleichungssystems in Abhängigkeit der Parameter $a, b \in \mathbb{R}$.

b) Geben Sie die Lösung des LGS für $a = -1$ und $b = 1$ an.

c) Für welche Werte der Parameter $a, b \in \mathbb{R}$ ist die Lösung des Gleichungssystems ein Unterraum des $\mathbb{R}^1$?

d) Für welche Werte der Parameter $a, b \in \mathbb{R}$ ist die Lösung des Gleichungssystems ein Unterraum des $\mathbb{R}^2$?

Aufgabe 7.33:

Gegeben seien die beiden folgenden linearen Gleichungssysteme:

LGS 1:

$$\begin{aligned} -2x_1 &+ x_2 &+ 4x_3 &= 0 \\ 3x_1 &+ 6x_2 &- 4x_3 &= 0 \\ 7x_1 &+ 2x_2 &+ 12x_3 &= 0 \end{aligned}$$

LGS 2:

$$\begin{aligned} -0{,}5x_1 &- x_2 &+ 3x_3 &= 0 \\ x_1 &+ 2x_2 &- 4x_3 &= 0 \\ x_1 &+ 2x_2 & &= 0 \end{aligned}$$

a) Lösen Sie die beiden obigen LGS.

b) Geben Sie eine Basis und die Dimension der unter Teilaufgabe a) berechneten Lösungen an.

c) Geben Sie, falls möglich, eine Basis und die Dimension eines Unterraums $\mathbb{U}$ an, welcher nur diejenigen Vektoren enthält, die

   i) entweder das LGS 1 oder das LGS 2 erfüllen.

   ii) sowohl das LGS 1 oder das LGS 2 erfüllen.

8 Lineare Optimierung

8.1 Aufstellen eines vollständigen linearen Programms

Abschließend wenden wir uns der linearen Optimierung zu. Hierbei ist stets eine Zielfunktion gegeben, welche unter vorgegebenen Restriktionen optimiert werden soll. Im Rahmen der linearen Optimierung sind sowohl die Zielfunktion als auch die Restriktionen linear. Dies bedeutet, dass die auftretenden Variablen unter anderem nicht quadratisch eingehen und nicht miteinander multipliziert werden.

Die lineare Optimierung ist eines der Hauptverfahren zur Optimierung betrieblicher Probleme. Sie findet Anwendung in verschiedensten operativen und strategischen Fragestellungen aus den Gebieten Logistik, Produktion, Finanzierung und Marketing. Mit dem Simplex-Verfahren, das in diesem Kapitel ausführlich behandelt wird, lassen sich unter Verwendung geeigneter Software selbst Probleme mit hunderttausenden Variablen und Nebenbedingungen in kürzester Zeit lösen.

Definition 8-1: Vollständiges lineares Programm

Ein vollständiges lineares Programm ist ein über die nachfolgenden vier Punkte spezifiziertes Optimierungsproblem:

- Entscheidungsvariablen (EV):
  Hier werden alle im Optimierungsproblem auftretenden Variablen aufgeführt und deren Bedeutung exakt definiert. Die Entscheidungsvariablen lassen sich in einem Vektor $x = (x_1 \ \cdots \ x_n)^T$ zusammenfassen.

- Zielfunktion (ZF):

  Die Zielfunktion wird als Funktion der Entscheidungsvariablen aufgestellt. Der Wert der linearen Zielfunktion ergibt sich dabei jeweils durch die Multiplikation des Vektors der Zielfunktionskoeffizienten $c = (c_1 \ \cdots \ c_n)$ mit dem Vektor der Entscheidungsvariablen zu $z = c \cdot x$.

- Nebenbedingungen/Restriktionen (NB):

  Auch in die linearen Nebenbedingungen gehen die Entscheidungsvariablen ein. Falls sich die Relationszeichen der Nebenbedingungen entsprechen, lässt sich die Koeffizientenmatrix eines Systems linearer Nebenbedingungen

$$A = \begin{pmatrix} a_{11} & \cdots & a_{1j} & \cdots & a_{1n} \\ \vdots & \ddots & \vdots & & \vdots \\ a_{i1} & \cdots & a_{ij} & \cdots & a_{in} \\ \vdots & & \vdots & \ddots & \vdots \\ a_{m1} & \cdots & a_{mj} & \cdots & a_{mn} \end{pmatrix}$$

  in Kombination mit dem Kapazitätsvektor der Nebenbedingungen $b = (b_1 \ \cdots \ b_m)^T$ in Matrixschreibweise vereinfacht darstellen als $A \cdot x \leq b$, $A \cdot x = b$ bzw. $A \cdot x \geq b$.

- Nichtnegativitätsbedingung (NNB):

  Aus Plausibilitätsgründen wird vorausgesetzt, dass keine Entscheidungsvariable einen negativen Wert annimmt, also $x \geq 0$.

Alle Vektoren x, welche die NBs und die NNBs erfüllen, bilden eine zulässige Lösung des Optimierungsproblems. Findet sich zu einem zulässigen Lösungsvektor x kein anderer zulässiger Lösungsvektor, der zu einem höheren (Maximierungsproblem) bzw. niedrigeren (Minimierungsproblem) Zielfunktionswert führt, handelt es sich bei diesem Vektor um eine optimale Lösung.

Beispiel 8-1: Formulierung eines Entscheidungsproblems als lineares Programm

Nach anhaltenden Beschwerden über die Qualität des Biers auf den Feten Ihrer hiesigen Universität haben Sie kurzerhand mit einigen Kommilitonen eine eigene Kleinbrauerei gegründet. Aufgrund Ihres mathematischen Talents sind Sie für die Produktionsplanung der Eichenzapfen AG verantwortlich. Die Eichenzapfen AG bietet zwei verschiedene Biersorten an: Ein billiges Partybier, das zu 2 € pro Liter verkauft wird und ein teures Premiumbier, das an Kommilitonen mit hoher Zahlungsbereitschaft zu 5 € pro Liter verkauft werden soll. Ihre Fertigungskapazität für Partybier beträgt 5.000 Liter pro Woche, während Sie vom Premiumbier nur 4.000 Liter pro Woche herstellen können. Beide Biersorten müssen anschließend noch abgefüllt und verpackt werden. Neben Ihrem Studium können Sie und Ihre Mitstreiter allerdings maximal 16 Stunden pro Woche opfern. Sie kalkulieren, dass Sie 2 Stunden für je 1.000 Liter Partybier benötigen, während das Abfüllen und Verpacken des exklusiven Premiumbiers 3 Stunden pro 1.000 Liter in Anspruch nimmt. Sie wollen die Produktionsplanung so durchführen, dass der Erlös der Eichenzapfen AG maximiert wird.

Das Problem lässt sich wie folgt als lineares Optimierungsproblem formulieren:

- Entscheidungsvariablen:

  x_1 := Produktionsmenge Partybier (in 1.000 l)

  x_2 := Produktionsmenge Premiumbier (in 1.000 l)

- Zielfunktion:

  $z = 2x_1 + 5x_2 \rightarrow \max$ (mit z als Erlös in 1.000 €)

- Nebenbedingungen:

  $x_1 \leq 5$

  $x_2 \leq 4$

$2x_1 + 3x_2 \leq 16$

- Nichtnegativitätsbedingung:

$x_1, x_2 \geq 0$

Abschnitt 8.2 zeigt, wie bei einem Optimierungsproblem mit zwei EVs alle optimalen Lösungen graphisch gefunden werden können. Die folgenden Abschnitte behandeln das wichtigste analytische Verfahren zu deren Lösung, den Simplex-Algorithmus, in zwei Varianten. Die Abschnitte 8.3 bis 8.5 zeigen mit dem primalen Simplex-Algorithmus die Variante auf, anhand derer bestimmte Maximierungsprobleme, die so genannten Standardmaximierungsprobleme, analytisch gelöst werden können. Die zweite Variante, der duale Simplex-Algorithmus, wird abschließend in Abschnitt 8.6 behandelt.

8.2 Graphische Lösung

Die graphische Darstellung linearer Programme beschränkt sich im Folgenden auf Optimierungsprobleme mit zwei EVs. Die möglichen Lösungen entstammen dann dem $\mathbb{R}^2$ und können in einem zweidimensionalen Koordinatensystem abgetragen werden. Die EVs sind im Folgenden mit x_1 und x_2 bezeichnet. Existieren keinerlei Restriktionen, bilden alle denkbaren Kombinationen von x_1 und x_2 eine zulässige Lösung des Optimierungsproblems. Die gesamte x_1-x_2-Ebene bildet dann den Lösungsraum. Jede Ungleichung beschränkt die zulässigen Lösungen jeweils auf eine Halbebene, welche durch die Gerade begrenzt wird, die sich durch Ersetzen des Ungleichheitszeichens durch ein Gleichheitszeichen ergibt. Die Punkte, die in allen Halbebenen liegen, bilden die zulässigen Lösungen. Diese Lösungsmenge (Schnittmenge der Halbebenen) ist im Allgemeinen ein Vieleck, der so genannte Simplex.

Bei den nachfolgend aufgeführten Beispielen gilt neben den ausdrücklich genannten Restriktionen stets die Nichtnegativitätsbedingung $x_1, x_2 \geq 0$.

Beispiel 8-2: Graphische Darstellung des Simplex

Betrachtet werden die Restriktionen der Eichenzapfen AG aus Beispiel 8-1. Zunächst werden die Nebenbedingungen nach x_2 bzw. x_1 aufgelöst, um sie leicht einzeichnen zu können. Die eingezeichneten Geraden $x_1 = 5$, $x_2 = 4$ und $x_2 = {}^{16}\!/_3 - {}^{2}\!/_3 x_1$ begrenzen den Bereich der zulässigen Lösungen, den Simplex. Alle x_1-x_2-Kombinationen, die sich auf dem Rand oder innerhalb des Simplex befinden, stellen zulässige Lösungen für das Optimierungsproblem dar. Sie beschreiben die realisierbaren Produktionsmöglichkeiten der Eichenzapfen AG.

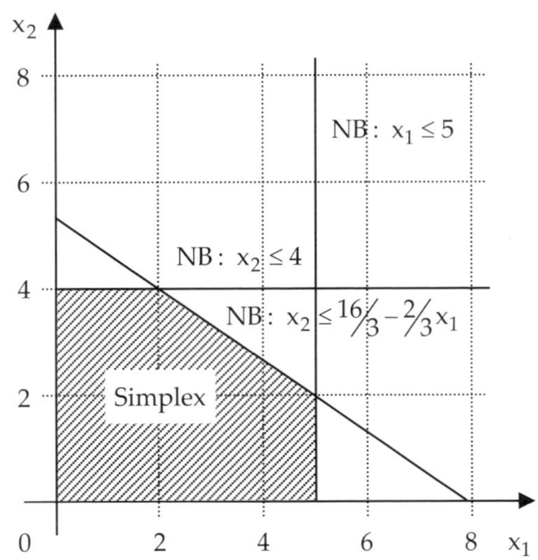

Die optimale Lösung wird durch eine Parallelverschiebung der mit $z = 0$ graphisch abgetragenen ZF bestimmt. Dabei ist der Zielfunktionswert z derart zu optimieren (zu maximieren bzw. zu minimieren), dass der Simplex gerade noch tangiert wird. Jeder Tangentialpunkt dieser (in z optimierten) Geraden mit dem Simplex ist dann eine optimale Lösung des linearen Optimierungsproblems. Tangentialpunkte befinden sich dabei immer (wenn auch nicht ausschließlich) in den Eckpunkten des Simplex.

Für die Lösung eines linearen Programms sind mehrere Arten der Lösbarkeit möglich, welche anhand der nachfolgenden Beispiele erörtert werden.

Beispiel 8-3: Eindeutige Lösung

Es wird der in Beispiel 8-2 beschriebene Simplex eingezeichnet. Anschließend wird auch die ZF der Eichenzapfen AG umgeformt und in das Diagramm eingetragen. Dabei wird z maximiert, die ZF muss lediglich den zulässigen Bereich gerade noch tangieren. Als umgeformte ZF ergibt sich $x_2 = \frac{1}{5}z - \frac{2}{5}x_1$. Der x_2-Achsenabschnitt dieser Geraden $\left(\frac{1}{5}z\right)$ ist von z abhängig, die Steigung $\left(-\frac{2}{5}\right)$ hingegen ist von z unabhängig. Hieraus ist auch ersichtlich, dass das Auffinden der optimalen Lösung durch eine Parallelverschiebung der Zielfunktionsgeraden geschieht.

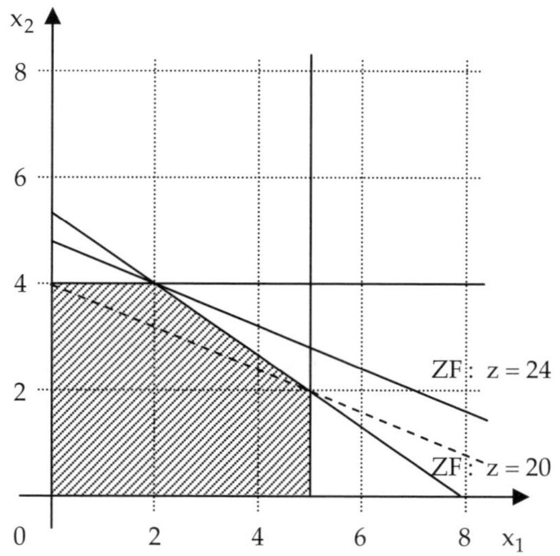

Die Punkte $x_1 = 0$, $x_2 = 4$ und $x_1 = 5$, $x_2 = 2$, für welche die Zielfunktion jeweils den Wert $z = 20$ annimmt, können beispielsweise keine optimale Lösungen des linearen Programms darstellen. Eine weitere Parallelverschiebung der Zielfunktion und damit eine Erhöhung des Zielfunktionswertes sind hier noch möglich. Die optimale Lösung, und damit das optimale Produktionsprogramm, für das Maximierungsproblem ist im Tangentialpunkt ablesbar und lautet hier $x_1 = 2$, $x_2 = 4$. Der Maximalwert der Zielfunktion ergibt sich durch Einsetzen dieser beiden Werte in die Zielfunktion zu $z = 2 \cdot 2 + 4 \cdot 5 = 24$. Generell gilt, dass die optimalen Lösungen immer in den Ecken des Simplex liegen.

Liegen die Restriktionen ungünstig, so ist es auch möglich, dass keine zulässige Lösung existiert. Der Simplex ist dann leer.

Beispiel 8-4: Keine Lösung

Sie überlegen, einen Liefervertrag in Höhe von mindestens 8.000 Liter Bier pro Woche abzuschließen, wobei beide Biersorten geliefert werden können. In diesem Fall wäre zusätzlich die Restriktion $x_1 + x_2 \geq 8$ zu berücksichtigen. Allerdings wird der Simplex dann durch eine leere Menge beschrieben. Unabhängig von der Zielfunktion lässt sich hier keine zulässige Lösung finden. Der Vertrag wäre also mit den vorhandenen Möglichkeiten der Eichenzapfen AG nicht erfüllbar.

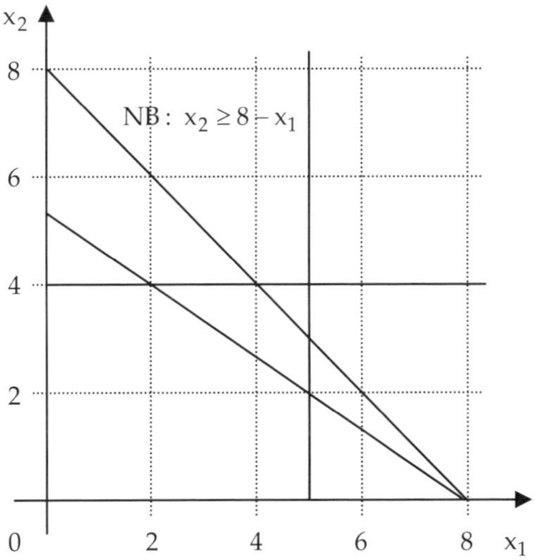

Ist der zulässige Bereich nicht leer, aber auch nicht bezüglich x_1 und x_2 beschränkt, so lässt sich bei einem Maximierungsproblem keine Lösung finden, die nicht von einer anderen dominiert wird. Der Zielfunktionswert kann dann unbegrenzt erhöht werden.

Beispiel 8-5: Unendlich viele Lösungen, unbegrenzter Zielfunktionswert

Unendlich viele Lösungen bei unbegrenztem Zielfunktionswert ergeben sich beispielsweise, wenn die Restriktionen der Eichenzapfen AG ausschließlich durch die Nebenbedingung $x_1 \leq 5$ beschrieben werden. Der Simplex ist in diesem Fall nicht nach oben beschränkt, der Zielfunktionswert kann unbegrenzt durch die Verschiebung der Zielfunktion nach oben erhöht werden. Die Nebenbedingung $x_1 \leq 5$ und die Zielfunktion $z = 2x_1 + 5x_2 \rightarrow \max$ lassen unendlich viele zulässige Lösungen zu, eine optimale Lösung kann jedoch nicht bestimmt werden. Es ist leicht ersichtlich, dass ein derartiges Problem ökonomisch nicht realistisch ist und in der Praxis aus Fehlern bei der Problemformulierung resultieren würde, in diesem Fall durch das Vergessen von Nebenbedingungen.

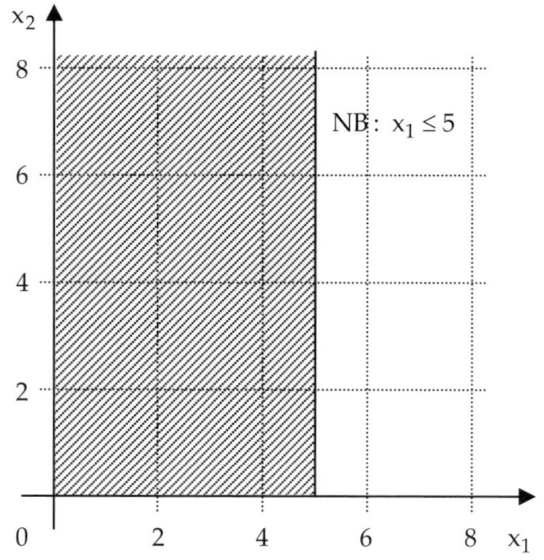

Ist der zulässige Bereich nicht leer und bezüglich x_1 und x_2 beschränkt, können auch unendlich viele optimale Lösungen existieren. In diesem Fall nehmen die EVs verschiedene Werte innerhalb eines Intervalls an, der Zielfunktionswert ist jedoch immer gleich.

Beispiel 8-6: Unendlich viele Lösungen, eindeutiger Zielfunktionswert

Sie haben beschlossen, den Preis für Premiumbier auf 3 € zu verringern, da Ihre Preisgestaltung für zunehmenden Unmut auf den Unifeten sorgt. Formal ändert sich in diesem Fall die Zielfunktion, während die drei Nebenbedingungen dagegen unverändert bleiben. Bei Maximierung der modifizierten Zielfunktion $z = 2x_1 + 3x_2 \rightarrow \max$ führen alle Punkte auf der Strecke von $x = \begin{pmatrix}2 & 4\end{pmatrix}^T$ bis $x = \begin{pmatrix}5 & 2\end{pmatrix}^T$ zum gleichen, maximal möglichen Zielfunktionswert $z = 16$. Die Lösungsmenge lässt sich darstellen als $\mathbb{L} = \left\{\begin{pmatrix}x_1 & 16/3 - 2/3\, x_1\end{pmatrix}^T, x_1 \in [2;5]\right\}$.

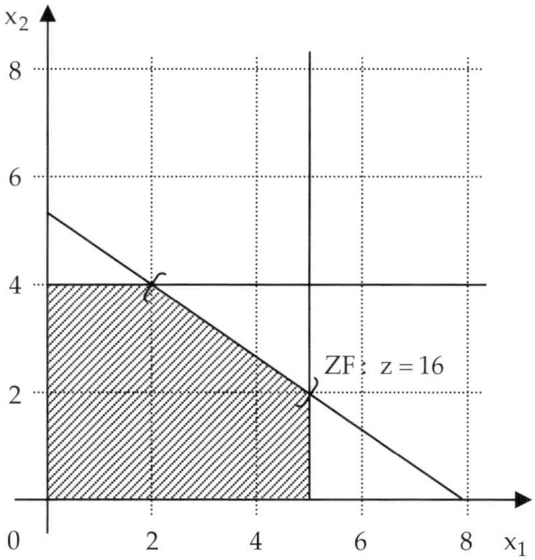

Auch hier liegen die optimalen Lösungen in den Ecken des Simplex. Allerdings sind es mit $x = \begin{pmatrix}2 & 4\end{pmatrix}^T$ und $x = \begin{pmatrix}5 & 2\end{pmatrix}^T$ zwei Ecken, die optimale Lösungen darstellen, und dementsprechend sind auch alle Punkte (Konvexkombinationen) zwischen diesen beiden Ecken optimale Lösungen.

8.3 Der primale Simplex-Algorithmus

Bestimmte lineare Programme, die Standardmaximierungsprobleme, lassen sich mithilfe des primalen Simplex-Algorithmus systematisch lösen.

Definition 8-2: Standardmaximierungsproblem

Ein lineares Optimierungsproblem heißt Standardmaximierungsproblem, wenn es die Form hat:

- $z = c \cdot x$
- $A \cdot x \leq b$ mit $b \geq 0$
- $x \geq 0$

Alternativ findet sich häufig auch die folgende Summenschreibweise für ein Standardmaximierungsproblem mit n Entscheidungsvariablen und m Nebenbedingungen:

- $z = \sum_{i=1}^{n} c_i \cdot x_i$
- $\sum_{j=1}^{n} a_{ij} \cdot x_i \leq b_j$ für $j = 1,...,m$
- $x_i \geq 0$ für $i = 1,...,n$

Dabei ist anzumerken, dass sich eine zu minimierende Zielfunktion $z = c \cdot x$ durch die zu maximierende Zielfunktion $-z = -c \cdot x$ ersetzten lässt und umgekehrt. Weiterhin gilt, dass eine $\geq$-Restriktion durch Multiplikation beider Seiten mit -1 in eine $\leq$-Restriktion umgeformt werden kann.

Beispiel 8-7: Standardmaximierungsproblem

Das Optimierungsproblem der Eichenzapfen AG stellt folglich ein Standardmaximierungsproblem dar:

$$z = 2x_1 + 5x_2 \rightarrow \max$$

$$\begin{array}{rcrcr} x_1 & & & \leq & 5 \\ & & x_2 & \leq & 4 \\ 2x_1 & + & 3x_2 & \leq & 16 \\ x_1 & , & x_2 & \geq & 0 \end{array}$$

Vor Anwendung des Simplex-Verfahrens wird das Ungleichungssystem zunächst in ein LGS überführt, indem pro Nebenbedingung eine Schlupfvariable $s_j \geq 0$ eingeführt wird. s_j nimmt dabei die nicht benötigte Kapazität in Restriktion j ein, die nach der Festlegung von x noch verbleibt, um die auf der rechten Seite stehende Begrenzung der Restriktion zu erreichen.

Beispiel 8-8: Umwandlung des Standardmaximierungsproblems

Das Maximierungsproblem der Eichenzapfen AG hat nach Einführung der drei Schlupfvariablen die Form:

$$\begin{array}{rcrcrcrcrcr} x_1 & & & + & s_1 & & & & & = & 5 \\ & & x_2 & & & + & s_2 & & & = & 4 \\ 2x_1 & + & 3x_2 & & & & & + & s_3 & = & 16 \end{array}$$

In Matrixform lässt sich das LGS darstellen als:

$$\begin{pmatrix} 1 & 0 & 1 & 0 & 0 \\ 0 & 1 & 0 & 1 & 0 \\ 2 & 3 & 0 & 0 & 1 \end{pmatrix} \cdot \begin{pmatrix} x_1 \\ x_2 \\ s_1 \\ s_2 \\ s_3 \end{pmatrix} = \begin{pmatrix} 5 \\ 4 \\ 16 \end{pmatrix}$$

Wählt man für x beispielsweise $x = \begin{pmatrix} 2 & 4 \end{pmatrix}^T$, so nehmen die Schlupfvariablen die Werte $s = \begin{pmatrix} 3 & 0 & 0 \end{pmatrix}^T$ an.

Die zulässigen Lösungen bestehen sowohl aus den Entscheidungsvariablen als auch aus den Schlupfvariablen.

Der primale Simplex-Algorithmus ist ein algebraisches Lösungsverfahren. Die Grundidee des Verfahrens lässt sich allerdings auch geometrisch veranschaulichen. Aus der graphischen Lösung des linearen Programms in Abschnitt 8.2 wurde ersichtlich, dass sich eine optimale Lösung immer auf dem Rand des Simplex befinden muss. Weiterhin gilt, dass sich optimale Lösungen immer in den Eckpunkten des Simplex befinden.

Beispiel 8-9: Geometrische Interpretation des primalen Simplex-Algorithmus

Die in der Grafik eingezeichneten Eckpunkte kommen als optimale Lösungen des Optimierungsproblems der Eichenzapfen AG in Frage.

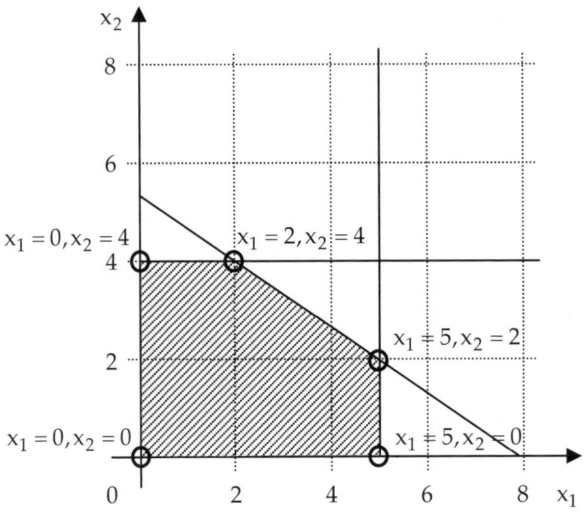

In jedem Schritt des primalen Simplex-Algorithmus wird eine Ecke des Simplex auf Optimalität überprüft. Ist die entsprechende Lösung nicht optimal, bestimmt das Verfahren eine neue Ecke des Simplex, die dann erneut überprüft wird. Dies geschieht solange, bis der Algorithmus die optimale Lösung gefunden hat.

Diese Eckpunkte werden durch die Werte der Entscheidungs- und Schlupfvariablen beschrieben. Das primale Simplex-Verfahren sucht, ausgehend von einer ersten zulässigen Lösung, solange die Ecken des Simplex iterativ ab, bis eine optimale Lösung gefunden wird.

Im Verlauf des Simplex-Verfahrens werden zulässige Lösungen innerhalb von Simplex-Tableaus dargestellt. Zur Erstellung des Anfangstableaus wird die Koeffizientenmatrix der Nebenbedingungen auf der linken Seite um eine Spalte, die Basisvariablen enthält, und auf der rechten Seite um eine Spalte, die die Kapazitäten enthält, erweitert. Als Basisvariablen werden die Variablen bezeichnet, nach welchen die einzelnen Zeilen des Tableaus pivotisiert sind, so dass im Anfangstableau gerade die Schlupfvariablen die Basisvariablen darstellen. Die die Basisvariablen umfassende erste Spalte des Simplextableaus heißt Basis. Innerhalb der Tableaudarstellung werden den Basisvariablen diejenigen Werte zugeordnet, die in derselben Zeile in der ergänzten rechten Spalte stehen. Die sich nicht in der Basis befindenden Variablen nehmen den Wert Null an. Über die Basis wird somit jeweils eine zulässige Lösung des Maximierungsproblems dargestellt. Zudem wird das Simplextableau nach unten hin um die mit negativem Vorzeichen versehenen Zielfunktionskoeffizienten erweitert. Unterhalb der Schlupfvariablen befinden sich im Anfangstableau Nullen in der Zielfunktionszeile. Der zu den jeweiligen zulässigen Lösungen gehörende Zielfunktionswert lässt sich unterhalb des Kapazitätenvektors ablesen und ist im Anfangstableau Null.

Beispiel 8-10: Aufstellen des Anfangstableaus

In Fortführung des Beispiels ergibt sich als Anfangstableau:

Basis	x_1	x_2	s_1	s_2	s_3	
s_1	1	0	1	0	0	5
s_2	0	1	0	1	0	4
s_3	2	3	0	0	1	16
Z	–2	–5	0	0	0	0

Die im Anfangstableau ablesbare zulässige Lösung lautet $x_1 = 0$, $x_2 = 0$ (keine der Entscheidungsvariablen ist in der Basis, somit nehmen alle den Wert Null an), $s_1 = 5$, $s_2 = 4$, $s_3 = 16$ (alle Kapazitäten sind vollständig frei), $z = 0$ (verständlicherweise, da die Entscheidungsvariablen allesamt Null sind).

Das Anfangstableau wird nun so lange nach einer bestimmten Vorgabe streng pivotisiert, bis in der Zielfunktionszeile keine negativen Koeffizienten mehr enthalten sind. Da in der Basis stets diejenigen Variablen stehen, deren Spalten pivotisiert sind, ändern sich die Variablen in der Basis im Laufe der Pivotisierung. Mit jeder nach Vorgabe des Algorithmus erfolgten Pivotisierung, einem so genannten Simplex-Schritt, erhöht sich der Zielfunktionswert (in Ausnahmefällen kann er gleich bleiben), solange negative Elemente in der Zielfunktionszeile existieren. Folglich endet die Pivotisierung, sobald alle Elemente in der Zielfunktionszeile größer oder gleich Null sind. Der optimale Wert für die Zielfunktion und die optimalen Werte für die Entscheidungs- und Schlupfvariablen sind dann gefunden.

Bei jedem Simplex-Schritt wird zunächst die Pivotspalte anhand des kleinsten Elements in der Zielfunktionszeile ausgewählt. Die Pivotzeile wird durch die Division der Elemente der ergänzten rechten Spalte durch die entsprechenden Koeffizienten der Pivotspalte bestimmt (allerdings nur, falls diese positiv sind). Als Pivotzeile ist diejenige Zeile zu wählen, die den kleinsten Quotienten aufweist. Die Pivotspalte bestimmt dabei die Variable, die neu in die Basis eintritt, während durch die Pivotzeile diejenige Basisvariable ausgewählt wird, welche die Basis im Rahmen des aktuellen Simplex-Schritts verlässt. Die Werte in der Zielfunktionszeile des Simplextableaus können in jedem Simplex-Schritt folgendermaßen interpretiert werden: Der mit -1 multiplizierte Wert der Elemente in der Zielfunktionszeile gibt an, um welchen Wert sich die Zielfunktion erhöht, wenn die entsprechende Variable um eine marginale Einheit erhöht wird. Negative Elemente in der Zielfunktionszeile zeigen also an, dass die aktuelle Lösung durch Erhöhung der Variable verbessert werden kann. Es wird deshalb immer die Variable als neue Basisvariable ausgewählt, die den kleinsten (negativen) Wert aufweist und somit die größte Verbesserung der Zielfunktion pro Einheit verspricht. Stehen keine negativen Werte mehr in der Zielfunktionszeile, kann die aktuelle Lösung nicht mehr durch Hereinnahme einer neuen Variablen in die Basis verbessert werden. Die Lösung ist dann optimal.

Beispiel 8-11: Anwendung des primalen Simplex-Algorithmus

Nachfolgend ist der Verlauf des primalen Simplex-Algorithmus für obiges Beispiel dargestellt. Als neue Basisvariable wird im Anfangstablau x_2 ausgewählt, da das zu der entsprechenden Pivotspalte gehörende Element in der Zielfunktionszeile den kleinsten Wert hat. Für x_2 verlässt die Variable s_2 die Basis, da der Quotient in der entsprechenden Pivotzeile den kleinsten Wert aufweist. Das erste Element in der Pivotspalte hat dagegen keinen positiven Wert, weswegen hier auch kein Quotient berechnet wird.

Basis	x_1	x_2	s_1	s_2	s_3			
s_1	1	0	1	0	0	5	---	
s_2	0	[1]	0	1	0	4	$:1=4$	$III-3\cdot II$
s_3	2	3	0	0	1	16	$:3=16/3$	$Z+5\cdot II$
Z	-2	-5	0	0	0	0		

Basis	x_1	x_2	s_1	s_2	s_3			
s_1	1	0	1	0	0	5	$:1=5$	$\frac{1}{2}\cdot III$
x_2	0	1	0	1	0	4	---	$I-III_{neu}$
s_3	[2]	0	0	-3	1	4	$:2=2$	$Z+2\cdot III_{neu}$
Z	-2	0	0	5	0	20		

Basis	x_1	x_2	s_1	s_2	s_3	
s_1	0	0	1	3/2	−1/2	3
x_2	0	1	0	1	0	4
x_1	1	0	0	−3/2	1/2	2
Z	0	0	0	2	1	24

Da alle Werte in der Zielfunktionszeile des dritten Tableaus nichtnegativ sind, handelt es sich hierbei um das Endtableau. Die Basisvariablen nehmen die entsprechenden Werte aus der letzten Spalte des Tableaus an, alle anderen Variablen nehmen den Wert Null an. Daraus ergibt sich die optimale Lösung $x_1=2$, $x_2=4$, $s_1=3$, $s_2=0$, $s_3=0$ mit zugehörigem Zielfunktionswert $z=24$.

Nimmt eine Schlupfvariable den Wert Null an, so ist die entsprechende Kapazität ausgelastet. Ansonsten stehen freie Kapazitäten in Höhe der Gesamtkapazität abzüglich der verbrauchten Kapazität, formal $s_j = b_j - \sum_{i=1}^{n} a_{ji} \cdot x_i$, zur Verfügung. Anzumerken ist an dieser Stelle, dass bei einer optimalen Lösung weder alle Kapazitäten voll ausgelastet, noch zwangsläufig alle Entscheidungsvariablen Teil der Basis sein müssen.

8.4 Sonderfälle des primalen Simplex-Algorithmus

In den bisherigen Erläuterungen und Beispielen zum primalen Simplex-Algorithmus wurden nur Fälle mit eindeutigen Entscheidungen und Ergebnissen betrachtet. Im Rahmen des primalen Simplex-Algorithmus kann es allerdings zu Situationen kommen, bei denen die hier vorgestellten Regeln zur Auswahl der Pivotelemente keine eindeutigen Entscheidungen liefern. Weiterhin soll in diesem Abschnitt dargestellt werden, woran Fälle mit unendlich vielen Lösungen im Simplex-Tableau zu erkennen sind.

Die Wahl der Pivotspalte erfolgt anhand des kleinsten (negativen) Elementes in der Zielfunktionszeile, während die Pivotzeile durch den kleinsten (positiven) Quotienten aus rechter Spalte und dem entsprechenden Koeffizienten in der Pivotspalte bestimmt wird. Hierbei kann es allerdings zu Situationen kommen, in denen diese Regeln nicht eindeutig sind. Zum Bespiel sind Fälle möglich, bei denen in der Zielfunktionszeile zwei Elemente den kleinsten Wert aufweisen und somit zwei verschiedene Variablen als neue Basisvariable in Frage kommen. In solchen Fällen ist die Wahl der Pivotspalte beliebig, beide Möglichkeiten führen zur optimalen Lösung, nur sind die durchzuführenden Simplex-Schritte unterschiedlich. Das Gleiche gilt für Fälle, bei denen die Wahl der Pivotzeile und damit auch die Wahl der Variable, welche die Basis verlässt, nicht eindeutig sind. Auch hier ist die Wahl beliebig.

Beispiel 8-12: Keine eindeutige Wahl des Pivotelements

Bei einer Änderung des Preises des Premiumbiers auf 2 € ergibt sich das folgende Anfangstableau:

Basis	x_1	x_2	s_1	s_2	s_3	
s_1	1	0	1	0	0	5
s_2	0	1	0	1	0	4
s_3	2	3	0	0	1	16
Z	–2	–2	0	0	0	0

Sowohl die erste als auch die zweite Spalte kommen hier als Pivotspalte in Frage. Somit können sowohl x_1 als auch x_2 als neue Basisvariable gewählt werden.

Fall 1: Pivotisierung der ersten Spalte (x_1 kommt in die Basis)

Basis	x_1	x_2	s_1	s_2	s_3			
s_1	[1]	0	1	0	0	5	$:1=5$	
s_2	0	1	0	1	0	4	---	$III-2\cdot I$
s_3	2	3	0	0	1	16	$:2=8$	$Z+2\cdot I$
Z	–2	–2	0	0	0	0		

Basis	x_1	x_2	s_1	s_2	s_3			
x_1	1	0	1	0	0	5	---	$\frac{1}{3}\cdot III$
s_2	0	1	0	1	0	4	$:1=4$	$II-III_{neu}$
s_3	0	[3]	–2	0	1	6	$:3=2$	$Z+2\cdot III_{neu}$
Z	0	–2	2	0	0	10		

Basis	x_1	x_2	s_1	s_2	s_3	
x_1	1	0	1	0	0	5
s_2	0	0	2/3	1	–1/3	2
x_2	0	1	–2/3	0	1/3	2
Z	0	0	2/3	0	2/3	14

Fall 2: Pivotisierung der zweiten Spalte (x_2 kommt in die Basis)

Basis	x_1	x_2	s_1	s_2	s_3			
s_1	1	0	1	0	0	5	---	$III - 3 \cdot II$
s_2	0	[1]	0	1	0	4	$:1 = 4$	$Z + 2 \cdot II$
s_3	2	3	0	0	1	16	$:3 = 16/3$	
Z	–2	–2	0	0	0	0		

Basis	x_1	x_2	s_1	s_2	s_3			
s_1	1	0	1	0	0	5	$:1 = 5$	$\frac{1}{2} \cdot III$
x_2	0	1	0	1	0	4	---	$I - III_{neu}$
s_3	[2]	0	0	–3	1	4	$:2 = 2$	$Z + 2 \cdot III_{neu}$
Z	–2	0	0	2	0	8		

Basis	x_1	x_2	s_1	s_2	s_3			
s_1	0	0	1	[3/2]	–1/2	3	$:3/2 = 2$	$\frac{2}{3} \cdot I$
x_2	0	1	0	1	0	4	$:1 = 4$	$II - I_{neu}$
x_1	1	0	0	–3/2	1/2	2	---	$III + \frac{3}{2} I_{neu}$
Z	0	0	0	–1	1	12		$Z + I_{neu}$

Basis	x_1	x_2	s_1	s_2	s_3	
s_2	0	0	2/3	1	–1/3	2
x_2	0	1	–2/3	0	1/3	2
x_1	1	0	1	0	0	5
Z	0	0	2/3	0	2/3	14

In beiden Fällen ergibt sich die optimale Lösung $x_1 = 5,\ x_2 = 2,\ s_1 = 0,$ $s_2 = 2,\ s_3 = 0$ mit zugehörigem Zielfunktionswert $z = 14$, nur sind die durchzuführenden Simplex-Schritte und deren Anzahl verschieden.

In Beispiel 8-5 und Beispiel 8-6 wurden Fälle mit unendlich vielen Lösungen graphisch veranschaulicht. Diese Fälle lassen sich auch im Simplex-Tableau nachvollziehen. Unendlich viele Lösungen mit unbegrenztem Zielfunktionswert ergeben sich dann, wenn es in der ausgewählten Pivotspalte kein Element mit Werten größer als Null gibt. Das Quotientenkriterium ist somit nicht anwendbar, und es lässt sich keine Variable bestimmen, die neu in die Basis eintreten soll. Das Erhöhen der durch die Pivotspalte ausgewählten Variable führt in diesen Fällen bei keiner der bisherigen Basisvariablen zu kleineren Werten und ist deshalb unendlich hoch möglich.

Beispiel 8-13: Unendlich viele Lösungen, unbegrenzter Zielfunktionswert im primalen Simplex-Algorithmus

Betrachtet wird das Anfangstableau der Eichenzapfen AG für den Fall, dass die Nebenbedingungen wie in Beispiel 8-5 nur durch $x_1 \leq 5$ beschrieben werden (es gilt wieder die ursprüngliche Zielfunktion):

Basis	x_1	x_2	s_1	
s_1	1	0	1	5
Z	–2	–5	0	0

Die zweite Spalte wird in diesen Fall als Pivotspalte gewählt mit x_2 als neu eintretende Basisvariable. Allerdings enthält diese Spalte keinen Wert größer Null und es lässt sich somit kein positiver Quotient aus dem Element in der Pivotspalte und der rechten Spalte bestimmen. Ohne den Wert der bisherigen Basisvariable s_1 verringern zu müssen, kann x_2 beliebig erhöht werden.

Während der Fall mit unbegrenztem Zielfunktionswert eher auf Fehler bei der Modellformulierung zurückzuführen ist, kommt es dagegen bei praktischen Anwendungen sehr häufig zu unendlich vielen Lösungen mit eindeutigem Zielfunktionswert. Zu erkennen ist dieser Fall im Endtableau des Simplex-Verfahrens daran, dass mindestens eine der Variablen, die nicht Teil der Basis ist, einen Koeffizienten von Null in der Zielfunktionszeile aufweist. Eine Erhöhung der entsprechenden Variable verändert den Zielfunktionswert also nicht. Im Rahmen eines weiteren Simplex-Schritts kann diese Variable in die Basis aufgenommen werden, wodurch sich der Zielfunktionswert aber nicht verändert. Die Wahl der austretenden Basisvariable erfolgt wie zuvor anhand des Quotientenkriteriums. Aus Anwendungssicht ist die Kenntnis über derartige Lösungen von hoher Bedeutung, da sie es ermöglicht, mehrere optimale Alternativen zu identifizieren. Aus diesen Alternativen kann anschließend auf Basis nicht im Modell abgebildeter weiterer Faktoren ausgewählt werden.

Beispiel 8-14: Unendlich viele Lösungen, eindeutiger Zielfunktionswert im primalen Simplex-Algorithmus

Betrachtet wird das Beispiel 8-6, bei dem die graphische Maximierung der modifizierten Zielfunktion $z = 2x_1 + 3x_2 \rightarrow \max$ zu unendlich vielen optimalen Lösungen geführt hat. Das entsprechende Endtableau des Optimierungsproblems nach Anwendung des primalen Simplex-Algorithmus ergibt sich folgendermaßen:

Basis	x_1	x_2	s_1	s_2	s_3			
s_1	1	0	1	0	0	5	---	$III - 3 \cdot II$
s_2	0	[1]	0	1	0	4	$:1 = 4$	$Z + 3 \cdot II$
s_3	2	3	0	0	1	16	$:3 = 16/3$	
Z	−2	−3	0	0	0	0		

Basis	x_1	x_2	s_1	s_2	s_3			
s_1	1	0	1	0	0	5	$:1 = 5$	$1/2 \cdot III$
x_2	0	1	0	1	0	4	---	$I - III_{neu}$
s_3	[2]	0	0	−3	1	4	$:2 = 2$	$Z + 2 \cdot III_{neu}$
Z	−2	0	0	3	0	12		

Basis	x_1	x_2	s_1	s_2	s_3			
s_1	0	0	1	[3/2]	−1/2	3	$:3/2 = 2$	$\frac{2}{3} \cdot I$
x_2	0	1	0	1	0	4	$:1 = 4$	$II - I_{neu}$
x_1	1	0	0	−3/2	1/2	2	---	$III + \frac{3}{2} \cdot I_{neu}$
Z	0	0	0	0	1	16		

In der Zielfunktionszeile steht bei der Variable s_2, welche nicht Teil der Basis ist, der Wert 0. Folglich kann s_2 in die Basis aufgenommen werden, ohne den Zielfunktionswert zu vermindern. Nimmt man s_2 an Stelle von s_1 in die Basis auf, ergibt sich das folgende ebenfalls optimale Tableau:

Basis	x_1	x_2	s_1	s_2	s_3	
s_2	0	0	2/3	1	−1/3	2
x_2	0	1	−2/3	0	1/3	2
x_1	1	0	1	0	0	5
Z	0	0	0	0	1	16

Beide Tableaus beschreiben jeweils eine Ecke des Simplex, bei denen es sich jeweils um eine optimale Lösung handelt. Neben den beiden Ecken sind auch alle Punkte zwischen diesen optimale Lösungen. Aus Sicht der Eichenzapfen AG kann in diesem Fall aus einer Menge von optimalen Produktionsmöglichkeiten gewählt werden.

Definition 8-3: Primaler Simplex-Algorithmus

Ausgehend von dem Anfangstableau, bei dem alle Schlupfvariablen in der Basis stehen, sind folgende drei Schritte solange zu wiederholen, bis in der Zielfunktionszeile keine negativen Werte mehr stehen.

- **Schritt 1 (Wahl der Pivotspalte):** Als Pivotspalte wird diejenige Spalte mit dem kleinsten (negativen) Zielfunktionskoeffizienten bestimmt. Kommen mehrere Elemente in Frage, kann zwischen diesen Elementen beliebig gewählt werden.
- **Schritt 2 (Wahl der Pivotzeile):** Für alle positiven Elemente in der Pivotsspalte wird der Quotient aus rechter Seite und dem entsprechenden Koeffizienten in der Pivotspalte berechnet. Der kleinste Quotient bestimmt die Pivotzeile. Kommen mehrere Quotienten in Frage, kann zwischen diesen Quotienten beliebig gewählt werden. Gibt es keine positiven Koeffizienten in der Pivotspalte, hat das Problem unendlich viele Lösungen bei unbegrenztem Zielfunktionswert, und das Verfahren bricht ab.

- **Schritt 3 (Neue Basislösung, neues Simplextableau):** Die Pivotspalte mit dem in Schritt 1 und 2 bestimmten Pivotelement ist streng zu pivotisieren. Die zur Pivotsspalte gehörende Variable kommt in die Basis, während die zur Pivotzeile gehörende (alte) Basisvariable diese verlässt. An Stelle der alten Basisvariable wird die neue Basisvariable in die Basisspalte des Simplex-Tableaus aufgenommen.

8.5 Interpretation des Endtableaus

Neben der optimalen Lösung und dem optimalen Zielfunktionswert enthält das Endtableau noch weitere Informationen. Es lassen sich Approximationen für Veränderungen des optimalen Zielfunktionswerts bei Veränderungen der einzelnen Kapazitäten ablesen. Diese Sensitivitätsschätzungen y_j sind in der Zielfunktionszeile in der Spalte der Schlupfvariablen s_j ablesbar. Wird Kapazität j um eine marginale Einheit erhöht (gesenkt), so steigt (sinkt) der optimale Wert der Zielfunktion approximativ um y_j Einheiten. Befindet sich s_j im Endtableau in der Basis und ist demnach $s_j > 0$, so beschränkt Restriktion j die optimalen Lösung nicht, sie ist somit nicht bindend. Die verfügbare Kapazität j wird nicht ausgelastet, weshalb eine Erhöhung der Kapazität j nicht zu einer Erhöhung des Zielfunktionswerts führt. Gilt hingegen $s_j = 0$, so führt eine Erhöhung der nun bindenden Restriktion j im Allgemeinen zu einer Erhöhung des optimalen Zielfunktionswerts. Bei einer Verwendung von y_j als Sensitivität des optimalen Zielfunktionswerts wird vorausgesetzt, dass die Veränderung der Kapazität j keine Auswirkungen auf den Verlauf des Simplex-Algorithmus hat, die optimale Lösung sich also über dieselben Simplex-Schritte bestimmt. Die Kapazitäten b_j haben aber durchaus Einfluss auf die Wahl der jeweiligen Pivotzeile und somit auch auf den Verlauf des Algorithmus. Unterstellt wird hier, dass marginale Variationen der Kapazitäten eben nicht zu derartigen Veränderungen des Verlaufs führen. Um die wahren Sensitivitäten des optimalen Zielfunktionswerts zu bestimmen, muss der Simplex-Algorithmus komplett neu angewendet werden.

Beispiel 8-15: Sensitivitätsanalyse im Endtableau

Aus dem oben berechneten Endtableau aus Beispiel 8-11

Basis	x_1	x_2	s_1	s_2	s_3	
s_1	0	0	1	3/2	−1/2	3
x_2	0	1	0	1	0	4
x_1	1	0	0	−3/2	1/2	2
Z	0	0	0	2	1	24

lassen sich als geschätzte Sensitivitäten $y_1 = 0,\ y_2 = 2,\ y_3 = 1$ ablesen. Für die Eichenzapfen AG bedeutet dies beispielsweise, dass sich der Optimalwert der Zielfunktion um 2.000 € auf 26.000 € erhöht, falls die zweite Kapazität (Fertigungskapazität Premiumbier) von 4.000 l auf 5.000 l erhöht wird. Eine marginale Änderung der ersten Kapazität (Fertigungskapazität Partybier) hat hingegen keinen Einfluss auf die Lösung.

Die Sensitivitätsanalyse stellt somit ein effizientes Mittel dar, Engpässe in einem Optimierungsproblem zu identifizieren (bindende Nebenbedingungen) und Empfehlungen darüber abzugeben, wo eine Kapazitätserweiterung besonders viel versprechend ist. Insbesondere bei Problemen in der Praxis, die oftmals tausende von Nebenbedingungen umfassen, hat die Sensitivitätsanalyse neben der eigentlichen Optimierung deshalb eine immense Bedeutung.

8.6 Der duale Simplex-Algorithmus

Bisher haben wir die analytische Lösung der in Definition 8-2 eingeführten Standardmaximierungsprobleme betrachtet. Sollte ein lineares Programm nicht in dieser Form gegeben und auch nicht einfach in diese umzuformen sein, ist zunächst die Bestimmung einer (ersten) zulässigen Basislösung erforderlich. Anschließend kann der duale Simplex-Algorithmus angewendet werden.

Sind in einem linearen Programm ≥-Restriktionen vorhanden, müssen diese zunächst durch Multiplikation mit -1 zu ≤-Restriktionen umgeformt werden. Der duale Simplex-Algorithmus ist anzuwenden, wenn derartige Umformungen zu ≤-Restriktionen mit negativen Kapazitäten b_j führen oder von vornherein als ≤-Restriktionen mit negativen Kapazitäten b_j gegeben sind.

Beispiel 8-16: Umformulierung des linearen Programms

Um mit der Eichenzapfen AG expandieren zu können, lassen Sie in Zukunft das Verpacken und Abfüllen des Biers von einigen Freunden übernehmen. Die Bezahlung erfolgt in Form von Freibiergutscheinen für die Uniparties, die Sie in Absprache mit den Partyveranstaltern in beliebiger Menge ausgegeben können, ohne etwas dafür bezahlen zu müssen. Da Ihre Freunde an ausreichend Gutscheine kommen wollen, müssen Sie diesen zusichern, dass sie mindestens 16 Stunden pro Woche für die Eichenzapfen AG arbeiten können. Der Zeitaufwand zum Verpacken und Abfüllen der beiden Biersorten ändert sich durch die weiterhin manuelle Arbeit nicht. Sie müssen die folgende neue Nebenbedingung in Ihrer Produktionsplanung berücksichtigen:

$$2x_1 + 3x_2 \geq 16$$

Durch Multiplikation der Nebenbedingung mit -1 ergibt sich eine ≤-Restriktion und das Optimierungsproblem der Eichenzapfen AG hat die folgende Form:

$$z = 2x_1 + 5x_2 \rightarrow \max$$

$$\begin{array}{rcrcr} x_1 & & & \leq & 5 \\ & & x_2 & \leq & 4 \\ -2x_1 & - & 3x_2 & \leq & -16 \\ x_1 & , & x_2 & \geq & 0 \end{array}$$

Es handelt sich nunmehr um kein Standardmaximierungsproblem, da die dritte Nebenbedingung mit $b_3 = -16$ eine negative Kapazität aufweist.

Das Aufstellen des Anfangstableaus führt in diesen Fällen zu einer Basislösung, bei der die Werte der entsprechenden Schlupfvariablen negative Werte aufweisen. Diese Basislösung verletzt die Nichtnegativitätsbedingung und ist somit nicht zulässig.

Beispiel 8-17: Aufstellen des Anfangstableaus

Das Anfangstableau wird nach der bekannten Vorgehensweise aufgestellt:

Basis	x_1	x_2	s_1	s_2	s_3	
s_1	1	0	1	0	0	5
s_2	0	1	0	1	0	4
s_3	–2	–3	0	0	1	–16
Z	–2	–5	0	0	0	0

Die Schlupfvariablen stehen wie zuvor in der Basis des Anfangstableaus, allerdings wird in diesem Fall die Nichtnegativitätsbedingung durch die dritte Schlupfvariable verletzt. Die Lösung $x_1 = 0$, $x_2 = 0$, $s_1 = 5$, $s_2 = 4$, $s_3 = -16$, $z = 0$ ist nicht zulässig.

Bei der Anwendung des dualen Simplex-Algorithmus wird das Anfangstableau nach einer im Vergleich zum primalen Simplex-Algorithmus geänderten Vorgabe zunächst solange streng pivotisiert, bis in der Basis keine negativen Variablen mehr enthalten sind und die so bestimmte Basislösung zulässig ist. Ist eine zulässige Basislösung gefunden, muss anschließend noch überprüft werden, ob das zugehörige Simplex-Tableau negative Elemente in der Zielfunktionszeile aufweist. Wenn ja, ist der primale Simplex-Algorithmus in seiner bekannten Form anzuwenden. Existieren keine negativen Werte in der Zielfunktionszeile, ist die durch den dualen Simplex-Algorithmus gefundene Lösung zulässig und optimal. Dabei ist anzumerken, dass bei Anwendung des dualen Simplex-Algorithmus negative Zielfunktionswerte auftreten können.

Bei jedem Schritt des dualen Simplex-Algorithmus wird zunächst die Pivotzeile anhand des kleinsten (negativen) Elements in der rechten Spalte des Simplex-Tableaus ausgewählt. Die Wahl der Pivotspalte erfolgt anhand des größten Quotienten aus Zielfunktionskoeffizienten und dem entsprechenden Element in der Pivotzeile, wobei ein Quotient nur gebildet wird, falls der Koeffizient in der Pivotzeile negativ ist. Anzumerken ist, dass die Quotienten sowohl negative als auch positive Werte annehmen können. Sollte kein Element in der Pivotzeile negativ sein, lässt sich keine zulässige Lösung für das Optimierungsproblem finden, und das Verfahren bricht ab. Die Pivotzeile bestimmt dabei die Variable, welche die Basis verlässt, während die neue Basisvariable durch die Pivotspalte bestimmt wird. Wie beim primalen Simplex-Algorithmus kann es zu Situationen kommen, bei denen die Pivotisierungsregeln des dualen Simplex-Verfahren keine eindeutige Entscheidung liefern. In diesen Fällen kann zwischen den in Frage kommenden Pivotzeilen beziehungsweise Pivotspalten beliebig gewählt werden.

Beispiel 8-18: Anwendung des dualen Simplex-Algorithmus

Der Verlauf des dualen Simplex-Algorithmus ist nachfolgend für obiges Beispiel dargestellt. Die Variable s_3 verlässt die Basis des Anfangstableaus, da das zu der entsprechenden Pivotzeile gehörende Element in der rechten Spalte den einzigen negativen Wert aufweist. Für s_3 kommt die Variable x_2 die Basis, deren Quotient in der entsprechenden Pivotspalte den größten Wert aufweist. Für die nichtnegativen Elemente in die Pivotzeile wird in der entsprechenden Pivotspalte kein Quotient berechnet.

Basis	x_1	x_2	s_1	s_2	s_3		
s_1	1	0	1	0	0	5	
s_2	0	1	0	1	0	4	$-\frac{1}{3} \cdot \text{III}$
s_3	−2	[−3]	0	0	1	−16	$\text{II} - \text{III}_{neu}$
Z	−2	−5	0	0	0	0	$Z + 5 \cdot \text{III}_{neu}$
	: −2	: −3	–	–	–		
	= 1	= 5/3					

Basis	x_1	x_2	s_1	s_2	s_3		
s_1	1	0	1	0	0	5	$-3/2 \cdot II$
s_2	[-2/3]	0	0	1	1/3	-4/3	$I - II_{neu}$
x_2	2/3	1	0	0	-1/3	16/3	$III - 2/3 \cdot II_{neu}$
Z	4/3	0	0	0	-5/3	80/3	$Z - 4/3 \cdot II_{neu}$
	: -2/3 = -2	–	–	–	–		

Basis	x_1	x_2	s_1	s_2	s_3			
s_1	0	0	1	3/2	[1/2]	3	: 1/2 = 6	$2 \cdot I$
x_1	1	0	0	-3/2	-1/2	2	---	$II + 1/2 \cdot I_{neu}$
x_2	0	1	0	1	0	4	---	$Z + I_{neu}$
Z	0	0	0	2	-1	24		

Da alle Werte in der rechten Spalte des dritten Tableaus nichtnegativ sind, muss das duale Simplex-Verfahren nicht weiter angewendet werden. Die aktuelle Basislösung ist zulässig. Allerdings steht in der Zielfunktionszeile noch ein negativer Wert, weswegen die gefundene Basislösung nicht optimal ist. Zur Optimierung ist der primale Simplex-Algorithmus anzuwenden, wobei s_3 für s_1 in die Basis kommt.

Basis	x_1	x_2	s_1	s_2	s_3	
s_3	0	0	2	3	1	6
x_1	1	0	1	0	0	5
x_2	0	1	0	1	0	4
Z	0	0	2	5	0	30

Das Basislösung des vierten Simplex-Tableaus ist optimal mit den Variablenwerten $x_1 = 5$, $x_2 = 4$, $s_1 = 0$, $s_2 = 0$, $s_3 = 6$ und zugehörigem Zielfunktionswert $z = 30$.

Definition 8-4: Dualer Simplex-Algorithmus

Ausgehend von dem Anfangstableau, bei dem alle Schlupfvariablen in der Basis stehen, sind folgende drei Schritte solange zu wiederholen, bis in der rechten Spalte keine negativen Werte mehr stehen. Weist das so berechnete Simplex-Tableau negative Zielfunktionskoeffizienten auf, ist anschließend der primale Simplex-Algorithmus zur Bestimmung der optimalen Lösung anzuwenden.

- **Schritt 1 (Wahl der Pivotzeile):** Als Pivotzeile wird diejenige Zeile mit dem kleinsten (negativen) Element in der rechten Spalte bestimmt. Kommen mehrere Elemente in Frage, kann zwischen diesen Elementen beliebig gewählt werden.
- **Schritt 2 (Wahl der Pivotspalte):** Für alle negativen Elemente in der Pivotzeile wird der Quotient aus Zielfunktionskoeffizient und dem entsprechenden Element in der Pivotzeile berechnet. Der größte Quotient bestimmt die Pivotspalte. Kommen mehrere Quotienten in Frage, kann zwischen diesen Quotienten beliebig gewählt werden. Gibt es keine negativen Koeffizienten in der Pivotzeile, hat das Problem keine zulässige Lösung, und das Verfahren bricht ab.
- **Schritt 3 (Neue Basislösung, neues Simplextableau):** Die Pivotspalte mit dem in Schritt 1 und 2 bestimmten Pivotelement ist streng zu pivotisieren. Die zur Pivotzeile gehörende (alte) Basisvariable verlässt die Basis, während die zur Pivotspalte gehörende Variable in diese eintritt. An Stelle der alten Basisvariable wird die neue Basisvariable in die Basisspalte des Simplex-Tableaus aufgenommen.

8.7 Aufgaben

Aufgabe 8.1:

Ein Rohstoff R kann zu drei Gütern G_1, G_2 und G_3 verarbeitet werden. Man benötigt für G_1 pro Stück 40 kg, für G_2 pro Stück 80 kg und für G_3 pro Stück 60 kg des Rohstoffs R. An Arbeitszeit sind bei G_1 6 Stunden pro Stück, bei G_2 7 Stunden pro Stück und bei G_3 7 Stunden pro Stück aufzuwenden. Im betrachteten Zeitraum stehen 2.200 Arbeitsstunden und 16.000 kg des Rohstoffs R zur Verfügung. Aus technischen Gründen muss von G_1 mindestens die dreifache Stückzahl wie von G_2 produziert werden. Pro Stück erzielt man bei G_1 einen Gewinn von 38 €, bei G_2 46 € und bei G_3 42 €.

a) Formulieren Sie ein vollständiges lineares Programm zur Gewinnmaximierung.

b) Wie muss das lineare Programm verändert werden, wenn man einen Gewinn von mindestens 9.000 € bei minimalem Rohstoffverbrauch erzielen will?

Aufgabe 8.2:

Zur Produktion der Güter G_1, G_2 und G_3 wird der Rohstoff R benötigt. Man benötigt für G_1 pro Stück 40 kg, für G_2 pro Stück 50 kg und für G_3 pro Stück 30 kg des Rohstoffs R. Es stehen dabei 1.000 kg von R zur Verfügung.

Weiterhin ist zu berücksichtigen, dass aus absatztechnischen Gründen der Anteil von G_1 an der Gesamtproduktionsmenge 1/2 nicht übersteigen darf.

Aus technischen Gründen ist zu beachten, dass von G_2 höchstens 10 Einheiten produziert werden können und die von G_2 hergestellte Menge mindestens doppelt so groß sein muss wie jeweils die Mengen von G_1 undG_3.

Die Erlöse pro Stück der drei Güter betragen für G_1 45 €, für G_2 30 € und für G_3 25 €.

a) Stellen Sie ein vollständiges lineares Programm zur Erlösmaximierung auf.

b) Zusätzlich soll eine Mindestproduktionsmenge für G_3 in Höhe von 30 Einheiten berücksichtigt werden. Stellen Sie die entsprechende Nebenbedingung auf und überlegen Sie, welche Auswirkungen die neue Nebenbedingung auf die Lösbarkeit des linearen Optimierungsproblems aus a) hat.

Aufgabe 8.3:

Das Semester ist fast beendet, die Klausuren stehen bevor. Sie beabsichtigen, jeweils eine Klausur in Mathematik, Wirtschaftsinformatik, Technik des betrieblichen Rechnungswesens und Produktionswirtschaft zu schreiben. Insgesamt bleiben Ihnen noch 18 Tage, um sich auf die Klausuren vorzubereiten. Sie rechnen damit, dass Sie (neben Ihren schon vollzogenen Lernbemühungen) für Mathematik, Wirtschaftsinformatik und Technik des betrieblichen Rechnungswesens zusammen höchstens doppelt so viel Zeit investieren müssen wie für Produktionswirtschaft. Für Technik des betrieblichen Rechnungswesens sollten Sie nicht mehr Zeit benötigen als für Wirtschaftsinformatik, aber mindestens so viel wie für Mathematik. Da es nur in Produktionswirtschaft eine Note gibt, möchten Sie so viel Zeit wie möglich für die Vorbereitung auf dieses Fach einplanen. Allerdings müssen Sie berücksichtigen, dass Sie für Wirtschaftsinformatik mindestens 4 Tage und für Mathematik mindestens 3 Tage Vorbereitungszeit benötigen, um die Klausuren zu bestehen.

a) Formulieren Sie das Problem als lineares Maximierungsproblem.

b) Wie viele Tage investieren Sie in jedes Fach, um die Scheinklausuren zu bestehen und in Produktionswirtschaft eine möglichst gute Note zu erzielen?

Aufgabe 8.4:

Sie sind Mitglied des Fetenkomitees der nächsten Mensafete und als Erstsemester gerade auf einem Gewinnoptimierungstrip. Sie haben nach einer genauen Analyse des Getränkeabsatzes erkannt, dass Männer und Frauen unterschiedlich zum Getränkegewinn beitragen. Ein männlicher Gast sorgt am Abend durchschnittlich für einen Gewinn von 24 € im Gegensatz zu 14 € pro weiblichem Gast. Das wollen Sie ausnutzen und die Karten gezielt an beide Geschlechter verkaufen.

Sie haben Glück, die Nachfrage (der Gästen beider Geschlechter) nach Karten ist wie immer riesig und 1.000 Studenten und 800 Studentinnen wollen zur Party. Mehr potenzielle Partygäste gibt es nicht. Leider ist die Optimierung doch nicht ganz so einfach, denn wer will schon auf eine Party, auf der nur (gewinnträchtige) Männer sind. Der Anteil an Frauen auf der Party, die so genannte Frauenquote, darf nicht unter 35% fallen. Zudem fasst die Mensa nicht mehr als 1.400 Leute und die Frauentoiletten platzen ab 650 weiblichen Gästen aus allen Nähten, das wollen Sie auf keinen Fall.

Wandeln Sie dieses diffuse Problem in ein vollständiges lineares Programm um.

Aufgabe 8.5:

Sie betreiben eine Pizzeria und möchten eine neue Kreation gestalten. Hierzu stehen Ihnen unter anderem folgende Zutaten zur Verfügung:

Produkt	Packungsgröße	Preis pro Packung
Butter (b)	500 g	0,95 €
Champignons (c)	300 g	1,20 €
gekochte Eier (e)	50 g pro Ei	0,15 € pro Ei
Käse (k)	100 g	0,75 €
Mehl (l)	1 kg	0,60 €
Milch (m)	1 kg	0,80 €
Salami (s)	500 g	6,50 €
Tomatensauce (t)	500 g	1,- €
Wasser (w)	unbegrenzt	kostenlos

Damit die Pizza genießbar wird, sind Sie an ein altes Rezept Ihrer italienischen Großmutter gebunden.

Sie müssen zwischen 400 und 600 Gramm des Hauptbestandteils Mehl verwenden. Hierzu geben Sie Wasser und Milch, wobei das Gewicht der Flüssigkeiten mindestens 40% und höchstens 2/3 des Mehlgewichts betragen soll. Sie können auch noch Butter hinzufügen, müssen aber beachten, dass mindestens viermal soviel Mehl wie Butter enthalten sein muss. Auf den Teig streichen Sie zwischen 300 und 500 Gramm Tomatensauce. Sie hatten lange keine Probleme mit Ihrem Cholesterinspiegel mehr und wollen deswegen mindestens ein Ei pro Pizza zu sich nehmen. Beachten Sie aber, dass

Sie (jeweils auf das Gewicht bezogen) mindestens ebenso viele Champignons und viermal soviel Salami wie Eier verwenden müssen. Abschließend sollten Sie mindestens 250 Gramm Käse über die Pizza streuen.

Die Entscheidungsvariablen seien als "verwendete Menge in 100 Gramm" definiert. Benutzen Sie als Entscheidungsvariablen die oben in Klammern angegebene Kurzform der Zutaten. Stellen Sie ein vollständiges lineares Programm zur Minimierung der Herstellkosten einer Pizza auf (das Aussehen der Pizza sei nicht relevant).

Aufgabe 8.6:

Sie sind ein Viehzüchter und halten Rinder, Schafe und Schweine, die allesamt nach einem Jahr Zucht im Schlachthof "weitergenutzt" werden. Der Ökonom in Ihnen als Agrarwirt will naturgemäß den jährlichen Gewinn maximieren, der sich ausschließlich aus den Verkaufserlösen abzüglich der jeweiligen Einkaufspreise der Tiere zusammensetzt. Die Jungtiere kosten 150 € je Mastkalb, 20 € je Mastlamm und 80 € je Mastferkel. Nach einem Jahr erbringt eine Veräußerung an den Schlachthof 1.800 € pro Rind, 180 € pro Schaf und 250 € pro Schwein.

Allerdings gibt es aufgrund einer überraschenden und unbegründeten Gesetzesänderung Probleme mit dem Nachschub an Tiermehl zur Fütterung. Es stehen Ihnen insgesamt nur 1.000 kg pro Tag zur Verfügung, wobei ein Rind 30 kg, ein Schwein 8 kg und ein Schaf 2 kg pro Tag vertilgt. Auch mit dem Absatz von Rindfleisch läuft es wegen einer Medienintrige momentan nicht besonders gut, Sie können maximal 20 Rinder pro Jahr an den Schlachthof abgeben. Zudem streikt Ihr Partner, der ja die ganze Arbeit auf dem Hof macht, nach "nur" 16 Stunden Arbeit am Tag. Und die Tiere brauchen doch Zuneigung, und zwar täglich 10 Minuten pro Rind, 15 Minuten pro Schaf und 5 Minuten pro Schwein. Dem ist nicht genug, auch Ihre Stallung stellt mit 200 qm einen Engpass dar. Sie können die Schafe ohne weiteres auf 1,5 qm je Schaf zusammenpferchen, die Schweine brauchen aber jeweils 2 qm und die Rinder sogar 5 qm Platz.

Stellen sie ein mathematisches Modell auf, das Ihren Gewinn maximiert.

Aufgabe 8.7:

Ihr Unternehmen möchte ein Anti-Ageing-Getränk auf den Markt bringen und hat Sie damit beauftragt, eine optimale Rezeptur zu finden. Ihnen stehen Karottensaft (0,30 € pro Liter), Traubensaft (0,15 € pro Liter), flüssiger Honig (3 € pro Liter) und Pfefferminzlikör (20% Alkohol enthaltend; 2 € pro Liter) zur Verfügung.

Um eine gute Viskosität des Endprodukts zu erhalten, muss das Getränk aus 5% bis 10% Honig bestehen. Es soll mindestens doppelt soviel Traubensaft wie Karottensaft und mehr Karottensaft als Honig enthalten sein. Zur geschmacklichen Verfeinerung müssen mindestens 1% Pfefferminzlikör in das Getränk. Andererseits soll das Produkt aber in einer anderen Verpackung auch als Aufbauprodukt für Kinder vermarktet werden, daher darf es höchstens 1% Alkohol enthalten. Um die medizinische Wirkung müssen Sie sich keine Gedanken machen, diese wird dem Verbraucher von Ihrer Marketing-Abteilung je nach Bedarf suggeriert.

Stellen Sie ein vollständiges lineares Programm auf, das unter Berücksichtigung der angegebenen Bedingungen die Herstellkosten minimiert.

Aufgabe 8.8:

Ihr Unternehmen hat ein neues Mobiltelefon entwickelt. Sie sind für die Festlegung der Werbeausgaben zuständig.

Sie können Werbung in Zeitungen, im Radio, im Fernsehen und auf Litfaßsäulen machen. Ihr Budget liegt bei 250.000 €. Eine Zeitungsseite kostet 5.000 € pro Tag, 30 Sekunden im Radio 800 €, 10 Sekunden im Fernsehen 2.000 € und das Anmieten einer Litfaßsäule für eine Woche 300 €. Durch eine Zeitungsannonce erreichen Sie 20.000 Menschen. Sie haben sowohl für das Radio als auch für das Fernsehen einen 30-sekündigen Spot erstellt. Im Radio bringen Sie Ihr Produkt so 2.000 Personen näher, während der Fernsehspot von 10.000 Personen beachtet wird. Eine Litfaßsäule schließlich wird in einer Woche nur von 600 Passanten wahrgenommen. Zur Vereinfachung können Sie davon ausgehen, dass Ihre Werbemaßnahmen stets verschiedene Menschen erreichen. Der Vorstandsvorsitzende besteht darauf, mindestens 10 Zeitungsseiten mit entsprechender Werbung zu buchen. Litfaßsäulen hingegen hält er schlecht fürs Image und möchte die Nutzung dieses Mediums daher auf 200 Litfaßsäulenwochen begrenzen. Aus einem fragwürdigen internen Strategiepapier geht hervor, dass die Werbezeit im Fernsehen diejenige im Radio nicht unterschreiten soll. Um auch eine gewisse eigene Note in das Problem einzubringen, möchten Sie mindestens doppelt so viele Fernsehminuten schalten wie Zeitungsseiten.

Stellen Sie ein lineares Programm auf, welches die Bekanntheit des neuen Telefons maximiert. Formulieren Sie präzise und vollständig.

Aufgabe 8.9:

Sie sind ein Amateurspekulant auf dem Rohstoffterminmarkt und interessieren sich für Öl, Kupfer und Nickelinvestments. Als risikoneutraler Anleger wollen Sie ausschließlich die durchschnittlich erwartete Preissteigerung Ihres Rohstoffterminportfolios maximieren. Aus historischen Datensätzen kennen Sie die Durchschnittspreissteigerungen der einzelnen Terminkontrakte. Für die Ölkontrakte sind dies 4%, für die Kupferkontrakte 5% und für die Nickelkontrakte 6% (jeweils pro Jahr).

Ihr Rohstoffterminportfolio unterliegt aber verschiedenen Restriktionen, denn Ihr Vater, Studienkollegen und Ihre Freundin wissen um Ihre dünne Erfahrung. Wegen des Ölbooms ist Ihre Freundin besonders zuversichtlich bezüglich der Preisentwicklung der Ölkontrakte und schreibt Ihnen vor, immer mehr Ölkontrakte in Ihrem Portfolio zu halten als Kupfer- und Nickelkontrakte zusammen. Zudem ist ein alter Studienkollege Vorstand beim Kupfermonopolisten. Er hat Insiderinformationen und rät, mindestens 10% des Portfolios in Kupferkontrakten zu halten. Da Sie sich mit Nickel- und Kupfer eigentlich gar nicht auskennen, legen Sie sich hier selbst die Restriktion auf, dass der Portfolioanteil der Kupferkontrakte nie mehr als 5% über dem der Nickelkontrakte liegen darf, und umgekehrt. Letztendlich meldet sich Ihr Vater noch zu Wort und empfiehlt, nie mehr als 60% in eine Kontraktklasse zu investieren.

Ein nicht einfaches Investmentproblem. Stellen Sie ein Lineares Programm auf, welches die Problemstellung beschreibt, wenn Sie alle Ratschläge befolgen wollen und die

Rohstoffkontrakte nur kaufen, nicht aber leer verkaufen können (das heißt Sie können keine Rohstoffkontrakte verkaufen, die sie nicht besitzen).

Aufgabe 8.10:

Ein örtlicher Viehzuchtbetrieb füttert Schweine mit zwei Futtersorten A und B. Die Tagesration eines Schweins muss die Nährstoffe I, II, und III im Umfang von mindestens 8, 14 bzw. 6 Gramm enthalten. Die Tabelle zeigt die Nährstoffgehalte in Gramm pro Kilogramm und die Preise in € pro Kilogramm der beiden Futtersorten.

	Sorte A	Sorte B	Mindestmenge
Nährstoff I in g/kg	2	1	8
Nährstoff II in g/kg	3	4	14
Nährstoff III in g/kg	1	5	6
Preis in €/kg	5	8	

Neben der Einhaltung der Mindestmengen an Nährstoffen soll der Anteil von Futtermischung A und B an der Tagesration jeweils nicht 2/3 übersteigen.

Stellen Sie ein Lineares Programm zur kostenminimalen Bestimmung der Mengen (in Kilogramm) von Futtersorte A und B pro Tagesration auf.

Aufgabe 8.11:

Als vorbildlicher Student der Universität Mannheim steht Harald vor einem großen Problem: Er ist total gestresst. Deshalb konsultiert er seinen Hausarzt und dieser empfiehlt ihm – geschockt von Haralds desolatem Zustand – sich durch exzessiven Schlaf zu erholen. Hierfür stehen Harald vier Schlafmöglichkeiten offen, bei welchen er sich mehr oder weniger effektiv erholt.

Zunächst kann Harald in seinem Bett schlafen, wo er allerdings jede Nacht gleich lang schlafen muss, sonst gerät sein Schlafrhythmus aus den Fugen. Mutti schreibt ihm zudem altklug vor, dass er jede Nacht mindestens 5 Stunden, höchstens jedoch 14 Stunden in seinem Bett zu verbringen hat. Nun zur "einschläfernden" Uni. Um sich die Chance zu erhalten, die bevorstehenden Klausuren zu bestehen, will er mindestens

5 Blöcke pro Woche die Vorlesungen besuchen, höchstens allerdings 12 Blöcke, mehr sind aus psychischen Motiven einfach nicht möglich. Ein Viertel der Vorlesungszeit schläft Harald, leider erholt er sich dabei wegen des störenden Lärms der Dozenten nur halb so gut wie in seinem Bett. Hinzu kommen noch einige Tutorien, von denen er mindestens einen Block fest einplant (bei seiner hübschen Lieblingstutorin). In den Tutorien schläft er dreimal so gut wie in den Vorlesungen (da er ausschweifend von der Tutorin träumen kann) und das drei Viertel der Zeit. Damit sein Stundenplan einigermaßen sinnvoll ist, möchte Harald auf keinen Fall mehr Tutorien als Vorlesungen besuchen. Um ein gutes Gewissen zu haben, sollte er mindestens 20 Semesterwochenstunden an der Uni belegen. Außerdem hat er die Verpflichtung/Möglichkeit, seine Freundin Maike zu besuchen, bei der er es bis zu 30 Stunden pro Woche aushält. Ein Drittel der Zeit bei ihr verbringt er schlafend, jedoch ist der Schlaf wegen des ständigen Gejammers der Freundin nur ein Drittel so erholsam wie in seinem Bett. Um die Beziehung nicht zu gefährden, muss Harald mehr Zeit bei seiner Freundin als in den Universitätsveranstaltungen verbringen. Pro Tag isst Harald zudem drei Stunden (zu Hause), des weiteren arbeitet er 19 Stunden pro Woche als Hiwi an einem der Lehrstühle. Bei beidem ist er so beschäftigt, dass ihm nicht eine einzige Minute Schlaf vergönnt ist.

Stellen Sie ein vollständiges lineares Programm für die Schlafzeit zu Hause, die besuchten Vorlesungs- und Tutoriumsblöcke sowie die mit Maike verbrachte Zeit auf, mit dessen Hilfe Harald seine wöchentliche Erholung durch Schlaf maximieren kann. Gehen Sie davon aus, dass ein Block zwei Semesterwochenstunden umfasst, wobei eine Semesterwochenstunde genau 0,75 Zeitstunden entspricht.

Aufgabe 8.12:

Ein befreundeter Unternehmensberater steht vor der Herausforderung, die Produktionsabläufe eines Kunden zu erfassen. Leider sind seine Kenntnisse in Powerpoint deutlich besser als die in Linearer Algebra, weswegen er Sie um Hilfe beim Aufstellen des zu Grunde liegenden mathematischen Modells bittet. Folgende Daten aus der Produktion des Unternehmens teilt er Ihnen mit:

Das Unternehmen fertigt zurzeit mit zwei Maschinen die Produkte P_1, P_2 undP_3. Die Absatzpreise betragen 10 € für P_1, 20 € für P_2 und 15 € fürP_3.

Auf Maschine 1 können P_1 und P_2 gefertigt werden. Die Fertigung von P_1 auf Maschine 1 verbraucht 2 Arbeitsstunden, während P_2 3 Stunden benötigt.

Maschine 2 kann P_1 und P_3 produzieren, für beide Produkte sind dabei jeweils 4 Arbeitsstunden aufzuwenden.

Auf Maschine 2 produzierte Einheiten von P_1 benötigen keine weitere Bearbeitung auf Maschine 1. Umgekehrt gilt, dass auf Maschine 1 produzierte Einheiten von P_1 keine weitere Bearbeitung durch Maschine 2 benötigen.

Im betrachteten Zeitraum sind 1.000 Arbeitsstunden auf Maschine 1 eingeplant, auf Maschine 2 das doppelte Arbeitsstundenbudget. Aus tariflichen Gründen muss beachtet werden, dass mindestens zwei Drittel der Gesamtproduktionsmenge von P_1 auf Maschine 1 gefertigt wird. Aus der Marketingabteilung kommt aufgrund von geplanten Werbekampagnen die Auflage, dass der Anteil von P_3 an der Gesamtproduktion (gemessen an der Stückmenge der produzieren Einheiten) höchstens ein Drittel betragen darf.

Formulierenden ein vollständiges lineares Programm zur Erlösmaximierung.

Aufgabe 8.13:

$$z = -x_1 - 5x_2 - 2x_3 \rightarrow \min$$

$$\begin{array}{rcrcrcr} -x_1 & & & & & \geq & -5 \\ 2x_1 & + & 3x_2 & - & x_3 & \geq & -1 \\ 3x_1 & + & 4x_2 & + & x_3 & \leq & 2 \\ & & 3x_2 & + & 2x_3 & \geq & 2 \\ x_1 & , & x_2 & , & x_3 & \geq & 0 \end{array}$$

Formen Sie das lineare Programm um. Handelt es sich hierbei um ein Standardmaximierungsproblem?

Aufgabe 8.14:

$$z = -x_1 - 2x_2 - 3x_3 \rightarrow \min$$

$$\begin{array}{rcrcrcr} -x_1 & & & + & 5x_3 & \geq & -5 \\ 2x_1 & + & 2x_2 & + & x_3 & \leq & 10 \\ 3x_1 & + & 4x_2 & & & \geq & -4 \\ & & & & 2x_3 & \leq & 8 \\ x_1 & , & x_2 & , & x_3 & \geq & 0 \end{array}$$

Formen Sie das lineare Programm um. Handelt es sich hierbei um ein Standardmaximierungsproblem?

Aufgabe 8.15:

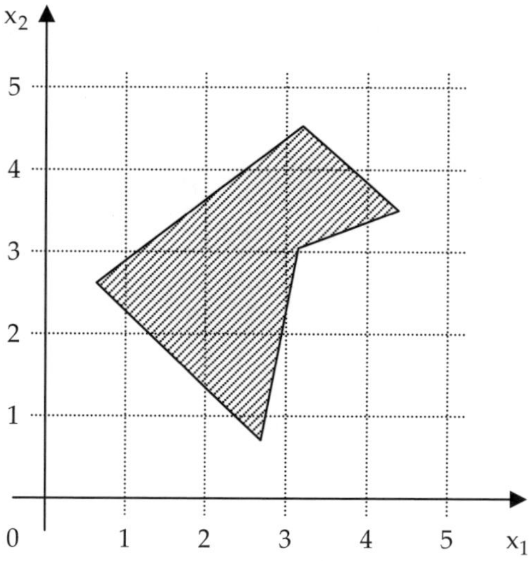

Kann es sich hierbei um einen Simplex handeln?

Aufgabe 8.16:

$$z = x_1 + 5x_2 \rightarrow \max$$

$$\begin{array}{rcrcr} -2x_1 & + & 2x_2 & \leq & 6 \\ x_1 & + & 2x_2 & \geq & 8 \\ x_1 & & & \geq & 3 \\ 0{,}5x_1 & + & 2x_2 & \leq & 16 \\ 3x_1 & - & x_2 & \leq & 5 \\ x_1 & , & x_2 & \geq & 0 \end{array}$$

Lösen Sie das lineare Programm graphisch und geben Sie den optimalen Zielfunktionswert an.

Aufgabe 8.17:

$$z = 6x_1 - 4x_2 \rightarrow \max$$

$$\begin{array}{rcrcr} x_2 & \leq & 4 & + & x_1 \\ x_1 & \leq & x_2 & - & 2 \\ x_2 & - & 2x_1 & \geq & 0 \\ x_1 & - & 1 & \geq & 0 \end{array}$$

Lösen Sie das lineare Programm graphisch und geben Sie den optimalen Zielfunktionswert an.

Aufgabe 8.18:

$$z = x_1 + 1{,}5x_2 \rightarrow \max$$

$$\begin{array}{rcrcr} x_1 & + & x_2 & \geq & 1 \\ x_1 & + & 2x_2 & \leq & 7 \\ x_1 & - & 4 & \leq & 0 \\ x_1 & \geq & x_2 & - & 1 \\ x_1 & , & x_2 & \geq & 0 \end{array}$$

Lösen Sie das lineare Programm graphisch und geben Sie den optimalen Zielfunktionswert an.

Aufgabe 8.19:

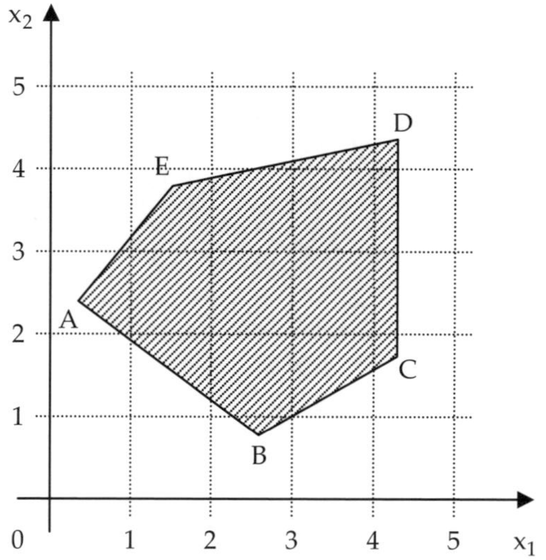

Folgende Zielfunktion sei zu maximieren: $z = ax_1 + bx_2$

Welche Punkte des nachfolgenden Simplex kommen als Lösung in Frage, falls gilt:

a) $a > 0,\ b > 0$

b) $a > 0,\ b < 0$

c) $a < 0,\ b > 0$

d) $a < 0,\ b < 0$

Aufgabe 8.20:

$$z = 3x_1 + 4x_2 \rightarrow \max$$

$$\begin{aligned} 2x_1 &+ 3x_2 \leq 6 \\ 2x_1 &+ x_2 \leq 5 \\ x_1 &,\ x_2 \geq 0 \end{aligned}$$

Ermitteln Sie die optimale Lösung mithilfe des Simplex-Algorithmus und geben Sie die geschätzten Sensitivitäten an.

Aufgabe 8.21:

$$z = 6x_1 + 5x_2 \rightarrow \max$$

$$\begin{array}{rcrcr} 4x_1 & + & 2x_2 & \leq & 40 \\ x_1 & + & 3x_2 & \leq & 20 \\ x_1 & , & x_2 & \geq & 0 \end{array}$$

Lösen Sie das obige Standardmaximierungsproblem mit Hilfe des Simplex-Algorithmus. Geben Sie x^{opt}, s^{opt}, y^{opt} und z^{opt} an.

Aufgabe 8.22:

$$z = 3x_1 + 5x_2 \rightarrow \max$$

$$\begin{array}{rcrcr} x_1 & + & 4x_2 & \leq & 50 \\ 3x_1 & + & 2x_2 & \leq & 60 \\ 2x_1 & + & 8x_2 & \leq & 110 \\ x_1 & , & x_2 & \geq & 0 \end{array}$$

Geben Sie die optimalen Werte für die Variablen x_1 und x_2, den zugehörigen Zielfunktionswert und die geschätzten Sensitivitäten an. Welche Kapazitäten sind ausgelastet?

Aufgabe 8.23:

$$z = 20x_1 + 18x_2 \rightarrow \max$$

$$\begin{array}{rcrcr} 4x_1 & + & 13x_2 & \leq & 400 \\ 16x_1 & + & 12x_2 & \leq & 880 \\ 8x_1 & + & 2x_2 & \leq & 660 \\ x_1 & , & x_2 & \geq & 0 \end{array}$$

Bestimmen Sie das Optimum dieses Standardmaximierungsproblems über den Simplex-Algorithmus. Geben Sie an, wie sich der Optimalwert der Zielfunktion ändert, wenn Sie jeweils die einzelnen Kapazitäten um eine marginale Einheit verringern.

Aufgabe 8.24:

$$z = 5x_1 + x_2 + 4x_3 \to \max$$

$$\begin{array}{rcrcrcl} 2x_1 & + & 3x_2 & + & x_3 & \leq & 30 \\ x_1 & + & 4x_2 & + & 2x_3 & \leq & 50 \\ x_1 & , & x_2 & , & x_3 & \geq & 0 \end{array}$$

Verwenden Sie den Simplex-Algorithmus, um die optimale Lösung und die geschätzten Sensitivitäten zu bestimmen.

Aufgabe 8.25:

$$z = 3x_1 + 2x_2 + x_3 \to \max$$

$$\begin{array}{rcrcrcl} 2x_1 & + & 3x_2 & + & 2x_3 & \leq & 100 \\ 4x_1 & + & 2x_2 & + & x_3 & \leq & 100 \\ x_1 & , & x_2 & , & x_3 & \geq & 0 \end{array}$$

Bestimmen Sie mithilfe des Simplex-Algorithmus die optimale Lösung, den zugehörigen Wert der Zielfunktion und die geschätzte Veränderung dieses Werts bei Erhöhung der ersten bzw. der zweiten Kapazität um je eine Einheit.

Aufgabe 8.26:

Lösen Sie das nachfolgende Standardmaximierungsproblem mit Hilfe des Simplex-Algorithmus, geben Sie x^{opt}, s^{opt}, y^{opt} und z^{opt} an.

$$z = 3x_1 + 2{,}5x_2 + 4x_3 \to \max$$

$$\begin{array}{rcrcrcl} x_1 & + & x_2 & + & 2x_3 & \leq & 40 \\ 6x_1 & + & 3x_2 & + & 2x_3 & \leq & 80 \\ x_1 & , & x_2 & , & x_3 & \geq & 0 \end{array}$$

Aufgabe 8.27:

Lösen Sie das nachfolgende Standardmaximierungsproblem mit Hilfe des Simplex-Algorithmus, geben Sie x^{opt}, s^{opt} und z^{opt} an.

$$z = 3x_1 + 4x_2 + 2x_3 \rightarrow \max$$

$$\begin{array}{ccccccc} x_1 & + & 4x_2 & + & 2x_3 & \leq & 40 \\ x_1 & + & 2x_2 & + & x_3 & \leq & 30 \\ x_1 & , & x_2 & , & x_3 & \geq & 0 \end{array}$$

Aufgabe 8.28:

Lösen Sie das nachfolgende Standardmaximierungsproblem mit Hilfe des Simplexalgorithmus, geben Sie x^{opt}, s^{opt}, z^{opt} und die Sensitivitäten y^{opt} an.

$$z = 6x_1 + 2x_2 + 5x_3 \rightarrow \max$$

$$\begin{array}{ccccccc} 4x_1 & + & x_2 & + & 4x_3 & \leq & 20 \\ 2x_1 & + & 2x_2 & + & 2x_3 & \leq & 40 \\ & & x_2 & + & 3x_3 & \leq & 10 \\ x_1 & , & x_2 & , & x_3 & \geq & 0 \end{array}$$

Aufgabe 8.29:

Ermitteln Sie für nachfolgendes Maximierungsproblem die optimale Lösung mithilfe des Simplex-Algorithmus und geben Sie die geschätzten Sensitivitäten der optimalen Lösung bei Kapazitätserhöhungen an.

$$z = x_1 + 3x_2 + 2x_3 \rightarrow \max$$

$$\begin{array}{ccccccc} x_1 & + & 4x_2 & + & 2x_3 & \leq & 30 \\ 2x_1 & + & 4x_2 & + & x_3 & \leq & 24 \\ x_1 & , & x_2 & , & x_3 & \geq & 0 \end{array}$$

Aufgabe 8.30:

$$z = 4x_1 + 5x_2 + 6x_3 \rightarrow \max$$

$$\begin{array}{rcrcrcl} 2x_1 & + & 3x_2 & + & 3x_3 & \leq & 70 \\ x_1 & + & 2x_2 & + & 3x_3 & \leq & 30 \\ 3x_1 & + & 4x_2 & + & 4x_3 & \leq & 80 \\ x_1 & , & x_2 & , & x_3 & \geq & 0 \end{array}$$

Ermitteln Sie die optimale Lösung mithilfe des Simplex-Algorithmus und geben Sie die geschätzten Sensitivitäten an.

Aufgabe 8.31:

$$z = 4x_1 + 3x_2 + 5x_3 \rightarrow \max$$

$$\begin{array}{rcrcrcl} 4x_1 & + & x_2 & + & 4x_3 & \leq & 30 \\ 2x_1 & + & 1{,}5x_2 & + & 2x_3 & \leq & 20 \\ x_1 & + & x_2 & + & 3x_3 & \leq & 30 \\ x_1 & , & x_2 & , & x_3 & \geq & 0 \end{array}$$

Ermitteln Sie die optimale Lösung mithilfe des Simplex-Algorithmus und geben Sie die geschätzten Sensitivitäten an.

Aufgabe 8.32:

$$z = 4x_1 + 5x_2 + 6x_3 \rightarrow \max$$

$$\begin{array}{rcrcrcl} 1x_1 & + & 4x_2 & + & 3x_3 & \leq & 60 \\ 2x_1 & + & 4x_2 & + & x_3 & \leq & 80 \\ 3x_1 & + & 2x_2 & + & 4x_3 & \leq & 60 \\ x_1 & , & x_2 & , & x_3 & \geq & 0 \end{array}$$

Ermitteln Sie die optimale Lösung mithilfe des Simplex-Algorithmus und geben Sie die geschätzten Sensitivitäten an.

Aufgabe 8.33:

$$z = 4x_1 + 3x_2 + 2{,}5x_3 \rightarrow \max$$

$$\begin{array}{rcrcrcr} 2x_1 & + & x_2 & + & x_3 & \leq & 40 \\ x_1 & + & 3x_2 & + & 1{,}75x_3 & \leq & 35 \\ 6x_1 & + & 2x_2 & + & x_3 & \leq & 140 \\ x_1 & , & x_2 & , & x_3 & \geq & 0 \end{array}$$

Bestimmen Sie mithilfe des Simplex-Algorithmus die optimalen Werte für die Entscheidungsvariablen, die freien Kapazitäten und Sensitivitäten in diesem Fall sowie den optimalen Wert der Zielfunktion.

Aufgabe 8.34:

$$z = 4x_1 + 2x_2 + 3x_3 \rightarrow \max$$

$$\begin{array}{rcrcrcr} 3x_1 & + & x_2 & + & 4x_3 & \leq & 40 \\ 2x_1 & + & 2x_2 & + & 2x_3 & \leq & 30 \\ 2x_1 & + & x_2 & & & \leq & 20 \\ x_1 & , & x_2 & , & x_3 & \geq & 0 \end{array}$$

Verwenden Sie den Simplex-Algorithmus, um die optimale Lösung und die geschätzten Sensitivitäten zu bestimmen.

Aufgabe 8.35:

$$z = 6x_1 + 5x_2 + 5x_3 \rightarrow \max$$

$$\begin{array}{rcrcrcr} 4x_1 & + & 6x_2 & + & 3x_3 & \leq & 60 \\ 2x_1 & + & 2x_2 & + & x_3 & \leq & 60 \\ & & 4x_2 & & & \leq & 40 \\ 4x_1 & + & x_2 & + & 2x_3 & \leq & 20 \\ x_1 & , & x_2 & , & x_3 & \geq & 0 \end{array}$$

Ermitteln Sie die optimale Lösung mithilfe des Simplex-Algorithmus und geben Sie die geschätzten Sensitivitäten an.

Aufgabe 8.36:

$$z = 2x_1 + 5x_2 + 4x_3 \rightarrow \max$$

$$\begin{array}{rcrcrcl} 2x_1 & + & 3x_2 & + & x_3 & \leq & 48 \\ x_1 & + & 4x_2 & + & 3x_3 & \leq & 60 \\ 2x_1 & + & 2x_2 & + & 2x_3 & \leq & 50 \\ 3x_1 & + & x_2 & + & 3x_3 & \leq & 70 \\ x_1 & , & x_2 & , & x_3 & \geq & 0 \end{array}$$

Bestimmen Sie mithilfe des Simplex-Algorithmus die optimalen Werte für die Entscheidungsvariablen, die freien Kapazitäten und Sensitivitäten in diesem Fall sowie den optimalen Wert der Zielfunktion.

Aufgabe 8.37:

$$z = 2x_1 + 3x_2 \rightarrow \max$$

$$\begin{array}{rcrcl} x_1 & & & \leq & 4 \\ & & 2x_2 & \leq & 6 \\ 2x_1 & + & 3x_2 & \leq & 10 \\ x_1 & , & x_2 & \geq & 0 \end{array}$$

Lösen Sie das lineare Programm zunächst graphisch und anschließend mit dem Simplex-Algorithmus. Welche Lösungseigenschaften weist das lineare Programm auf?

Aufgabe 8.38:

$$z = x_1 + 2x_2 \rightarrow \max$$

$$\begin{array}{rcrcl} -3x_1 & + & 4x_2 & \leq & 10 \\ -2x_1 & + & 2x_2 & \leq & 20 \\ x_1 & , & x_2 & \geq & 0 \end{array}$$

Lösen Sie das lineare Programm zunächst graphisch und anschließend mit dem Simplex-Algorithmus. Welche Lösungseigenschaften weist das lineare Programm auf?

Aufgabe 8.39:

$$z = x_1 + 3x_2 \rightarrow \max$$

$$\begin{array}{lcrcl} 3x_1 & + & x_2 & \geq & 6 \\ 1/2x_1 & + & x_2 & \leq & 7/2 \\ 2x_1 & - & 2x_2 & \leq & 4 \\ x_1 & , & x_2 & \geq & 0 \end{array}$$

Ermitteln Sie die optimale Lösung mithilfe des Simplex-Algorithmus und geben Sie die geschätzten Sensitivitäten an. Verwenden Sie, falls nötig, den dualen Simplex-Algorithmus.

Aufgabe 8.40:

$$z = 2x_1 + 5x_2 \rightarrow \max$$

$$\begin{array}{lcrcl} 2x_1 & & & \leq & 5 \\ x_1 & + & 2x_2 & \leq & 10 \\ 3x_1 & + & 2x_2 & \geq & 12 \\ x_1 & , & x_2 & \geq & 0 \end{array}$$

Ermitteln Sie die optimale Lösung mithilfe des Simplex-Algorithmus und geben Sie die geschätzten Sensitivitäten an. Verwenden Sie, falls nötig, den dualen Simplex-Algorithmus.

Aufgabe 8.41:

$$z = x_1 + 3x_2 + 2x_3 \rightarrow \max$$

$$\begin{array}{lcrcrcl} x_1 & + & 2x_2 & + & x_3 & \leq & 6 \\ 4x_1 & + & x_2 & + & 2x_3 & \geq & 4 \\ 3x_1 & & & + & x_3 & \geq & 5 \\ x_1 & , & x_2 & , & x_3 & \geq & 0 \end{array}$$

Bestimmen Sie mithilfe des Simplex-Algorithmus die optimalen Werte für die Entscheidungsvariablen. Verwenden Sie, falls nötig, den dualen Simplex-Algorithmus.

Aufgabe 8.42:

$$z = x_1 + 2x_2 + x_3 \rightarrow \max$$

$$\begin{array}{rcrcrcr} x_1 & + & 3x_2 & + & 2x_3 & \geq & 3 \\ 4x_1 & + & 2x_2 & + & 6x_3 & \leq & 4 \\ x_1 & , & x_2 & , & x_3 & \geq & 0 \end{array}$$

Bestimmen Sie mithilfe des Simplex-Algorithmus die optimalen Werte für die Entscheidungsvariablen. Verwenden Sie, falls nötig, den dualen Simplex-Algorithmus.

Aufgabe 8.43:

$$z = x_1 + 5x_2 + 2x_3 \rightarrow \max$$

$$\begin{array}{rcrcrcr} & & 2x_2 & + & 2x_3 & \leq & 10 \\ 2x_1 & + & 4x_2 & + & 2x_3 & \leq & 8 \\ & & & & 2x_3 & \geq & 4 \\ x_1 & , & x_2 & , & x_3 & \geq & 0 \end{array}$$

Bestimmen Sie mithilfe des Simplex-Algorithmus die optimalen Werte für die Entscheidungsvariablen. Verwenden Sie, falls nötig, den dualen Simplex-Algorithmus.

Aufgabe 8.44:

$$z = 2x_1 + 4x_2 + x_3 \rightarrow \max$$

$$\begin{array}{rcrcrcr} x_1 & + & 2x_2 & + & x_3 & \leq & 20 \\ & & 2x_2 & + & 3x_3 & \geq & 6 \\ 2x_1 & & & + & x_3 & \leq & 24 \\ x_1 & , & x_2 & , & x_3 & \geq & 0 \end{array}$$

Ermitteln Sie die optimale Lösung mithilfe des Simplex-Algorithmus und geben Sie die geschätzten Sensitivitäten an. Verwenden Sie, falls nötig, den dualen Simplex-Algorithmus.

Aufgabe 8.45:

	x_1	x_2	x_3	s_1	s_2	s_3	
s_1	$\frac{1}{2}$	$\frac{3}{2}$	0	1	0	$-\frac{1}{2}$	15
s_2	1	0	0	0	1	–1	$\frac{1}{2}$
x_3	$\frac{1}{2}$	$\frac{1}{2}$	1	0	0	$\frac{1}{2}$	6
Z	0	$3-p$	0	0	0	$p-1$	36

a) Für welche Werte des Parameters $p \in \mathbb{R}$ ist das obige Simplex-Tableau ein Endtableau?

b) Ermitteln Sie für $p = 4$ die optimale Lösung mithilfe des Simplex-Algorithmus und geben Sie die geschätzten Sensitivitäten an.

c) Wie verändert sich für $p = 4$ die optimale Lösung, wenn Kapazität 2 um eine Einheit gesenkt wird?

Aufgabe 8.46:

	x_1	x_2	x_3	x_4	s_1	s_2	s_3	
s_1	0	2	$-\frac{6}{5}$	0	1	$-\frac{7}{5}$	$\frac{4}{5}$	52
x_1	1	–1	$\frac{7}{5}$	0	0	$\frac{4}{5}$	$-\frac{3}{5}$	26
x_4	0	1	$\frac{2}{5}$	1	0	$-\frac{1}{5}$	$\frac{2}{5}$	16
Z	0	–1	$\frac{12}{5}$	0	0	$\frac{4}{5}$	$\frac{2}{5}$	116

a) Erläutern Sie, warum es sich bei dem gegebenen Tableau weder um ein Anfangs- noch um ein Endtableau handeln kann.

b) Wie lautet das zugrunde liegende vollständige lineare Programm? (Auf eine Definition der Entscheidungsvariablen kann hier verzichtet werden.)

c) Ermitteln Sie die optimale Lösung und die geschätzten Sensitivitäten.

Aufgabe 8.47:

Sie werden nach Ihrem Studium beim KGB als Industriespion eingestellt. Im Rahmen Ihrer geheimdienstlichen Tätigkeit (nach einem Imbiss mit der Sekretärin des Chefs eines Großkonzerns) fällt Ihnen folgendes Simplex-Tableau in die Hände:

	x_1	x_2	x_3	s_1	s_2	s_3	
?	0	1	0	1	0	–1	20
?	0	0	2	–2	1	2	40
?	1	0	1	0	0	1	20
Z	0	0	0	3	0	1	140

Sie erkennen sofort die Brisanz des Materials und machen sich an die Untersuchung. Bei den Entscheidungsvariablen x_i muss es sich eindeutig um Produktionsziffern für die Spitzenprodukte des Konzerns handeln. Jetzt endlich kommen sie an alle Informationen, an denen Ihre Auftraggeber so brennend interessiert sind.

a) Erläutern Sie, woran Sie erkennen, dass das vorliegende Tableau ein Endtableau ist.

b) Bestimmen Sie, welche Entscheidungsvariablen sich in der Basis befinden, und lesen Sie dann den Produktionsvektor ab. Welche Ressourcen stehen dem Konzern noch zur Verfügung?

Bis hierher hätten auch die anderen Agenten des KGB mithalten können, doch jetzt zeigt sich Ihre gute Ausbildung. Sie verblüffen Ihre Auftraggeber mit Zusatzinformationen.

c) Berechnen Sie vom Endtableau ausgehend das Anfangstableau.

d) Finden Sie heraus, welches Gewinnmaximierungsproblem dem Unternehmen zugrunde liegt.

e) Bestimmen Sie den Kapazitätsbedarf bei Erstellung des optimalen Produktionsplans.

Aufgabe 8.48:

$$z = x_1 + x_2 + 3x_3 \rightarrow \max$$

$$\begin{array}{rcrcrcr} x_1 & + & 2x_2 & + & 4x_3 & \leq & 40 \\ 2x_1 & + & 3x_2 & + & 4x_3 & \leq & 60 \\ x_1 & + & x_2 & + & x_3 & \leq & 30 \\ x_1 & , & x_2 & , & x_3 & \geq & 0 \end{array}$$

a) Ermitteln Sie die optimale Lösung mithilfe des Simplex-Algorithmus und geben Sie die geschätzten Sensitivitäten an.

Verändert sich die optimale Lösung durch Hinzunahme einer der nachfolgenden Restriktionen? Bestimmen Sie gegebenenfalls die neue optimale Lösung und die geschätzten Sensitivitäten.

b) $4x_1 + 20x_2 + 5x_3 \leq 120$

c) $4x_2 + 5x_3 \leq 20$

Aufgabe 8.49:

Sie kennen die optimale Lösung eines Standardmaximierungsproblems:

$$x^{opt} = \left(\tfrac{5}{2} \quad 5\right)^T, \; s^{opt} = \left(0 \quad \tfrac{5}{2} \quad 0\right)^T.$$

a) Diese Lösung wurde mit dem Simplex-Algorithmus bestimmt. Wie viele Zeilen und Spalten hat das zugrunde liegende Simplex-Tableau (inklusive Basis und Zielfunktionszeile, aber ohne etwaige Variablenkopfzeile)?

b) Stellen Sie ein zugehöriges Endtableau auf und füllen Sie so viele der Zellen wie möglich aus (nur unter der Kenntnis der optimalen Lösung). Schreiben Sie dabei die Entscheidungsvariablen in aufsteigender Reihenfolge in die oberen Zeilen der Basis, die Schlupfvariable in die untere Zeile. Wie viele Zellen können nicht näher bestimmt werden?

c) Nun kennen Sie zusätzlich die approximierten Sensitivitäten der optimalen Lösung auf Veränderungen der Anfangskapazitäten. Diese seien: $y^{opt} = \left(\frac{9}{4} \quad 0 \quad \frac{1}{4}\right)^T$ Integrieren Sie diese Information in das unter Teilaufgabe b) erstellte Tableau und füllen Sie die restlichen Zellen zeilenweise mit Buchstaben (a-g) auf. Diese seien: $a = \frac{3}{4}$, $b = -\frac{1}{4}$, $c = -\frac{1}{2}$, $d = \frac{1}{2}$, $e = \frac{1}{4}$, $f = -\frac{3}{4}$ und $g = z^{opt}$

Bestimmen Sie das Standardmaximierungsproblem, welches durch den Simplex gelöst wurde (als vollständiges lineares Programm) und $g = z^{opt}$.

Aufgabe 8.50:

Ihr Unternehmen stellt zwei Güter her, der Produktionsprozess unterliegt vier Restriktionen. Ihnen ist der nachfolgende Simplex bekannt:

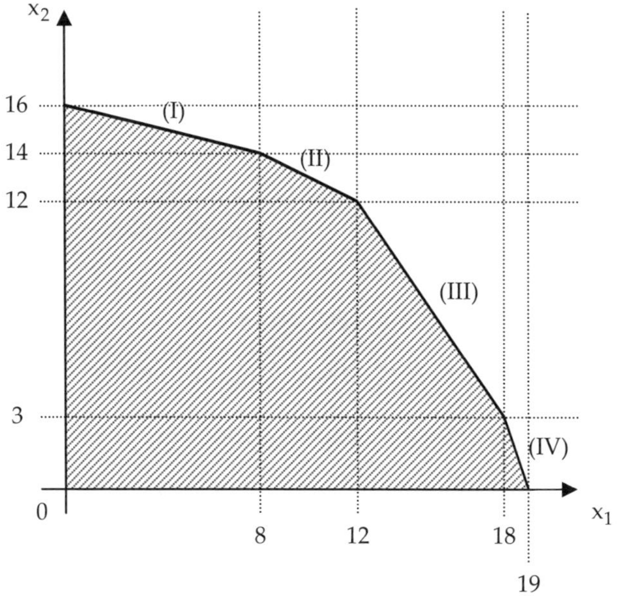

Daneben kennen Sie die zugrunde liegenden Restriktionen teilweise:

$$? \; x_1 + 2 \; x_2 \leq 32 \quad \text{(I)}$$
$$0{,}75 \; x_1 + ? \; x_2 \leq ? \quad \text{(II)}$$
$$? \; x_2 \leq ? - 1{,}5 \; x_1 \quad \text{(III)}$$
$$? \; x_2 \leq 57 - ? \; x_1 \quad \text{(IV)}$$

a) Vervollständigen Sie die zugrunde liegenden Restriktionen.

b) Ermitteln Sie das optimale Produktionsprogramm, die freien Kapazitäten und den Erlös durch den Verkauf der Güter, wenn ihr Unternehmen mit einer Einheit von Produkt 1 bzw. 2 einen Erlös von 6 € bzw. 4 € erzielt. Geben Sie auch die geschätzte Veränderung des optimalen Werts der Zielfunktion bei einer Änderung der einzelnen Restriktionen an.

c) Es besteht die Möglichkeit, Ihr Unternehmen komplett in eine andere Region umzusiedeln. Sie können Ihre Produkte nur in der Region verkaufen, in der Ihr Unternehmen angesiedelt ist. In der neuen Region würden Sie für Produkt 1 nur noch 3 € pro Einheit erlösen. Der Preis für Produkt 2 bliebe unverändert. Andererseits hätten Sie bei einer Umsiedlung jedoch die Möglichkeit, freie Kapazitäten zu vermieten. Für die Vermietung je einer Einheit von Kapazität 1, 2, 3 bzw. 4 würde Ihr Unternehmen 1, 2, 3 bzw. 4 € erlösen. Der Vorstand möchte von Ihnen wissen, welchen Gesamterlös das Unternehmen in der neuen Region erzielt, wenn auch dort der Verkaufserlös der hergestellten Produkte maximiert wird. Arbeiten Sie zudem die optimale Lösung unter Berücksichtigung des Vermietungserlöses aus und stellen sie Ihre Überlegungen dem Vorstand vor.

Aufgabe 8.51:

Nachdem Ihre Beratungsaktivitäten abgeschlossen sind, kommt Ihr Bekannter einige Zeit später völlig aufgelöst zu Ihnen. Er hat ein Unternehmen bei der Anschaffung von drei neuen Maschinen unterstützt, jedoch sind aufgrund eines eingefangenen Virus auf seinem Computer fast alle notwendigen Einstellungen der Maschinen verloren gegangen. Konkret sind die Parameter a, b und c des folgenden linearen Programms zu bestimmen.

$$z = 3x_1 + 6x_2 \rightarrow \max$$

$$\begin{aligned} x_1 + ax_2 &\leq b \\ 2x_1 &\leq c \\ ax_2 &\leq b \end{aligned}$$

Er kann sich nur noch daran erinnern, dass die Kapazität b der Maschinen 1 und 3 jeweils doppelt so groß ist wie die Kapazität c von Maschine 2. Zusätzlich hat er noch das Endtableau des obigen linearen Programms, dessen Einträge aber ebenfalls nur noch teilweise vorhanden sind. Zudem weiß er noch, dass die Lösung des linearen Programms eindeutig war.

Basis	x_1	x_2	s_1	s_2	s_3	
?	?	?	1/3	?	0	?
x_1	?	0	0	?	?	5
s_3	?	?	–1	?	?	?
Z	?	?	2	0,5	0	45

Bestimmen Sie die Parameter a, b und c.

Hinweis: Überlegen sie zunächst, wie mit Hilfe des Endtableaus die Werte für x_1 und x_2 bestimmen können (Eine Anwendung des Simplex-Algorithmus ist nicht erforderlich).

Aufgabe 8.52:

Ihr Unternehmen kann drei verschiedene Produkte herstellen. Die Fertigung der Erzeugnisse erfolgt an drei verschiedenen Maschinen, deren Kapazität begrenzt ist. Leider ist Maschine 3 defekt, ihre Kapazität liegt derzeit bei Null Einheiten. Aus Prestigegründen wollen Sie diese Anlage soweit reparieren, dass ihre Kapazität mindestens eine Einheit beträgt. Ihnen liegen zwei Angebote zum Wiederherstellen der Maschine vor. Beide Anbieter können die Maschine wieder auf $\lambda \in \mathbb{N}$ Kapazitätseinheiten ausbauen. Der Anlagenbauer Helmut veranschlagt für die Wiederherstellung von λ Kapazitätseinheiten Kosten in Höhe von λ [Tausend €]. Die Konkurrentin Brigitte setzt hierfür $0{,}1\lambda^2$ [Tausend €] an.

Ihr spiritueller Berater Hagen warnt Sie davor, eine Kapazität in Höhe von $10 \cdot 2^n$ mit $n \in \mathbb{N}_0 = \{0;1;2;3;\ldots\}$ für Maschine 3 in Erwägung zu ziehen. Dies könne zu ungeahnten Komplikationen führen. Sie vertrauen ihm völlig und befolgen den Hinweis.

Die Praktikantin Monika hat bereits die Maschinen- und Produktionsspezifikationen ermittelt und für Sie aufbereitet. Die zu beachtenden Beschränkungen sind:

$$\begin{array}{rcrcrcl} 4x_1 & + & 4x_2 & + & 2x_3 & \leq & 20 \quad \text{(Maschine 1)} \\ 2x_1 & + & x_2 & + & 0{,}5x_3 & \leq & 10 \quad \text{(Maschine 2)} \\ & & 2x_2 & + & 4x_3 & \leq & \lambda \quad \text{(Maschine 3)} \\ x_1 & , & x_2 & , & x_3 & \geq & 0 \end{array}$$

x_i steht hierbei führt die hergestellte Menge von Produkt i. Diese wird in Tonnen gemessen. Ihr Gewinn beim Verkauf einer Tonne von Gut 1, 2 bzw. 3 beträgt 5, 8 bzw. 6 Tausend €.

Wie entscheiden Sie sich bezüglich der Instandsetzung von Maschine 3, wie sieht Ihr optimales Produktionsprogramm aus und wie hoch ist Ihr maximaler Gewinn? Verwenden Sie zur Lösung dieser Aufgabe den Simplex-Algorithmus.

Lösungen

Kapitel 1

Aufgabe 1.1:

	A	B	C	D	F
Ordnung	(3×2)	(2×2)	(2×3)	(3×3)	(3×3)
quadratische Matrix		x		x	x
Nullmatrix	x				
Einheitsmatrix		x			
Diagonalmatrix		x			
Treppenmatrix	x	x	x		
obere Dreiecksmatrix	(x)	x	(x)		
untere Dreiecksmatrix	(x)	x			x

Aufgabe 1.2:

$$A=\begin{pmatrix}1 & 10 & 2\\ 2 & 6 & 9\\ 10 & 3 & 2\end{pmatrix},\quad c=\begin{pmatrix}0 & -1\end{pmatrix}$$

B und d können nicht berechnet werden.

Aufgabe 1.3:

$$A=\begin{pmatrix}7 & 4 & 5\\ 10 & 5 & 7\\ 1 & 2 & 1\end{pmatrix},\quad C=\begin{pmatrix}3 & 20 & 16 & 17\\ 0 & 8 & 7 & 8\end{pmatrix},\quad D=\begin{pmatrix}0 & 0 & 0\\ -16 & 8 & 12\\ -8 & 4 & 6\end{pmatrix},\quad F=14$$

B kann nicht berechnet werden.

Aufgabe 1.4:

$$B \cdot D = \begin{pmatrix} -2 & 3 \\ 28 & 0 \end{pmatrix},\ D \cdot B = \begin{pmatrix} -2 & 12 \\ 7 & 0 \end{pmatrix},\ A \cdot C^T = \begin{pmatrix} 5 & 7 & 4 \\ 7 & 5 & 4 \end{pmatrix},\ B^T \cdot A \cdot C = \begin{pmatrix} 4 & 6 & 5 \\ 16 & 40 & 12 \end{pmatrix},$$

$$D^2 = D \cdot D = \begin{pmatrix} 25 & -6 \\ -14 & 21 \end{pmatrix},\quad c \cdot A = \begin{pmatrix} 5 & 10 & 15 \\ 15 & 10 & 5 \end{pmatrix},\ a \cdot b = 0,\ b \cdot a = \begin{pmatrix} -1 & 0 & 1 \\ 1 & 0 & -1 \\ -1 & 0 & 1 \end{pmatrix},$$

$$D - B = \begin{pmatrix} -3 & 3 \\ 7 & -4 \end{pmatrix},\ a + b^T = \begin{pmatrix} 0 & 1 & -2 \end{pmatrix}$$

Alle anderen Ausdrücke können nicht berechnet werden. Die Ergebnisse von $B \cdot D$ und $D \cdot B$ unterscheiden sich, da bei der Matrixmultiplikation das Kommutativgesetz keine Gültigkeit besitzt.

Aufgabe 1.5:

$$B \cdot B^T = 3,\ B \cdot A = \begin{pmatrix} 6 & 10 \end{pmatrix},\ B \cdot A \cdot C = \begin{pmatrix} 16 & 52 & 68 \end{pmatrix},\ A^T \cdot C^T = \begin{pmatrix} 15 & 25 \\ 23 & 39 \end{pmatrix}$$

Alle anderen Multiplikationen sind nicht definiert.

Aufgabe 1.6:

a) X kann nicht berechnet werden.

b) $X = \begin{pmatrix} -5 & 10 & -2 \\ 10 & -2 & -8 \\ 9 & 2 & -1 \end{pmatrix}$

Aufgabe 1.7:

a) Allgemein: $X = A^2 + A \cdot B + A \cdot C + B \cdot A + B^2 + B \cdot C + C \cdot A + C \cdot B + C^2$

b) $X = 4 \cdot A^2 + 2 \cdot A \cdot C + 2 \cdot C \cdot A + C^2 = \begin{pmatrix} -2 & 117 \\ -26 & 63 \end{pmatrix}$

c) $X = \frac{25}{4} \cdot A^2 = \frac{25}{4} \cdot \begin{pmatrix} -\frac{7}{2} & 1 & -4 \\ -\frac{5}{2} & \frac{7}{2} & 2 \\ \frac{5}{2} & 3 & -8 \end{pmatrix}$

d) $(F+G)^2 = (F+G)\cdot(F+G) = F^2 + F\cdot G + G\cdot F + G^2$

Die in der Aufgabenstellung angegebene Gleichung gilt nicht allgemein, da sich die beiden mittleren Terme nur dann zu $2\cdot F\cdot G$ zusammenfassen lassen, falls $F\cdot G = G\cdot F$ gilt.

Aufgabe 1.8:

$$x = 2$$

Aufgabe 1.9:

$$x = -37$$

Aufgabe 1.10:

$$X = \begin{pmatrix} 23 & -22 & -3 & 11 & 26 \\ 2 & -14 & 7 & 16 & 40 \end{pmatrix}$$

Aufgabe 1.11:

$$A\cdot B = \begin{pmatrix} 7 & 8 & 9 \\ 1 & 2 & 3 \\ 10 & 11 & 12 \end{pmatrix}, \quad B\cdot C = \begin{pmatrix} 2 & 3 & 1 \\ 5 & 6 & 4 \\ 8 & 9 & 7 \\ 11 & 12 & 10 \end{pmatrix}$$

Aufgabe 1.12:

$$b = \begin{pmatrix} 10.000 & 100 & 1 \end{pmatrix} \cdot a$$

Aufgabe 1.13:

$$a = x \cdot e^T = 0,\; b = x \cdot x^T = 14,\; c = x \cdot \left(e^T + x^T\right) = 14,\; d = x^T - 3 \cdot y^T = \begin{pmatrix} -16 & 0 & -9 & 4 \end{pmatrix}^T,$$

$$F = y^T \cdot x = \begin{pmatrix} -5 & 15 & 0 & -10 \\ -1 & 3 & 0 & -2 \\ -3 & 9 & 0 & -6 \\ 2 & -6 & 0 & 4 \end{pmatrix}$$

Aufgabe 1.14:

Bei den Umformungen b), c) und g) handelt es sich nicht um EZUs.

Bei e) handelt es sich zwar um eine EZU, diese wurde aber auf die falsche Zeile angewendet.

Aufgabe 1.15:

$$a = -7,\; b = 0$$

Aufgabe 1.16:

$$x = \begin{pmatrix} 0 & -1 & 3 \end{pmatrix}^T$$

Aufgabe 1.17:

$$x = \begin{pmatrix} 20 & 60 & -30 \end{pmatrix}^T$$

Aufgabe 1.18:

$$x = \begin{pmatrix} 4 & 10 & 5 \end{pmatrix}^T$$

Aufgabe 1.19:

$$x = \begin{pmatrix} 8/3 & -5/6 & 10/3 \end{pmatrix}^T$$

Aufgabe 1.20:

$$x = \begin{pmatrix} 8 & 6 & 11/3 \end{pmatrix}^T$$

Aufgabe 1.21:

$$x = \begin{pmatrix} 2 & 7 & -3 & 1 \end{pmatrix}^T$$

Aufgabe 1.22:

$$x = \begin{pmatrix} 3 & -1 & 2 & 10 \end{pmatrix}^T$$

Aufgabe 1.23:

$$x = \begin{pmatrix} 17 & -8 & -2 & 0 \end{pmatrix}^T$$

Aufgabe 1.24:

$$x = \begin{pmatrix} -2 & 3/4 & 0 & -1/2 \end{pmatrix}^T$$

Aufgabe 1.25:

$$\begin{pmatrix} g_{\text{Karl}} & g_{\text{Heinz}} & g_{\text{Frieder}} \end{pmatrix}^T = \begin{pmatrix} 105 & 84 & 100 \end{pmatrix}^T$$

Aufgabe 1.26:

a) $m \cdot (M_{2002} + M_{2003}) \cdot (1 \quad 1 \quad 1 \quad 1)^T = 7.029$

b) Über das LGS $M_{2003}^T \cdot \begin{pmatrix} m_{Müller} \\ m_{Schmidt} \\ m_{Schneider} \\ m_{Schulz} \end{pmatrix} = \begin{pmatrix} 1.000 \\ 1.000 \\ 1.000 \\ 1.000 \end{pmatrix}$ ergibt sich: $\begin{pmatrix} m_{Müller} \\ m_{Schmidt} \\ m_{Schneider} \\ m_{Schulz} \end{pmatrix} = \begin{pmatrix} 10/9 \\ 0 \\ 0 \\ 80/9 \end{pmatrix}$

Kapitel 2

Aufgabe 2.1:

Die Koeffizientenmatrix A hat die Ordnung $(n \times n)$.

Aufgabe 2.2:

$$\begin{aligned} 180x_A &- 90x_B &= 10.000 \\ -60x_A &+ 130x_B &= 20.000 \end{aligned}$$

Aufgabe 2.3:

$$(x_A \quad x_B)^T = (100/3 \quad 100/3)^T$$

Aufgabe 2.4:

$$(x_A \quad x_B)^T = (4 \quad 3)^T$$

Aufgabe 2.5:

$$\left(x_A \quad x_B \quad x_C\right)^T = \left(500 \quad 200 \quad 1.000\right)^T$$

$$SK_A = 16.000,\ SK_B = 50.000,\ SK_C = 28.000,\ SK_X = 51.000,\ SK_Y = 55.000$$

Aufgabe 2.6:

$$\left(x_A \quad x_B \quad x_C\right)^T = \left(15 \quad 20 \quad 12{,}5\right)^T,\ SK_D = 110,\ SK_E = 47{,}5,\ SK_F = 52{,}5$$

Aufgabe 2.7:

a)

von \ an	A	B	C	X	Y
A	-	75	80	80	35
B	90	-	40	25	20
C	30	75	-	115	120

b) $\left(x_A \quad x_B \quad x_C\right)^T = \left(30 \quad 60 \quad 40\right)^T$

c) $SK_X = 8.500,\ SK_Y = 7.050$

Aufgabe 2.8:

a) $\left(x_A \quad x_B \quad x_C\right)^T = \left(12 \quad 10 \quad 4\right)^T$

b) $SK_D = 40,\ SK_E = 50$

c) $HK_D = 0{,}25$ € pro Stück, $HK_E = 0{,}75$ € pro Stück

Aufgabe 2.9:

a)

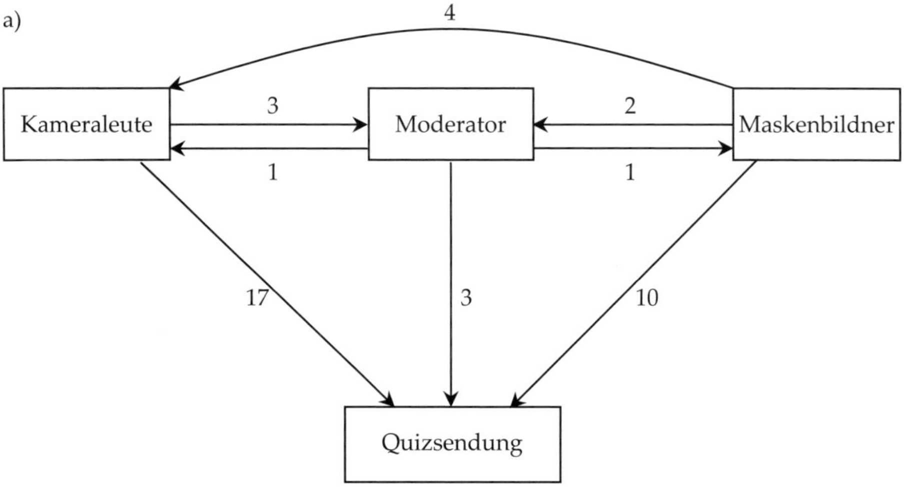

b) $\left(x_{\text{Kamera}} \quad x_{\text{Moderator}} \quad x_{\text{Maske}}\right)^T = \left(45 \quad 340 \quad 40\right)^T$

c) $SK_{\text{Quizshow}} = 2.185$

Aufgabe 2.10:

$$\left(x_A \quad x_B \quad x_C\right)^T = \left(24{,}1 \quad 15{,}5 \quad 21{,}5\right)^T$$

$$SK_A = 261{,}5,\ SK_B = 335{,}5,\ SK_C = 337{,}5,\ SK_D = 188{,}5,\ SK_E = 411{,}5$$

Aufgabe 2.11:

a) $\left(x_{\text{Gepäckabfertigung}} \quad x_{\text{Lotsendienst}} \quad x_{\text{Flugzeugmaintenance}}\right)^T = \left(20.000 \quad 35.000 \quad 40.000\right)^T$

$SK_{\text{BryanAir}} = 325.000,\ SK_{\text{FCBAir}} = 290.000$

b) $SK_{\text{CargoBanana}} = 230.000,\ GK_{\text{CargoBanana}} = 330.000$

$p_{\text{Bananen}} = 1{,}65$ € pro Kiste

Aufgabe 2.12:

a)

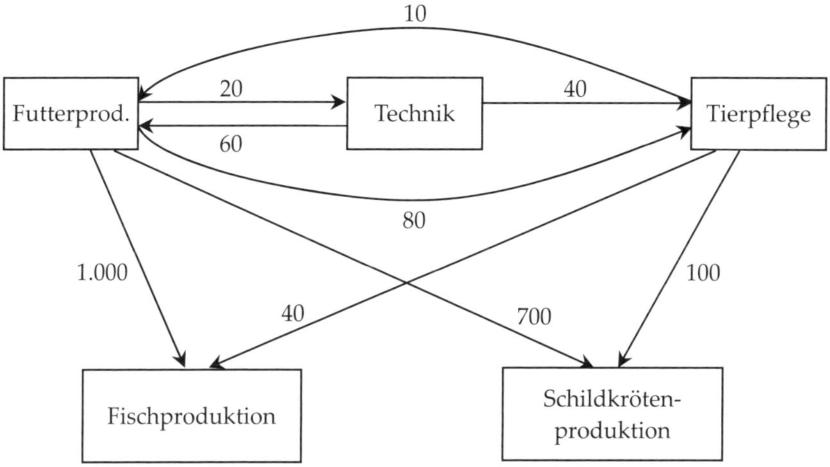

b) $\left(x_{\text{Futterprod.}} \quad x_{\text{Technik}} \quad x_{\text{Tierpflege}}\right)^T = \left(5 \quad 50 \quad 60\right)^T$

c) $SK_{\text{Fischprod.}} = 7.400$, $SK_{\text{Schildkrötenprod.}} = 9.500$

d) Die internen Verrechnungspreise ändern sich nicht.

Aufgabe 2.13:

a) $\left(x_A \quad x_B \quad x_C\right)^T = \left(15 \quad 10 \quad 20\right)^T$, $SK_D = 400$, $SK_E = 200$

b) $p_D = 5$ € pro Einheit

Aufgabe 2.14:

a) $\left(x_A \quad x_B \quad x_C\right)^T = \left(12 \quad 10 \quad 4\right)^T$

b) F bezieht nun 3 Einheiten von A, keine Einheit von B und 3 Einheiten von C.

Aufgabe 2.15:

a) $\left(x_{Trainerstab} \quad x_{Gaststätte} \quad x_{Physiotherapeuten}\right)^T = \left(30 \quad 10 \quad 20\right)^T$

$SK_{Skat} = 150,\ SK_{Tennis} = 560,\ SK_{Kegeln} = 340$

b) Ja, die Sekundärkosten der Skatabteilung ändern sich. Zunächst führen die gestiegenen Primärkosten der Hikos Trainerstab und Physiotherapie zu höheren Verrechnungspreisen dieser Hikos. Da die Gaststätte Leistungen von diesen bezieht, ändert sich auch ihr Verrechnungspreis und somit auch die Sekundärkosten der Skatabteilung. Dies geschieht, obwohl die Skatabteilung direkt keine Leistungen vom Trainerstab und den Physiotherapeuten in Anspruch nimmt.

c) Richtig sind die Aussagen iii), iv) und vii).

Aufgabe 2.16:

a)

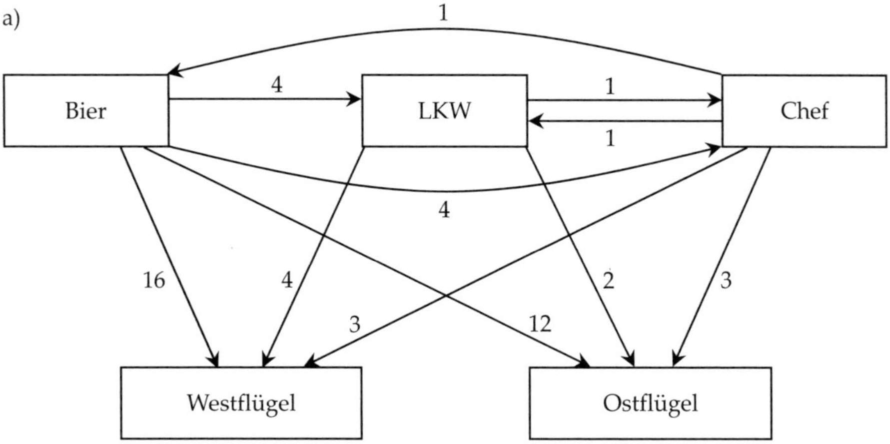

b) $\left(x_{Bier} \quad x_{LKW} \quad x_{Chef}\right)^T = \left(3{,}23 \quad 18{,}48 \quad 16{,}43\right)^T$

c) $\left(x_{LKW} \quad x_{Chef}\right)^T = \left(50/3 \quad 50/3\right)^T$

$GK_{Ostflügel\_vorher} = 425{,}05,\ GK_{Ostflügel\_nachher} = 383{,}33$

Prozentuale Verbesserung: 9,81%

Aufgabe 2.17:

a)

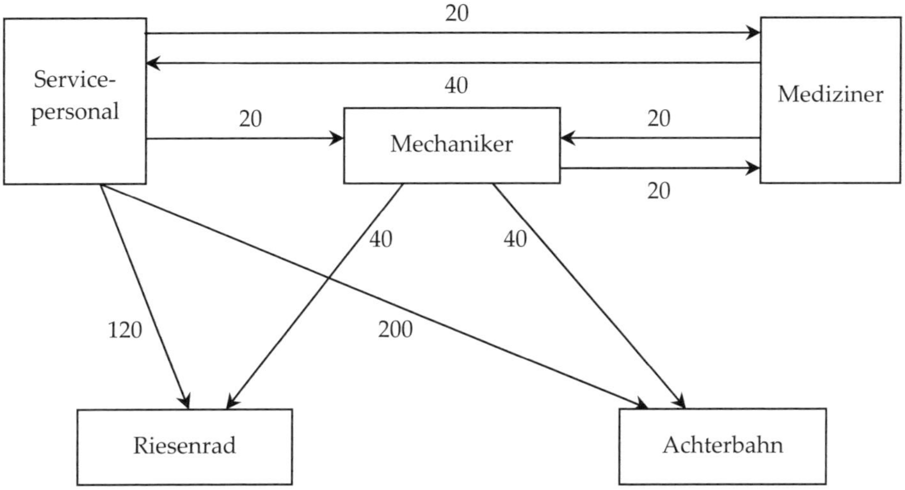

b) $\left(x_{Servicepersonal} \quad x_{Mechaniker} \quad x_{Mediziner}\right)^T = \left(15 \quad 30 \quad 60\right)^T$

c) $SK_{Achterbahn} = 4.200, \; SK_{Riesenrad} = 3.000$

d) $p_{Achterbahn} = 3$ € pro Fahrt

e) Die internen Verrechnungspreise verändern sich nicht.

Kapitel 3

Aufgabe 3.1:

$$\det(A) = -1.040$$

Aufgabe 3.2:

$$\det(A) = 2,\ \det(B) = 2$$

Aufgabe 3.3:

$$\det(A) = -3,\ \det(B) = -16$$

Aufgabe 3.4:

$$\det(A) = 6b + 3, \text{ A ist somit singulär für } b = -0{,}5$$

Aufgabe 3.5:

$$a = 9/2$$

Aufgabe 3.6:

Bei a), c), d) und f) ist die dritte Spalte ein Vielfaches der ersten Spalte und somit $\det(A) = 0$.

Aufgabe 3.7:

$$\det(A) = (a+3)\cdot(1-a)\cdot(a+2)$$

Aufgabe 3.8:

$$C = \begin{pmatrix} -1 & 2 & 9 \\ -16 & -4 & 0 \\ 3 & -6 & 9 \end{pmatrix}$$

Aufgabe 3.9:

$$a = 8, \; b = 6, \; c = 3, \; d = 2, \; \det(A) = 8$$

Aufgabe 3.10:

$$\det\left(A^{-1}\right) = \frac{1}{\det(A)} \xrightarrow{\cdot \det(A)} \det\left(A^{-1}\right) \cdot \det(A) = \frac{\det(A)}{\det(A)} \xleftrightarrow{\text{laut 1.)}} \det\left(A^{-1} \cdot A\right) = 1$$

$$\longrightarrow \det(E) = 1 \xleftrightarrow{\text{laut 2.)}} 1 = 1 \text{ q. e. d.}$$

Aufgabe 3.11:

$$x = -135$$

Aufgabe 3.12:

$$A = \begin{pmatrix} 12 & 15 \\ -5{,}5 & 6 \end{pmatrix}$$

Aufgabe 3.13:

$$C = \begin{pmatrix} 16 & 24 \\ 12 & 16 \end{pmatrix}$$

Für $a < 3$ ist $C > A$, für $a = 3$ ist $C \geq A$, für $a > 3$ lässt sich keine Relation aufstellen.

Aufgabe 3.14:

a) $\det(A) = 5$

b) A lässt sich durch die EZUs $III + I$, $(-2) \cdot I$ und $3 \cdot II$ in B umwandeln, folglich ist $\det(B) = (-2) \cdot 3 \cdot \det(A) = -30$.

A lässt sich durch die EZUs $(-1)\cdot\mathrm{I}$, $(-1)\cdot\mathrm{II}$, $\frac{1}{2}\cdot\mathrm{III}$, $\mathrm{II}_n \leftrightarrow \mathrm{III}_n$ und $(-1)\cdot\mathrm{IV}$ sowie anschließende Transposition in C umwandeln, folglich ist $\det(C)=\det\left(C^T\right)=(-1)\cdot(-1)\cdot\frac{1}{2}\cdot(-1)\cdot(-1)\cdot\det(A)=\frac{5}{2}$.

c) $x=10$

Aufgabe 3.15:

$$x=6$$

Aufgabe 3.16:

$$x=1$$

Aufgabe 3.17:

$$x=40$$

Aufgabe 3.18:

$$X=\begin{pmatrix}10 & 20\\ 30 & 40\end{pmatrix}$$

Aufgabe 3.19:

$$x=2$$

Aufgabe 3.20:

$$x=-12$$

Aufgabe 3.21:

Für $k \in \{-1;0\}$ existiert keine Inverse von A.

Aufgabe 3.22:

Die Kofaktormatrix ist singulär, wenn die zugehörige Matrix A singulär ist, und umgekehrt. Dies tritt ein, falls $a = 7/11$.

Aufgabe 3.23:

B ist nicht die Inverse von A. A ist nicht quadratisch und besitzt somit keine Inverse.

Aufgabe 3.24:

$$A^{-1} = (-42),\quad B^{-1} = \frac{1}{12} \cdot \begin{pmatrix} 4 & 8 \\ -2 & -1 \end{pmatrix},\quad C^{-1} = \begin{pmatrix} 7 & -8 & -3 \\ 0 & 1/2 & 0 \\ -2 & 2 & 1 \end{pmatrix}$$

Aufgabe 3.25:

$$A^{-1} = \begin{pmatrix} 3 & -3 & 1 \\ -3 & 5 & -2 \\ 1 & -2 & 1 \end{pmatrix}$$

B besitzt keine Inverse, da hier Zeilen Vielfache voneinander sind.

Aufgabe 3.26:

a) $m = n$

b) $n = k = p$

c) $n = p$ und $m = k$

d) $m = p$ und $n = k$

e) $m = n$

Aufgabe 3.27:

$$A^{-1} \text{ existiert nicht, } A^2 = A = \begin{pmatrix} 2 & 4 & -2 \\ -1 & -3 & 2 \\ -1 & -4 & 3 \end{pmatrix} \text{ (A ist idempotent),}$$

$$B^{-1} = \frac{1}{132} \cdot \begin{pmatrix} -44 & 24 & 20 \\ 22 & 12 & -1 \\ 0 & 12 & -12 \end{pmatrix}, \; B^2 = \begin{pmatrix} 5 & 4 & 30 \\ 12 & 36 & -16 \\ -10 & -8 & 72 \end{pmatrix}$$

Aufgabe 3.28:

$$a = -3/4, \; b = 1/4, \; c = 3/4$$

Aufgabe 3.29:

Aus $A^{-1} = \frac{1}{\det(A)} \cdot C^T$ lässt sich $\det(C) = \det(A)^{n-1}$ herleiten, wobei hier $n = 4$ gilt.

$\det(A) < -1 \;\Rightarrow\; \det(C) < \det(A)$

$\det(A) = -1 \;\Rightarrow\; \det(C) = \det(A)$

$-1 < \det(A) < 0 \;\Rightarrow\; \det(C) > \det(A)$

$0 < \det(A) < 1 \;\Rightarrow\; \det(C) < \det(A)$

$\det(A) = 1 \;\Rightarrow\; \det(C) = \det(A)$

$\det(A) > 1 \;\Rightarrow\; \det(C) > \det(A)$

Aufgabe 3.30:

$$\left(A^{-1}\right)^T = \left(A^T\right)^{-1} \xrightarrow{\cdot A^T} \left(A^{-1}\right)^T \cdot A^T = \left(A^T\right)^{-1} \cdot A^T \xleftrightarrow{\text{laut 1.)}}$$

$$\left(A \cdot A^{-1}\right)^T = E \longleftrightarrow E^T = E \xleftrightarrow{\text{laut 2.)}} E = E \text{ q. e. d.}$$

Aufgabe 3.31:

a) Wenn $A^2 = A$ gilt, muss auch $A^n = A$ gelten. Da jeder Matrix eindeutig eine Determinante zugeordnet ist, folgt aus $A^2 = A$, dass $\det(A^2) = \det(A)$ für alle $\det(A) \in \mathbb{R}$ gilt.

$\det(A^2) = \det(A) \xleftrightarrow{\text{laut Multiplikationssatz}} \det(A)^2 = \det(A) \xrightarrow{-\det(A)}$
$\det(A) \cdot (\det(A) - 1) = 0 \Rightarrow \det(A) = 0 \vee \det(A) = 1$ q. e. d.

b) Es existieren $2^3 = 8$ Diagonalmatrizen. Diese sind:

$$\begin{pmatrix}1&0&0\\0&1&0\\0&0&1\end{pmatrix}, \begin{pmatrix}0&0&0\\0&1&0\\0&0&1\end{pmatrix}, \begin{pmatrix}1&0&0\\0&0&0\\0&0&1\end{pmatrix}, \begin{pmatrix}1&0&0\\0&1&0\\0&0&0\end{pmatrix}, \begin{pmatrix}0&0&0\\0&0&0\\0&0&1\end{pmatrix}, \begin{pmatrix}1&0&0\\0&0&0\\0&0&0\end{pmatrix}, \begin{pmatrix}0&0&0\\0&1&0\\0&0&0\end{pmatrix}, \begin{pmatrix}0&0&0\\0&0&0\\0&0&0\end{pmatrix}$$

Aufgabe 3.32:

$B^2 = B \xrightarrow{\cdot B^{-1}}$ (nur und immer möglich, falls $\det(B) \neq 0$) $B = E$

Falls $\det(B) \neq 0$ (im Fall idempotenter Matrizen ist dann zwingend $\det(B) = 1$), gilt somit $B = E$. Ist $B \neq E$, muss gelten $\det(B) = 0$.

Aufgabe 3.33:

$$X = 42^7 \cdot E$$

Aufgabe 3.34:

$$X = \begin{pmatrix}-10 & -11\\ 7 & 10{,}5\end{pmatrix}$$

Aufgabe 3.35:

$$X = A^{-1} \cdot C + E$$

Aufgabe 3.36:

$$X = (C - 2 \cdot D)(3 \cdot A + B)^{-1}$$

Aufgabe 3.37:

$$X^{-1} = A \cdot B = \begin{pmatrix} -79 & 46 \\ -59 & 70 \end{pmatrix}$$

Aufgabe 3.38:

$$X = A^{-1} \cdot B \cdot A^{-1} = \begin{pmatrix} 1 & -2 \\ 0 & 1 \end{pmatrix}$$

Aufgabe 3.39:

$$X = \begin{pmatrix} 2 & 2/3 & 2 \\ -1/2 & 0 & -1/2 \\ 6 & 2 & 2 \end{pmatrix}$$

Aufgabe 3.40:

$$X = 1/2 \cdot E$$

Aufgabe 3.41:

$$X = \begin{pmatrix} 0 & -3 \\ -1 & 4 \end{pmatrix}$$

Aufgabe 3.42:

$$X = \frac{1}{6} \cdot \begin{pmatrix} 1 & 17 \\ -3 & 9 \end{pmatrix}$$

Aufgabe 3.43:

a) $X = \det(A) \cdot (3 \cdot A - 2 \cdot E)^{-1}$

b) Nur falls $\det(3 \cdot A - 2 \cdot E) \neq 0$ ist X bestimmbar. Dies ist bei ii), iii) und iv) erfüllt.

c) i) X kann nicht bestimmt werden.

ii) $X = \begin{pmatrix} 0 & 0 \\ 0 & 0 \end{pmatrix}$

iii) $X = -\frac{1}{9} \cdot \begin{pmatrix} 1 & 3 \\ 3 & 1 \end{pmatrix}$

iv) $X = E$

Aufgabe 3.44:

$$X = \begin{pmatrix} -1{,}25 & -4{,}5 \\ 1 & 2 \end{pmatrix}$$

Aufgabe 3.45:

a) $X = \frac{1}{3} \cdot \begin{pmatrix} 2 & 9 \\ 8 & 12 \end{pmatrix}$, $X^{-1} = \frac{1}{16} \cdot \begin{pmatrix} -12 & 9 \\ 8 & -2 \end{pmatrix}$

b) $X = \frac{1}{3} \cdot \begin{pmatrix} 2 & 0 \\ 3 & 6 \end{pmatrix}$, $X^{-1} = \frac{1}{4} \cdot \begin{pmatrix} 6 & 0 \\ -3 & 2 \end{pmatrix}$

Aufgabe 3.46:

$$X = \frac{3}{50} \cdot \begin{pmatrix} 31/3 & -2 \\ -2 & 2 \end{pmatrix}$$

Aufgabe 3.47:

$$X = \left(\frac{1}{\det(B)} \cdot E + C + B \right)^{-1} \cdot D$$

Aufgabe 3.48:

$$X = (F + G) \cdot (2 \cdot H + G - E)^{-1}$$

Aufgabe 3.49:

$$X = G$$

Aufgabe 3.50:

a) $x = \pm \frac{1}{4}$

b) $X = -\frac{7}{6} \cdot \begin{pmatrix} -2 & \frac{5}{8} \\ \frac{8}{7} & -\frac{5}{8} \end{pmatrix}$

Aufgabe 3.51:

a) Die Gleichung kann nicht nach H aufgelöst werden.

b) $H = 0$

c) $H = \begin{pmatrix} -103 & 48 & -61 \\ 95 & -42 & 57 \\ 10 & -4 & 7 \end{pmatrix}$

d) $H = 57 \cdot E$

Aufgabe 3.52:

$$X = \tfrac{1}{2} \cdot E$$

Aufgabe 3.53:

$$X = \begin{pmatrix} 8 & 2 & 2 \\ 8 & 4 & -1 \\ 6 & 2 & 1 \end{pmatrix} = A$$

Aufgabe 3.54:

Die einzige reguläre, idempotente Matrix ist die Einheitsmatrix, es gilt $A = E$.

$$X = \frac{1}{48} \cdot \begin{pmatrix} -31 & 56 & -19 & -8 \\ 1 & -8 & 13 & 8 \\ 11 & 8 & -1 & -8 \\ -24 & 48 & -24 & 0 \end{pmatrix}$$

Aufgabe 3.55:

$$\left(M^T\right)^2 = \left(\left(E - Y \cdot \left(Y^T \cdot Y\right)^{-1} \cdot Y^T\right)^T\right)^2 = M^2$$

$$= \left(E - Y \cdot \left(Y^T \cdot Y\right)^{-1} \cdot Y^T\right) \cdot \left(E - Y \cdot \left(Y^T \cdot Y\right)^{-1} \cdot Y^T\right) = M$$

Aufgabe 3.56:

$$x = A^{-1} \cdot b = \begin{pmatrix} 5 & -7 & -\tfrac{3}{2} \end{pmatrix}^T$$

Aufgabe 3.57:

$$x = \begin{pmatrix} 4 & 3 & 5 \end{pmatrix}^T$$

Aufgabe 3.58:

$$x = \begin{pmatrix} 2 & -2 & 4 \end{pmatrix}^T$$

Aufgabe 3.59:

$$x = \begin{pmatrix} 7 & 1/3 & -1 \end{pmatrix}^T$$

Aufgabe 3.60:

a) $A^{-1} = \frac{1}{3} \cdot \begin{pmatrix} 1 & -2 & -8 \\ -1 & -1 & -4 \\ -1 & 2 & 5 \end{pmatrix}$

b) $x = \begin{pmatrix} 2 & -2 & -3/2 \end{pmatrix}^T$

c) $\det(A_1) = 6,\ \det(A_2) = -6,\ \det(A_3) = -9/2$

Aufgabe 3.61:

$$x = \begin{pmatrix} 2 & 3 & -1 \end{pmatrix}^T$$

Aufgabe 3.62:

$$x = \begin{pmatrix} 3 & 1 & -3 \end{pmatrix}^T$$

Aufgabe 3.63:

$$x = \begin{pmatrix} 0 & -4 & 4 \end{pmatrix}^T$$

Aufgabe 3.64:

$$x = \begin{pmatrix} 13 & -5 & 5 \end{pmatrix}^T$$

Aufgabe 3.65:

$$x = \begin{pmatrix} 3 & 2 & -1 \end{pmatrix}^T$$

Aufgabe 3.66:

$$\begin{pmatrix} a & b & c \end{pmatrix}^T = \begin{pmatrix} 0{,}9 & 0{,}7 & 0{,}5 \end{pmatrix}^T$$

Aufgabe 3.67:

$$x = \begin{pmatrix} -1 & -6 & -2{,}5 \end{pmatrix}^T$$

Aufgabe 3.68:

$$x = \begin{pmatrix} -6 & -2 & 5{,}5 \end{pmatrix}^T$$

Aufgabe 3.69:

a) $\det(A) = 6 - a$, falls $a = 6$ ist das LGS somit nicht eindeutig lösbar.

b) $x = \frac{1}{6-a} \cdot \begin{pmatrix} 18 - 3a \\ -12 + 2a \\ 0 \end{pmatrix} = \begin{pmatrix} 3 \\ -2 \\ 0 \end{pmatrix}$ (Sofern $a \neq 6$ ist die Lösung also unabhängig von a.)

Aufgabe 3.70:

a) $c \neq 4d - {}^{21}\!/_{2}$

b) $x = \frac{1}{2c - 8d + 21} \cdot \begin{pmatrix} 7 \\ -4c + 9d - 21 \\ 3c - 5d + 21 \end{pmatrix}$

c) $-{}^{7}\!/_{9} \leq d \leq 0$

d) $x = \begin{pmatrix} 1 & -2 & 3 \end{pmatrix}^T$

e) $c = 5$

Aufgabe 3.71:

a) Eine Matrix ist regulär, falls sie invertierbar ist. Sie ist quadratisch und ihre Determinante ist nicht Null.

b) Eine Matrix ist idempotent, falls alle Potenzen dieser Matrix gleich sind. Dies ist für die Matrix A bereits erfüllt, falls gilt $A^2 = A$.

c) Eine, nur die Einheitsmatrix ist regulär und idempotent.

Kapitel 4

Aufgabe 4.1:

a) $M_{RE} = \begin{pmatrix} 7 & 1 \\ 17 & 3 \\ 2 & 2 \end{pmatrix}$

b) $q_R = \begin{pmatrix} 1.700 & 4.300 & 1.000 \end{pmatrix}^T$

c) $k_E = \begin{pmatrix} 64 & 12 \end{pmatrix}$

Aufgabe 4.2:

a) $q_R = \begin{pmatrix} 65 & 60 & 60 \end{pmatrix}^T$

b) $K = 1.100$

c) $G = 900$

Aufgabe 4.3:

a) $q_R = \begin{pmatrix} 3.600 & 2.600 & 3.300 \end{pmatrix}^T$

b) $k_E = \begin{pmatrix} 135 & 65 \end{pmatrix}$

c) $G = 5.000$

Aufgabe 4.4:

a) $M_{RE} = \begin{pmatrix} 19 & 16 \\ 10 & 20 \\ 18 & 22 \end{pmatrix}$

b) $q_R = \begin{pmatrix} 9.700 & 8.000 & 10.900 \end{pmatrix}^T$

c) $k_E = \begin{pmatrix} 103 & 112 \end{pmatrix}$

d) $G = 11.500$

Aufgabe 4.5:

a) $M_{RE} = \begin{pmatrix} 9 & 2 & 1 \\ 3 & 1 & 1 \\ 2 & 1 & 0 \end{pmatrix}$

b) $q_R = \begin{pmatrix} 800 & 400 & 200 \end{pmatrix}^T$

c) Es bleiben keine Rohstoffe auf Lager.

d) Gewinn = 10.350

e) $\Delta Gewinn_{12} = -20\%,\ \Delta Gewinn_{23} = 20\%,\ Gewinn_3 < Gewinn_1$

Aufgabe 4.6:

$$g_E = \begin{pmatrix}1{,}34 & 0{,}16 & 0{,}41\end{pmatrix}$$

Aufgabe 4.7:

a) $q_R = \begin{pmatrix}1.400 & 2.200 & 1.400\end{pmatrix}^T$

b) Gewinn = 2.800

c) $K_Z = 1.250$

d) $p_{E_3} = 120$

Aufgabe 4.8:

a) $M_{VE} = \begin{pmatrix}60 & 100\\ 48 & 70\\ 26 & 50\\ 50 & 80\end{pmatrix},\ M_{RE} = \begin{pmatrix}420 & 700\\ 580 & 960\\ 420 & 690\\ 580 & 960\\ 490 & 790\end{pmatrix}$

b) $q_R = \begin{pmatrix}7.700 & 10.600 & 7.650 & 10.600 & 8.850\end{pmatrix}^T,\ q_V = \begin{pmatrix}1.100 & 830 & 510 & 900\end{pmatrix}^T$

c) $p_{R_3} = 1$ € pro Stück

Aufgabe 4.9:

a) $M_{RE} = \begin{pmatrix} 36 & 19 \\ 36 & 28 \\ 32 & 21 \\ 28 & 32 \end{pmatrix}$

b) $q_R = \begin{pmatrix} 740 & 920 & 740 & 920 \end{pmatrix}^T$

c) $k_E = \begin{pmatrix} 10 & 7 \end{pmatrix}$

d) $\text{Materialkosten} = 1.000$

Aufgabe 4.10:

a) $q_R = \begin{pmatrix} 1.750 & 2.195 & 3.595 & 1.255 \end{pmatrix}^T$

b) $\text{Gewinn} = 3.400$

c) $q_E = \begin{pmatrix} 400 & 400 \end{pmatrix}^T$

d) $q_R = \begin{pmatrix} 30 & 40 & 60 & 20 \end{pmatrix}^T$

$\text{Materialkosten} = 200$

Aufgabe 4.11:

a) Nein, der Produktionsprozess ist nicht direkt in Produktionsmatrizen umwandelbar, denn verschiedene Rohstoffe (bzw. Zwischenprodukte) gehen direkt in die Endprodukte (bzw. andere Zwischenprodukte höherer Produktionsstufen) ein und überspringen somit Produktionsstufen. Um die M_{RE} zu bestimmen, können in jeder Produktionsstufe weitere Zwischenprodukte eingeführt werden. Dies führt zu:

$$M_{RE} = \begin{pmatrix} 24 & 24 & 24 \\ 18 & 18 & 18 \\ 0 & 11 & 22 \\ 0 & 20 & 40 \\ 2 & 3 & 2 \end{pmatrix}$$

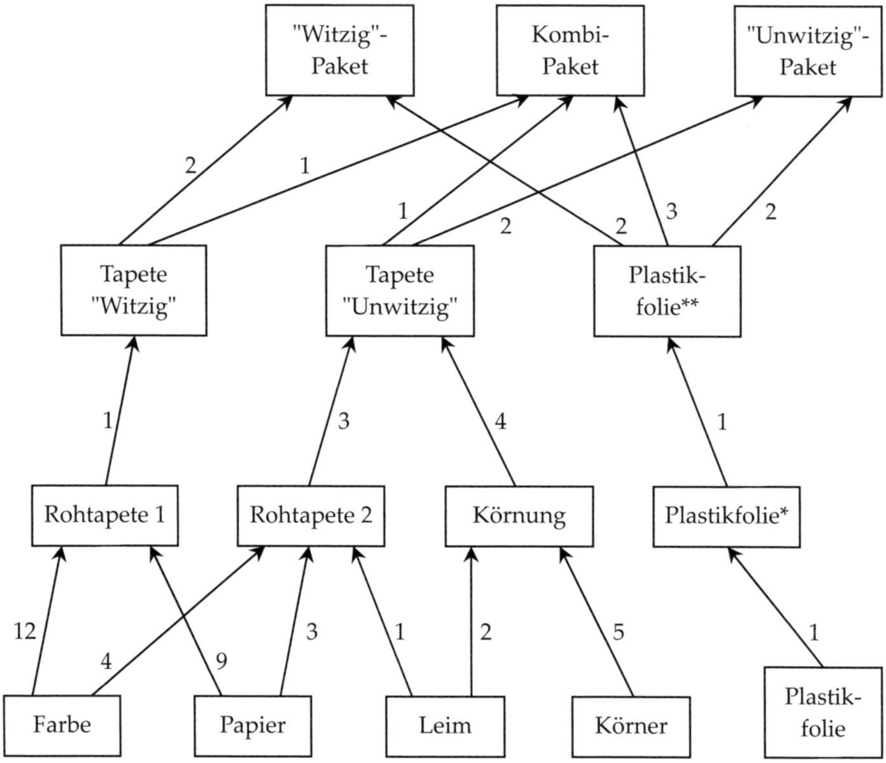

b) Ihr Rohstofflager reicht nicht aus. Sie müssen $q_R = \begin{pmatrix} 0 & 0 & 1 & 0 & 0 \end{pmatrix}^T$ nachkaufen.

Aufgabe 4.12:

a) $q_V = \begin{pmatrix} 200 & 400 \end{pmatrix}^T$

b) $q_E = \begin{pmatrix} 25 & 250 \end{pmatrix}^T$

Aufgabe 4.13:

a) $M_{RE} = \begin{pmatrix} 16 & 8 \\ 7 & 3 \end{pmatrix}$

b) $q_R = \begin{pmatrix} 320 & 135 \end{pmatrix}^T$

c) $q_E = \begin{pmatrix} 5 & 5 \end{pmatrix}^T$

Aufgabe 4.14:

a) $M_{RZ} = \begin{pmatrix} 6 & 4 & 8 \\ 2 & 3 & 4 \\ 5 & 6 & 9 \end{pmatrix}$, $M_{ZE} = \begin{pmatrix} 2 & 0 \\ 12 & 5 \\ 0 & 10 \end{pmatrix}$

b) $q_R = (1.200 \quad 695 \quad 1.490)^T$, $q_Z = (10 \quad 105 \quad 90)^T$

c) Gewinn = 5.000

d) Gewinn bei Einkauf der Rohstoffe: -7.000

Gewinn bei Einkauf der Zwischenprodukte: $11.000 - 10 \cdot p_{Z_1}$

Der Kauf der Zwischenprodukte ist folglich zu präferieren, falls $p_{Z_1} < 1.800$. Der Gewinn des Alternativangebots ist positiv, falls $p_{Z_1} < 1.100$.

Aufgabe 4.15:

a) $M_{RE} = \begin{pmatrix} 18 & 15 & 24 \\ 13 & 10 & 22 \\ 19 & 18 & 21 \end{pmatrix}$

b) $q_R = (1.890 \quad 1.535 \quad 1.865)^T$

c) Materialkosten = 21.490

Erlös = 28.000

Gewinn = 6.510

d) $p_{E_2} = 658$ € pro Stück

Aufgabe 4.16:

a) Materialkosten = 285

b) $q_E = (2 \quad 7)^T$

c) $q_E = (1 \quad 8)^T \Rightarrow q_Z = (20 \quad 1)^T$

Aufgabe 4.17:

$$a = 3$$

Aufgabe 4.18:

a) $\text{Gewinn} = \left(p_E - p_R \cdot M_{RE}\right) \cdot q_E$

b) $a = 3$

Aufgabe 4.19:

a) $M_{RZ} = \begin{pmatrix} 20 & 10 & 0 & 0 \\ 0 & 30 & 20 & 15 \\ 50 & 0 & 40 & 40 \\ 0 & 0 & 0 & 10 \end{pmatrix}, \quad M_{ZE} = \begin{pmatrix} 3 & 5 & 0 \\ 7 & 6 & 0 \\ 2 & 3 & 9 \\ 8 & 1 & 11 \end{pmatrix}, \quad M_{RE} = \begin{pmatrix} 130 & 160 & 0 \\ 370 & 255 & 345 \\ 550 & 410 & 800 \\ 80 & 10 & 110 \end{pmatrix}$

b) $p_{\text{Bratwurst}} = 5{,}30$ € pro kg

c) Sie müssen 1.000 kg Karotten nachkaufen, während 4.000 kg Körner im Lager verbleiben.

d) $q_Z = \begin{pmatrix} 140 & 440 & 800 \end{pmatrix}^T$

Aufgabe 4.20:

a) $M_{RE} = \begin{pmatrix} 9 & 8 & 13 \\ 4 & 7 & 5 \\ 7 & 9 & 10 \end{pmatrix}$

b) $q_R = \begin{pmatrix} 345 & 180 & 295 \end{pmatrix}^T$

c) $K = 3.920$ €, $E = 5.000$ €, $G = 1.080$ €

d) $a \leq 2$

Aufgabe 4.21:

$$a = 4,\ b = 8,\ c = {}^{16}\!/_{19}$$

Aufgabe 4.22:

$$q_{R_1} = 600$$

Kapitel 5

Aufgabe 5.1:

$$y = \begin{pmatrix} 30 & 50 & 160 \end{pmatrix}^T$$

Aufgabe 5.2:

Nein, da $\det(E - Q) < 0$ ist.

Aufgabe 5.3:

a) $Q = \begin{pmatrix} 0{,}3 & 0{,}4 \\ 0{,}1 & 0{,}2 \end{pmatrix}$

b) $y = \begin{pmatrix} 240 & 40 \end{pmatrix}^T$

c) $\Delta q = \begin{pmatrix} 600 & 350 \end{pmatrix}^T$

d) Ja, da $(E - Q)^{-1} \geq 0$ ist.

Aufgabe 5.4:

a_{23}: verbrauchte Menge von Gut 2 zur Herstellung einer Einheit von Gut 3

$\sum_{j=1}^{3} x_{2j}$: innerbetrieblich verbrauchte Menge von Gut 2 zur Herstellung des Produktionsplans q

$q_1 - y_1$: innerbetrieblich verbrauchte Menge von Gut 1 zur Herstellung des Produktionsplans q

$\sum_{j=1}^{3} a_{1j}$: innerbetrieblich verbrauchte Menge von Gut 1 zur Herstellung je einer Einheit der Güter

b_{11}: der Anteil der produzierten Einheiten von Gut 1, der zur Befriedigung des innerbetrieblichen Verbrauchs der anderen Produktionsstätten 2 und 3 und der externen Nachfrage nach Gut 1 zur Verfügung steht

---

Aufgabe 5.5:

a) $y = \begin{pmatrix} 10 & 70 & 20 \end{pmatrix}^T$

b) $X = \begin{pmatrix} 5 & 20 & 15 \\ 10 & 10 & 10 \\ 5 & 20 & 5 \end{pmatrix}$

c) Ja, da alle sukzessiven Hauptminoren von $(E - Q) > 0$ sind.

d) $q = \begin{pmatrix} 175 & 350 & 175 \end{pmatrix}^T$

Aufgabe 5.6:

a) $q = \begin{pmatrix} 2.600 & 2.500 & 3.200 \end{pmatrix}^T$

b) Ja, da alle sukzessiven Hauptminoren von $(E - Q) > 0$ sind.

Aufgabe 5.7:

a) $Q=\begin{pmatrix} 0{,}1 & 0 & 0{,}75 & 0 \\ 0 & 0{,}2 & 0 & 0{,}5 \\ 0 & 0 & 0{,}25 & 0 \\ 0 & 0 & 0{,}5 & 0{,}25 \end{pmatrix}$

b) $y=\begin{pmatrix} 0 & 0 & 27 & 12 \end{pmatrix}^T$

c) $q=\begin{pmatrix} 50 & 55 & 60 & 88 \end{pmatrix}^T$

Aufgabe 5.8:

$$Q=\begin{pmatrix} 1/10 & 1/6 \\ 1/10 & 1/4 \end{pmatrix}$$

Aufgabe 5.9:

a) $y=\begin{pmatrix} 25 & 5 \end{pmatrix}^T$

b) $Q=\begin{pmatrix} 0{,}25 & 0{,}4 \\ 0{,}25 & 0{,}6 \end{pmatrix}$

c) $q=\begin{pmatrix} 280 & 375 \end{pmatrix}^T$

Aufgabe 5.10:

a) $y=\begin{pmatrix} 1 & 2 & 0 \end{pmatrix}^T$

b) $X=\begin{pmatrix} 100 & 94 & 305 \\ 50 & 235 & 183 \\ 150 & 94 & 366 \end{pmatrix}$

c) $\det(E-Q)=0{,}001>0,\ \det\left((E-Q)_{33}\right)=0{,}38>0,\ \det\left(\left((E-Q)_{33}\right)_{22}\right)=0{,}8>0$

Jede sinnvolle externe Nachfrage lässt sich somit befriedigen.

d) $q^d = 7 \cdot q^a = \begin{pmatrix} 3.500 & 3.290 & 4.270 \end{pmatrix}^T$, da $y^d = 7 \cdot y^a$

Aufgabe 5.11:

a) $X = \begin{pmatrix} 2 & 6 & 8 \\ 4 & 3 & 8 \\ 4 & 6 & 4 \end{pmatrix}$

b) $y = \begin{pmatrix} 4 & 15 & 26 \end{pmatrix}^T$

c) Ja, da $(E - Q)^{-1} \geq 0$ ist.

d) $q = \begin{pmatrix} 200 & 100 & 100 \end{pmatrix}^T$, $y = \begin{pmatrix} 100 & 70 & 70 \end{pmatrix}^T$

Aufgabe 5.12:

a) $q = \begin{pmatrix} 150 & 200 & 150 \end{pmatrix}^T$

b) $Q = \begin{pmatrix} 0 & 0,25 & 0,2 \\ 0,2 & 0,15 & 0,2 \\ 0,2 & 0,15 & 0,4 \end{pmatrix}$

c) $q = \begin{pmatrix} 163 & 196 & 170 \end{pmatrix}^T$

d) Ja, da alle sukzessiven Hauptminoren von $(E - Q) > 0$ sind.

Aufgabe 5.13:

a) Ja, da $(E - Q)^{-1} = \begin{pmatrix} 180 & 155 & 145 \\ 160 & 140 & 130 \\ 190 & 165 & 155 \end{pmatrix} \geq 0$ bzw. alle Hauptminoren von $(E - Q) > 0$ sind.

b) $q = \begin{pmatrix} 48.000 \\ 43.000 \\ 51.000 \end{pmatrix}$, $X = \begin{pmatrix} 24.000 & 8.600 & 15.300 \\ 9.600 & 12.900 & 20.400 \\ 19.200 & 21.500 & 10.200 \end{pmatrix}$

c) $y = \begin{pmatrix} 50 & 0 & 300 \end{pmatrix}^T$

Aufgabe 5.14:

$$X = \begin{pmatrix} 69 & 43 & 0 \\ 46 & 0 & 207 \\ 23 & 86 & 345 \end{pmatrix}$$

Aufgabe 5.15:

a) $x_{13} = 3,\ x_{22} = 6,\ x_{31} = 3,\ a_{11} = 0{,}1,\ a_{32} = 0{,}1,\ a_{33} = 0{,}4$

b) $y = \begin{pmatrix} 2 & 11 & 1 \end{pmatrix}^T$

c) $q^c = 2 \cdot q = \begin{pmatrix} 20 & 40 & 20 \end{pmatrix}^T$, da $y^c = 2 \cdot y^b$

Aufgabe 5.16:

a) Ja, da $(E-Q)^{-1} = \frac{1.000}{527} \cdot \begin{pmatrix} 0{,}61 & 0{,}19 & 0{,}11 \\ 0{,}04 & 0{,}79 & 0{,}18 \\ 0{,}14 & 0{,}13 & 0{,}63 \end{pmatrix} \geq 0$ bzw. alle Hauptminoren von $(E-Q) > 0$ sind.

b) $q = \begin{pmatrix} 300 \\ 250 \\ 150 \end{pmatrix},\ X = \begin{pmatrix} 30 & 50 & 15 \\ 0 & 75 & 30 \\ 60 & 25 & 15 \end{pmatrix},\ y = \begin{pmatrix} 205 \\ 145 \\ 50 \end{pmatrix}$

c) $Q \cdot q$ ist der innerbetriebliche Verbrauch bei Herstellung des Produktionsplans q.

Aufgabe 5.17:

$$q = \begin{pmatrix} 750 & 369 & 234 \end{pmatrix}^T,\ \begin{pmatrix} \sum_{j=1}^{3} x_{1j} & \sum_{j=1}^{3} x_{2j} & \sum_{j=1}^{3} x_{3j} \end{pmatrix}^T = \begin{pmatrix} 744 & 363 & 228 \end{pmatrix}^T$$

$$Q = \begin{pmatrix} 1/2 & 1 & 0 \\ 0 & 2/3 & 1/2 \\ 1/5 & 0 & 1/3 \end{pmatrix}$$

Aufgabe 5.18:

$$y = \begin{pmatrix} 29 & 42 & 103 \end{pmatrix}^T$$

Aufgabe 5.19:

$$q = \begin{pmatrix} 150 & 600 & 300 \end{pmatrix}^T, \; y = \begin{pmatrix} 45 & 60 & 75 \end{pmatrix}^T$$

Aufgabe 5.20:

a) $x_{11} = 40, \; x_{22} = 15, \; x_{33} = 56, \; y = \begin{pmatrix} 120 & 30 & 112 \end{pmatrix}^T$

b) $y = \begin{pmatrix} 30 & 90 & 138 \end{pmatrix}^T$

c) Sind die sukzessiven Hauptminoren von $(E - Q) > 0$?

Sind alle Komponenten der Matrix $(E - Q)^{-1} \geq 0$?

d) $X = Q$. gilt, falls $q = \begin{pmatrix} 1 & 1 & 1 \end{pmatrix}^T$.

Aufgabe 5.21:

a) $Q = \begin{pmatrix} 0{,}2 & 1{,}1 & 0{,}2 \\ 0{,}2 & 0 & 0{,}3 \\ 0{,}4 & 0{,}1 & 0{,}5 \end{pmatrix}, \; X = \begin{pmatrix} 28 & 77 & 26 \\ 28 & 0 & 39 \\ 56 & 7 & 65 \end{pmatrix}, \; q = \begin{pmatrix} 140 \\ 70 \\ 130 \end{pmatrix}$

b) $y = \begin{pmatrix} 9 & 3 & 2 \end{pmatrix}^T$

c) $q^c = 2 \cdot q = \begin{pmatrix} 280 & 140 & 260 \end{pmatrix}^T$

d) $q^d = \begin{pmatrix} 335 & 170 & 310 \end{pmatrix}^T$

e) $\det(E - Q) = 0{,}05 > 0, \; \det\left((E - Q)_{33}\right) = 0{,}58 > 0, \; \det\left(\left((E - Q)_{33}\right)_{22}\right) = 0{,}8 > 0$

Jede sinnvolle externe Nachfrage lässt sich somit befriedigen.

Aufgabe 5.22:

a) $Q = \begin{pmatrix} 3/10 & 1/2 \\ 4/25 & 3/10 \end{pmatrix}$

b) Es sind 2 Vektorpaare notwendig.

c) $q = \begin{pmatrix} 80 & 50 \end{pmatrix}^T$

Kapitel 6

Aufgabe 6.1:

$$c = 0{,}6a + 0{,}2b$$

Aufgabe 6.2:

a) a, b, c sind linear abhängig.

b) a, b, c sind linear unabhängig.

Aufgabe 6.3:

c lässt sich für $d = 2$ als LK der Vektoren a und b darstellen als: $c = 0{,}5a + 0{,}25b$

Aufgabe 6.4:

d lässt sich für $e = -8$ als LK der Vektoren a, b und c darstellen als: $d = 5a + 2b + 2c$

Aufgabe 6.5:

a, b, c und d sind linear abhängig. a lässt sich darstellen als: $a = 2b - c - 2d$

Aufgabe 6.6:

Es gibt unendlich viele Möglichkeiten, um d als LK von a, b und c darzustellen:

$a \cdot x_1 + b \cdot (-2{,}5 + 1{,}5 \cdot x_1) + c \cdot (-2 + 0{,}5 \cdot x_1) = d$ mit $x_1 \in \mathbb{R}$

Aufgabe 6.7:

Der Rang einer Matrix, welche die Vektoren enthält ist zwei. Somit sind die Vektoren l.a., die größtmögliche l.u. Teilmenge enthält zwei Vektoren.

Aufgabe 6.8:

Mit

$$a = \begin{pmatrix} 1 \\ -2 \\ 2 \end{pmatrix},\ b = \begin{pmatrix} 4 \\ 2 \\ -2 \end{pmatrix},\ c = \begin{pmatrix} 1 \\ 1 \\ -2 \end{pmatrix},\ d = \begin{pmatrix} -2 \\ 4 \\ -4 \end{pmatrix} \text{ und } e = \begin{pmatrix} 2 \\ 4 \\ -4 \end{pmatrix}$$

sind die folgenden Mengen sämtliche Teilmengen von $\mathbb{A}$, die Teilmengen besitzen, welche drei linear unabhängige Vektoren enthalten: $\{a,b,c\}$, $\{a,c,e\}$, $\{b,c,d\}$, $\{b,c,e\}$, $\{c,d,e\}$, $\{a,b,c,d\}$, $\{a,b,c,e\}$, $\{a,c,d,e\}$, $\{b,c,d,e\}$, $\{a,b,c,d,e\}$

Für $\mathbb{B}$ können keine Mengen existieren, die Teilmengen besitzen, welche drei linear unabhängige Vektoren enthalten, da die Vektoren dem $\mathbb{R}^2$ entstammen. Hier sind mehr als zwei Vektoren immer l. a.

Für eine Matrix A gilt stets $0 \le rg(A) \le \min(n,m)$. Eine Matrix, welche Vektoren aus dem $\mathbb{R}^2$ enthält, hat also maximal einen Rang von 2 und somit gibt es maximal 2 l. u. Vektoren.

Aufgabe 6.9:

a, b, c sind linear unabhängig.

Aufgabe 6.10:

$$\operatorname{rg}(A)=3,\ \operatorname{rg}(B)=2,\ \operatorname{rg}(C)=4,\ \operatorname{rg}(D)=3$$

Aufgabe 6.11:

$$\operatorname{rg}(A)=2,\ \operatorname{rg}(B)=2,\ \operatorname{rg}(C)=3,\ \operatorname{rg}(D)=3$$

Aufgabe 6.12:

$$\mathbb{L}=\left\{\begin{pmatrix}2-3x_3 & \tfrac{1}{2}-\tfrac{1}{2}x_3 & x_3\end{pmatrix}^T,\ x_3\in\mathbb{R}\right\}$$

Aufgabe 6.13:

$$\mathbb{L}=\left\{\begin{pmatrix}5+x_3 & 4+2x_3 & x_3 & 2\end{pmatrix}^T,\ x_3\in\mathbb{R}\right\}$$

Aufgabe 6.14:

$$\mathbb{L}=\left\{\begin{pmatrix}-2+x_2 & x_2 & 3-2x_2 & -4+3x_2\end{pmatrix}^T,\ x_2\in\mathbb{R}\right\}$$

Aufgabe 6.15:

$$\mathbb{L}=\left\{\begin{pmatrix}x_1 & \tfrac{70}{13}-\tfrac{24}{13}x_1 & -\tfrac{73}{13}+\tfrac{41}{13}x_1 & -\tfrac{90}{13}+\tfrac{71}{26}x_1\end{pmatrix}^T,\ x_1\in\mathbb{R}\right\}$$

Aufgabe 6.16:

a) $\mathbb{L}=\left\{\begin{pmatrix}\tfrac{8}{3}+\tfrac{4}{3}x_2+3x_5 & x_2 & -8-2x_2-7x_5 & -7-4x_5 & x_5\end{pmatrix}^T, x_2,x_5\in\mathbb{R}\right\}$

b) x_4 und x_5 sind nicht gleichzeitig frei wählbar, da die beiden Variablen nur in gegenseitiger Abhängigkeit ausgedrückt werden können.

Aufgabe 6.17:

Das LGS ist nicht eindeutig lösbar.

Aufgabe 6.18:

$$\mathbb{L}=\left\{\begin{pmatrix}3-3x_4 & x_4 & 2+5x_4 & x_4\end{pmatrix}^T, x_4 \in \mathbb{R}\right\}$$

Aufgabe 6.19:

a) $x_3 \in [2;7]$

b) $a = 4$

Aufgabe 6.20:

a) $\mathbb{L}=\left\{\begin{pmatrix}x_1 & x_2 & 1-x_2 & 4-x_1\end{pmatrix}^T, x_1, x_2 \in \mathbb{R}\right\}$

b) $x_1 \in [0;4]$, $x_2 \in [0;1]$, $x_1, x_2 \in \mathbb{Z}$

Spezielle Lösungen sind beispielsweise $\begin{pmatrix}0 & 0 & 1 & 4\end{pmatrix}^T$, $\begin{pmatrix}1 & 0 & 1 & 3\end{pmatrix}^T$ und $\begin{pmatrix}0 & 1 & 0 & 4\end{pmatrix}^T$.

Aufgabe 6.21:

$\mathbb{L}=\left\{\begin{pmatrix}0 & 3x_3 & x_3\end{pmatrix}^T, x_3 \in \mathbb{R}\right\}$

Es gibt keine positive Lösung.

Aufgabe 6.22:

a) $\mathbb{L} = \left\{ \begin{pmatrix} 3/2 + 1/2\,x_3 - x_4 & 4/3\,x_3 - 7/3\,x_4 & x_3 & x_4 \end{pmatrix}^T, x_3, x_4 \in \mathbb{R} \right\}$

b) Ja, x_1 und x_3 können gemeinsam frei gewählt werden.

Aufgabe 6.23:

Das LGS ist unlösbar.

Aufgabe 6.24:

a) $\mathbb{L} = \left\{ \begin{pmatrix} 3 - x_3 & -4 - 2x_3 & x_3 & 0 \end{pmatrix}^T, x_3 \in \mathbb{R} \right\}$

b) Es existieren keine nichtnegativen Lösungen.

Aufgabe 6.25:

a) $\mathbb{L} = \left\{ \begin{pmatrix} -3x_4 + 3 & x_4 & 5x_4 + 2 & x_4 \end{pmatrix}^T, x_4 \in \mathbb{R} \right\}$

b) Es existiert kein a, für das v eine Lösung des LGS ist.

Aufgabe 6.26:

a) $\mathbb{L} = \left\{ \begin{pmatrix} 8 - 5x_3 & -2 + 2x_3 & x_3 & 0{,}5 \end{pmatrix}^T, x_3 \in \mathbb{R} \right\}$

b) Für $a = 2$ ist v eine Lösung des LGS.

Aufgabe 6.27:

Keine Lösung für $a = 1/2$

Genau eine Lösung für $a \in \mathbb{R} \setminus \{-1/2\}$: $x = \begin{pmatrix} \frac{-4a}{1-2a} & \frac{4}{1-2a} \end{pmatrix}^T$

Aufgabe 6.28:

Unendlich viele Lösungen für $a=1$: $\mathbb{L}=\left\{\begin{pmatrix}4-2x_3 & 3+x_3 & x_3\end{pmatrix}^T, x_3 \in \mathbb{R}\right\}$

Genau eine Lösung für $a \in \mathbb{R}\setminus\{1\}$: $x=\begin{pmatrix}4 & 3 & 0\end{pmatrix}^T$

Aufgabe 6.29:

Keine Lösung für $a=1$

Unendlich viele Lösungen für $a=0$: $\mathbb{L}=\left\{\begin{pmatrix}0 & x_2 & -1\end{pmatrix}^T, x_2 \in \mathbb{R}\right\}$

Genau eine Lösung für $a \in \mathbb{R}\setminus\{0;1\}$: $x=\begin{pmatrix}\frac{a(a+2)}{a-1} & \frac{3}{2(a-1)} & \frac{a+2}{2(a-1)}\end{pmatrix}^T$

Aufgabe 6.30:

Keine Lösung für $a=-0{,}4$

Genau eine Lösung für $a \neq -0{,}4$: $x=\begin{pmatrix}\frac{2{,}2}{a+0{,}4} & -0{,}2-\frac{5{,}72}{a+0{,}4} & -0{,}4-\frac{2{,}64}{a+0{,}4}\end{pmatrix}^T$

Aufgabe 6.31:

Unendlich viele Lösungen für $a=0{,}5$: $\mathbb{L}_h=\left\{\begin{pmatrix}\frac{3}{14}x_3 & \frac{3}{7}x_3 & x_3\end{pmatrix}^T, x_3 \in \mathbb{R}\right\}$

Genau eine Lösung für $a \neq 0{,}5$: $x=\begin{pmatrix}0 & 0 & 0\end{pmatrix}^T$

Aufgabe 6.32:

Keine Lösung für $a \neq -5$

Unendlich viele Lösungen für $a=-5$:
$\mathbb{L}=\left\{\begin{pmatrix}3-x_3+2x_4 & -4-2x_3-x_4 & x_3 & x_4\end{pmatrix}^T, x_3, x_4 \in \mathbb{R}\right\}$

Aufgabe 6.33:

Für $c = b + 2a$ ist das LGS (eindeutig) lösbar mit: $x = \begin{pmatrix} 2a - 3c & 3a - 4c \end{pmatrix}^T$

Aufgabe 6.34:

a) $rg(A) = \begin{cases} 1 & \text{falls } a = 0 \\ 2 & \text{falls } a \neq 0 \end{cases}$

$rg(A_I) = 1$

$rg(A_{II}) = \begin{cases} 1 & \text{falls } a = 0 \\ 2 & \text{falls } a \neq 0 \end{cases}$

b) In A_I sind die Zeilen und die Spalten für $a \in \mathbb{R}$ l. a.

In A_{II} sind die Zeilen für $a \in \mathbb{R}$ l. a., die Spalten sind für $a = 0$ l. a. und für $a \in \mathbb{R} \setminus \{0\}$ l. u.

In A sind die Zeilen und die Spalten für $a \in \mathbb{R}$ l. a.

c) Ein zugrunde liegendes LGS ist nie eindeutig lösbar, da $rg(A) < n = 4$ stets gilt.

d) Ein zugrunde liegendes LGS ist lösbar (und zwar mit unendlich vielen Lösungen), falls $a \neq 0 \wedge b_3 = 2b_1$ oder $a = 0 \wedge b_2 = b_1 \wedge b_3 = 2b_1$. Andernfalls hat das LGS keine Lösung. Der Vektor b ist somit für $a = 3$ eine Lösung, sonst nicht.

Aufgabe 6.35:

a) $0 \leq rg(A) \leq m$

b) $0 \leq rg(A) \leq m - k$

c) $0 \leq rg(A) \leq \min\{m - k; n\}$

Aufgabe 6.36:

a) $\mathbb{L} = \left\{ \begin{pmatrix} x_1 & 3x_1 - a + 1 & 1 \end{pmatrix}^T, x_1 \in \mathbb{R} \right\}$

b) Ein LGS ist eindeutig lösbar, falls $rg(A) = rg(A \mid b) = n$ gilt.

c) Nur falls $b = 0^T$ gilt, ist ein LGS unabhängig von der Gestalt der Koeffizientenmatrix A immer lösbar, denn es gilt: $rg(A) = rg(A \mid 0)$

d) Dies ist unmöglich, denn ein LGS ist nie unabhängig von der Gestalt der Koeffizientenmatrix A immer eindeutig lösbar. Dazu müsste $rg(A) = rg(A \mid b) = n$, also insbesondere $rg(A) = n$ gelten, was unabhängig von b ist.

e) i) Falls $A \cdot x = b$ eindeutig lösbar ist, gilt $rg(A) = rg(A \mid b) = n$. Aus $rg\left(A^T\right) \leq rg(A \mid b) \leq n$ und $rg(A) = rg\left(A^T\right) = n$ ergibt sich $rg\left(A^T\right) = rg\left(A^T \mid b\right) = n$, weshalb auch $A^T \cdot x = b$ eindeutig lösbar sein muss.

ii) Falls $A \cdot x = b$ unendlich viele Lösungen besitzt, gilt $rg(A) = rg(A \mid b) < n$. Da $rg(A) = rg\left(A^T\right) < n$, folgt, dass $A^T \cdot x = b$ nicht eindeutig lösbar sein kann. Eine Aussage über die Validität von $rg\left(A^T\right) = rg\left(A^T \mid b\right)$ ist dagegen nicht möglich. $A^T \cdot x = b$ kann unendlich viele Lösungen oder keine Lösung haben.

Aufgabe 6.37:

a) Keine Lösung für $a = -1/2$

Unendlich viele Lösungen für $a = 3$: $\mathbb{L} = \left\{\left(1/15 - 2/15 x_2 \quad x_2 \quad 9/5 - 3/5 x_2\right)^T, x_2 \in \mathbb{R}\right\}$

Genau eine Lösung für $a \in \mathbb{R} \setminus \left\{-1/2; 3\right\}$: $x = \left(\frac{-3}{2a+1} \quad \frac{7a+5}{2a+1} \quad \frac{-3}{2a+1}\right)^T$

b) Unendlich viele Lösungen für $a = -1/2$: $\mathbb{L} = \left\{\left(x_3 \quad -1/2 x_3 \quad x_3\right)^T, x_3 \in \mathbb{R}\right\}$

Aufgabe 6.38:

Für $a, b \in \mathbb{R}$ existiert eine eindeutige Lösung: $x = \left(2a \quad 7 \quad 3b \quad 2a - 4{,}5b\right)^T$

Aufgabe 6.39:

Keine Lösung für $a - b + 3 = 0$

Genau eine Lösung für $a - b + 3 \neq 0$: $x = \left(\frac{-7a+b-12}{3a-3b+9} \quad \frac{8a-5b+6}{3a-3b+9} \quad \frac{3}{a-b+3}\right)^T$

Aufgabe 6.40:

Keine Lösung für $a+b+5=0$ und $a \neq 4$

Unendlich viele Lösungen für $a=4$ und $b=-9$:

$$\mathbb{L}=\left\{\begin{pmatrix} \frac{1}{2}+\frac{1}{2}x_3 & -\frac{5}{2}x_3 & x_3 \end{pmatrix}^T, x_3 \in \mathbb{R}\right\}$$

Genau eine Lösung für $a+b+5 \neq 0$: $x=\begin{pmatrix} \frac{9+b}{2a+2b+10} & \frac{(b-1)\cdot(4-a)}{4a+4b+20} & \frac{4-a}{a+b+5} \end{pmatrix}^T$

Aufgabe 6.41:

a) $a=-\frac{1}{2}$

b) $a \in \mathbb{R}$

c) Keine Lösung für $a=-\frac{1}{2}$ und $b \neq 0$

Unendlich viele Lösungen für $a=-\frac{1}{2}$ und $b=0$:

$$\mathbb{L}=\left\{\begin{pmatrix} 2x_2-\frac{1}{3}x_4-\frac{7}{3} & x_2 & \frac{2}{3}x_4+\frac{2}{3} & x_4 \end{pmatrix}^T, x_2, x_4 \in \mathbb{R}\right\}$$

Unendlich viele Lösungen für $a \neq -\frac{1}{2}$ und $b \in \mathbb{R}$:

$$\mathbb{L}=\left\{\begin{pmatrix} -\frac{7a+b+3,5}{3(a+0,5)}+\frac{4a+4}{3}x_2 \\ x_2 \\ \frac{2a+2b+1}{3(a+0,5)}+\frac{-8a+4}{3}x_2 \\ \frac{b}{a+0,5}+4x_2 \end{pmatrix}, x_2 \in \mathbb{R}\right\}$$

Aufgabe 6.42:

Keine Lösung für $b=0$ und $a \neq 9$ sowie für $b=-3$ und $a \neq 6$

Unendlich viele Lösungen für $b=0$ und $a=9$:

$$\mathbb{L} = \left\{ \begin{pmatrix} x_1 & 2 & 1 \end{pmatrix}^T, x_1 \in \mathbb{R} \right\}$$

Unendlich viele Lösungen für $b = -3$ und $a = 6$:

$$\mathbb{L} = \left\{ \begin{pmatrix} -\frac{1}{2} + \frac{1}{2}x_3 & 1 + x_3 & x_3 \end{pmatrix}^T, x_3 \in \mathbb{R} \right\}$$

Genau eine Lösung für $b \in \mathbb{R} \setminus \{-3;0\}$ und $a \in \mathbb{R}$: $x = \begin{pmatrix} \frac{-3a+3b+27}{2b(b+3)} & \frac{a+b-3}{b+3} & \frac{a-6}{b+3} \end{pmatrix}^T$

Aufgabe 6.43:

Keine Lösung für $a \in \mathbb{R}$ und $b \in \mathbb{R} \setminus \left\{0; \frac{3}{2}a - \frac{1}{3}\right\}$

Unendlich viele Lösungen für $a \in \mathbb{R}$ und $b = 0$:

$$\mathbb{L} = \left\{ \begin{pmatrix} -\frac{1}{5}(3a+1) + \frac{1}{2}ax_3 & \frac{2}{5}(a+2) - 2ax_3 & x_3 \end{pmatrix}^T, x_3 \in \mathbb{R} \right\}$$

Unendlich viele Lösungen für $a \in \mathbb{R}$ und $b = \frac{3}{2}a - \frac{1}{3}$:

$$\mathbb{L} = \left\{ \begin{pmatrix} \frac{3}{8}a - \frac{5}{12} + \frac{1}{2}ax_3 & \frac{1}{4}a + \frac{5}{6} - 2ax_3 & x_3 \end{pmatrix}^T, x_3 \in \mathbb{R} \right\}$$

Hinweis: Für $a = \frac{2}{9}$ ist $b = 0$ und die beiden Lösungsmengen sind identisch.

Aufgabe 6.44:

a) $\det(A) = a^2 + 2$

b) Da $\det(A) = a^2 + 2 > 0$ für alle $a \in \mathbb{R}$ gilt, ist stets $rg(A) = n = 3$, und damit weiter $rg(A \mid b) = n = 3$, da A quadratisch ist.

c) $$x = \begin{pmatrix} \dfrac{2 + a - 3 \cdot b}{a^2 + 2} \\ \dfrac{-2 \cdot a + 2 \cdot a \cdot b + 2 \cdot b}{a^2 + 2} \\ \dfrac{2 - 2 \cdot b + a \cdot b}{a^2 + 2} \end{pmatrix}$$

Das LGS ist für alle $a, b \in \mathbb{R}$ lösbar.

d) $x = \left(1 \quad -\frac{2}{3} \quad \frac{2}{3}\right)^T$

Aufgabe 6.45:

a) $rg(A)$ gibt die Anzahl der l.u. Zeilen und Spalten der Matrix A an. Gilt für eine Matrix $A \in \mathbb{R}^{m \times n}$ $rg(A) = m$, so sind die Zeilen stets l.u. (Nur falls zudem $n = m$ gilt, die Matrix A also quadratisch ist, sind auch die Spalten l.u.)

b) Falls $rg(A) = rg(A \mid b) = n$ gilt, ist das LGS eindeutig lösbar.

Falls $rg(A) = rg(A \mid b) < n$ gilt, besitzt das LGS unendlich viele Lösungen.

Falls $rg(A) < rg(A \mid b)$ gilt, ist das LGS unlösbar.

c) i) Das LGS kann eindeutig lösbar sein oder unendlich viele Lösungen besitzen, da zwangsläufig auch $rg(A \mid b) = m$ gilt.

ii) Das LGS kann eindeutig lösbar sein oder unlösbar sein, aber nie unendlich viele Lösungen besitzen. Zwar ist weiterhin die Relation zwischen $rg(A)$ und $rg(A \mid b)$ unbekannt, jedoch gilt$rg(A) = n$, was unendlich viele Lösungen ausschließt.

d) Falls $b = 0$ gilt, ist das LGS immer lösbar, da dann stets $rg(A) = rg(A \mid b)$ gilt.

i) Das LGS kann eindeutig lösbar sein oder unendlich viele Lösungen besitzen, da die Relationen zwischen $rg(A) = rg(A \mid b)$ und n unbekannt ist.

ii) Das LGS ist eindeutig lösbar, da sich dann $rg(A) = rg(A \mid b) = n$ ergibt.

e) Falls A die $(m \times n)$-Nullmatrix ist, gilt $rg(A) = 0$. Die Anzahl der Zeilen der Koeffizientenmatrix bzw. die Anzahl der Variablen eines LGS muss stets größer Null sein, also gilt $n > 0$, woraus folgt: $rg(A) < n$. Da die Relation zwischen $rg(A)$ und $rg(A \mid b)$ allerdings unbekannt ist, kann das LGS unendlich viele Lösungen besitzen oder unlösbar sein.

Die Tatsache, dass $m = n$ gilt, ändert die Antwort nicht.

f) i) Sei $B = \begin{pmatrix} a \\ \hdashline b \\ \hdashline c \end{pmatrix}$, so muss, damit die 2. Zeile eine Linearkombination der anderen beiden Zeilen ist, die Gleichung $x_1 \cdot a + x_2 \cdot c = b$ lösbar sein. Das heißt, $\left(a \,\vdots\, c \right) \cdot x = b$ muss lösbar sein. Hier ist $\mathrm{rg}\left(a \,\vdots\, c \right) = \mathrm{rg}\left(a \,\vdots\, c \,\middle|\, b \right) = 2$, somit ist die 2. Zeile ist eine Linearkombination der anderen, wobei $\frac{7}{26} \cdot a + \frac{15}{26} \cdot c = b$.

ii) Sei $B = \left(d \,\vdots\, e \,\vdots\, f \right)$, so muss, damit die 2. Spalte eine Linearkombination der anderen beiden Spalten ist, die Gleichung $x_1 \cdot d + x_2 \cdot f = e$ lösbar sein. Das heißt, $\left(d \,\vdots\, f \right) \cdot x = e$ muss lösbar sein. Hier ist jedoch $\mathrm{rg}\left(a \,\vdots\, c \right) < \mathrm{rg}\left(a \,\vdots\, c \,\middle|\, b \right)$ und die 2. Spalte ist somit keine Linearkombination der beiden anderen.

Kapitel 7

Aufgabe 7.1:

a) $z = \begin{pmatrix} 6 & 16 & 2 & 0 & 6 & 64 \end{pmatrix}^T$

b) $z = \begin{pmatrix} 4 & 16 & 2 & 1 & 6 & 64 \end{pmatrix}^T$

c) Zuweisung ist nicht eindeutig für: x_3 bzw. $x_5 \in \mathbb{R} \setminus \{\text{ungerade natürliche Zahlen}\}$, das heißt, falls $x_3 \vee x_5 \notin \{1;3;5;7;9;11;\ldots\}$.

Zuweisung ist widersprüchlich, falls zudem $2x_3 \neq y_3^2$ bzw. $2x_5 \neq y_5^2$

d) Die Abgeschlossenheit bzgl. einer Vektoraddition von x und y ist erfüllt:

$$a \oplus b = \begin{pmatrix} 3 & 9 & -4 \end{pmatrix}^T \in \mathbb{R}^3$$

Das Kommutativgesetz bzgl. einer Vektoraddition ist nicht erfüllt:

$$a \oplus b = \begin{pmatrix}3 & 9 & -4\end{pmatrix}^T \neq b \oplus a = \begin{pmatrix}3 & 25 & 16\end{pmatrix}^T$$

Das Assoziativgesetz bzgl. einer Vektoraddition ist nicht erfüllt:

$$(a \oplus b) \oplus c = \begin{pmatrix}6 & 16 & -8\end{pmatrix}^T \neq a \oplus (b \oplus c) = \begin{pmatrix}6 & 256 & -4\end{pmatrix}^T$$

Es existiert kein neutrales Element der Vektoraddition:

Gleichgültig, ob ein Element von links oder von rechts addiert wird, der Ergebnisvektor besteht an der zweiten Stelle nur aus dem Quadrat des zweiten Elementes des rechten Vektors und an der dritten Stelle nur aus dem doppelten des dritten Elementes des linken Vektors. Somit kann kein neutrales Element der Vektoraddition existieren.

Es existiert kein inverses Element der Vektoraddition:

Begründung wie oben.

$\mathbb{V}$ ist somit kein Vektorraum, da mehrere Vektorraumaxiome nicht erfüllt sind.

Aufgabe 7.2:

a) a, b und c bilden eine Basis des $\mathbb{R}^3$, da $d = x_1 \cdot a + x_2 \cdot b + x_3 \cdot c$ eindeutig lösbar ist mit: $x = \begin{pmatrix}-2d_1 + d_2 + d_3 & 4d_1 - d_2 - 2d_3 & 3d_1 - d_2 - d_3\end{pmatrix}^T$

b) $e = -7a + 19b + 14c$

Aufgabe 7.3:

a) a, b und c bilden keine Basis des $\mathbb{R}^3$, da sie linear abhängig sind.

b) d ist keine LK der Vektoren a, b und c und liegt somit nicht im Unterraum $\mathbb{U}$.

Aufgabe 7.4:

$$\dim([\mathbb{A}])=2 \text{ mit } \mathbb{A}=\{v_1,v_2,v_3\}, \text{ eine Basis von } [\mathbb{A}]=\left\{\begin{pmatrix}1\\2\\0\end{pmatrix},\begin{pmatrix}0\\-4\\3\end{pmatrix}\right\}$$

Aufgabe 7.5:

Vier Basen des $\mathbb{R}^3$ sind beispielsweise:

$$\left\{\begin{pmatrix}1\\0\\0\end{pmatrix},\begin{pmatrix}0\\1\\0\end{pmatrix},\begin{pmatrix}0\\0\\1\end{pmatrix}\right\},\ \left\{\begin{pmatrix}1\\3\\4\end{pmatrix},\begin{pmatrix}2\\-4\\0\end{pmatrix},\begin{pmatrix}-2\\0\\2\end{pmatrix}\right\},\ \left\{\begin{pmatrix}2\\0\\0\end{pmatrix},\begin{pmatrix}0\\1\\0\end{pmatrix},\begin{pmatrix}0\\0\\1\end{pmatrix}\right\},\ \left\{\begin{pmatrix}1\\0\\4\end{pmatrix},\begin{pmatrix}1\\1\\0\end{pmatrix},\begin{pmatrix}3\\3\\1\end{pmatrix}\right\}$$

Aufgabe 7.6:

a) Nein, da $\mathbb{A}\not\subset\mathbb{R}^4$ ist.

b) $\dim([\mathbb{A}])=3$

c) Eine Basis von $[\mathbb{A}]=\left\{\begin{pmatrix}1\\0\\0\end{pmatrix},\begin{pmatrix}0\\1\\0\end{pmatrix},\begin{pmatrix}0\\0\\1\end{pmatrix}\right\}$

d) Ja, da $[\mathbb{A}]=\mathbb{R}^3$ ist.

Aufgabe 7.7:

a) $d\notin\mathbb{U}$

b) $\dim(\mathbb{U})=3$

c) Nein, da $d\notin\mathbb{U}$ ist..

Aufgabe 7.8:

$$\dim([\mathbb{A}]) = 3, \text{ eine Basis von } [\mathbb{A}] = \left\{ \begin{pmatrix} 1 \\ -6 \\ 9 \\ -2 \end{pmatrix}, \begin{pmatrix} 0 \\ -3 \\ 5 \\ -8 \end{pmatrix}, \begin{pmatrix} 0 \\ 0 \\ -5 \\ -55 \end{pmatrix} \right\}$$

Aufgabe 7.9:

a) $\dim([\mathbb{A}]) = 3$, eine Basis von $[\mathbb{A}] = \left\{ \begin{pmatrix} 1 \\ 2 \\ 0 \\ 1 \end{pmatrix}, \begin{pmatrix} 0 \\ -2 \\ -1 \\ -3 \end{pmatrix}, \begin{pmatrix} 0 \\ 0 \\ 7 \\ 13 \end{pmatrix} \right\}$

b) $\mathbb{A}$ erzeugt weder den $\mathbb{R}^3$ noch den $\mathbb{R}^4$, sondern einen dreidimensionalen Unterraum des $\mathbb{R}^4$.

Aufgabe 7.10:

a) Eine Basis von $[\mathbb{A}] = \left\{ \begin{pmatrix} 2 \\ 3 \end{pmatrix}, \begin{pmatrix} 0 \\ 7 \end{pmatrix} \right\}$, $[\mathbb{B}] = \left\{ \begin{pmatrix} 1 \\ 2 \\ 1 \end{pmatrix}, \begin{pmatrix} 0 \\ 10 \\ 3 \end{pmatrix}, \begin{pmatrix} 0 \\ 0 \\ 1 \end{pmatrix} \right\}$, $[\mathbb{C}] = \left\{ \begin{pmatrix} 1 \\ -2 \\ -8 \\ 2 \end{pmatrix}, \begin{pmatrix} 0 \\ 4 \\ 25 \\ -2 \end{pmatrix}, \begin{pmatrix} 0 \\ 0 \\ 32 \\ -1 \end{pmatrix} \right\}$

b) Die Vektoren der Menge $\mathbb{A}$ bilden einen zweidimensionalen Unterraum des $\mathbb{R}^2$.

Die Vektoren der Menge $\mathbb{B}$ bilden einen dreidimensionalen Unterraum des $\mathbb{R}^3$.

Die Vektoren der Menge $\mathbb{C}$ bilden einen dreidimensionalen Unterraum des $\mathbb{R}^4$.

Aufgabe 7.11:

a) Nein, da die Vektoren l. a. sind.

b) $\dim([\mathbb{A}]) = 2$

c) Eine Basis von $[\mathbb{A}] = \left\{ \begin{pmatrix} 0 \\ -2/3 \\ 1 \\ 2/3 \end{pmatrix}, \begin{pmatrix} -3 \\ 2 \\ 0 \\ 1 \end{pmatrix} \right\}$

d) Falls $a = -6$ gilt $v \in [\mathbb{A}]$.

Aufgabe 7.12:

a) $\dim([\mathbb{B}]) = 2$

b) Eine Basis von $[\mathbb{B}] = \left\{ \begin{pmatrix} 2 \\ 0 \\ 2 \end{pmatrix}, \begin{pmatrix} 0 \\ 1 \\ 1 \end{pmatrix} \right\}$

c) Nur $\mathbb{D}$ ist eine Basis eines zweidimensionalen Unterraums des $\mathbb{R}^3$.

Aufgabe 7.13:

a) Benötigt wird eine Menge mit 3 l. u. Vektoren, welche je 4 Elemente besitzen, z. B.:

$$\mathbb{A} = \left\{ \begin{pmatrix} 1 \\ 0 \\ 0 \\ 0 \end{pmatrix}, \begin{pmatrix} 0 \\ 1 \\ 0 \\ 0 \end{pmatrix}, \begin{pmatrix} 0 \\ 0 \\ 1 \\ 0 \end{pmatrix} \right\}$$

b) Im $\mathbb{R}^3$ kann sich ein Unterraum maximal in 3 Dimensionen ausdehnen. Es gibt somit keinen vierdimensionalen Unterraum des $\mathbb{R}^3$. Man bräuchte eine Menge mit 4 l. u. Vektoren, welche je 3 Elemente besitzen. Dies ist nicht möglich.

Aufgabe 7.14:

a) $\dim([\mathbb{A}]) = 3$

b) Eine Basis von $[\mathbb{A}] = \left\{ \begin{pmatrix} 4 \\ -1 \\ 5 \\ 9 \\ -1 \end{pmatrix}, \begin{pmatrix} 0 \\ 3 \\ -4 \\ -5 \\ 3 \end{pmatrix}, \begin{pmatrix} 0 \\ 0 \\ 1 \\ 2 \\ 0 \end{pmatrix} \right\}$

c) $\mathbb{B}$ kann höchstens fünf l. u. Vektoren enthalten.

d) $\mathbb{B}$ muss zwei linear unabhängige Vektoren enthalten, ferner muss gelten $\dim([\mathbb{A} \cup \mathbb{B}]) = 5$.

Aufgabe 7.15:

a) $\mathbb{A}_{\text{neu}} = \left\{ \begin{pmatrix} 1 \\ 3 \\ 7 \end{pmatrix}, \begin{pmatrix} 2 \\ -1 \\ -2 \end{pmatrix}, \begin{pmatrix} 1 \\ 0 \\ 0 \end{pmatrix}, \begin{pmatrix} 0 \\ 1 \\ 0 \end{pmatrix}, \begin{pmatrix} 0 \\ 0 \\ 1 \end{pmatrix} \right\}$

b) $\mathbb{B}_{\text{neu}} = \left\{ \begin{pmatrix} 1 \\ 2 \\ -4 \\ 3 \end{pmatrix}, \begin{pmatrix} 7 \\ 4 \\ -6 \\ 1 \end{pmatrix}, \begin{pmatrix} -2 \\ 1 \\ -3 \\ 4 \end{pmatrix}, \begin{pmatrix} 1 \\ 0 \\ 0 \\ 0 \end{pmatrix}, \begin{pmatrix} 0 \\ 1 \\ 0 \\ 0 \end{pmatrix}, \begin{pmatrix} 0 \\ 0 \\ 1 \\ 0 \end{pmatrix}, \begin{pmatrix} 0 \\ 0 \\ 0 \\ 1 \end{pmatrix} \right\}$

c) Eine Basis von $[\mathbb{C}] = \left\{ \begin{pmatrix} -1 \\ 1 \\ -3 \\ -2 \end{pmatrix}, \begin{pmatrix} 0 \\ 4 \\ 12 \\ 12 \end{pmatrix}, \begin{pmatrix} 0 \\ 0 \\ 0 \\ -36 \end{pmatrix} \right\}$

d) $\dim([\mathbb{C}]) = 3$

e) $\dim([\mathbb{F}]) \in \{5;6;7\}$

f) $\dim([\mathbb{G}]) \in \{0;1;2;3\}$

Aufgabe 7.16:

a) Falls $a = 1$ und $b = 3$ erzeugt $\mathbb{A}$ einen zweidimensionalen Unterraum des $\mathbb{R}^4$.

b) $\mathbb{A}$ kann weder den $\mathbb{R}^3$ noch den $\mathbb{R}^4$ erzeugen.

c) $\dim([\mathbb{A}]) = 3$, eine Basis von $[\mathbb{A}] = \left\{ \begin{pmatrix} 1 \\ -2 \\ 0 \\ 3 \end{pmatrix}, \begin{pmatrix} 0 \\ -3 \\ 0 \\ 5 \end{pmatrix}, \begin{pmatrix} 0 \\ 0 \\ 0 \\ -4 \end{pmatrix} \right\}$

Aufgabe 7.17:

a) $\dim([\mathbb{A}]) = 2$

b) Eine Basis von $[\mathbb{A}] = \left\{ \begin{pmatrix} 2 \\ 1 \\ -1 \\ 3 \end{pmatrix}, \begin{pmatrix} 0 \\ 1 \\ 1 \\ 2 \end{pmatrix} \right\}$

c) $x \in \mathbb{R} \setminus \{-5\}$

d) Da $\mathbb{A}, \mathbb{B} \subseteq \mathbb{R}^4$ sind, lässt sich niemals ein Unterraum des $\mathbb{R}^3$ erzeugen.

Aufgabe 7.18:

a) Die Vektoren a, b, c, d sind damit für alle $u \in \mathbb{R}$ linear abhängig.

b) $\dim([\mathbb{A}]) = \text{rg}(A) = \begin{cases} 2 & \text{falls} \quad u = -1 \\ 3 & \text{falls} \quad u \neq -1 \end{cases}$'

Falls $u = -1$, dann ist unter anderem $\mathbb{B} = \left\{ \begin{pmatrix} 1 \\ 1 \\ 1 \\ 3 \end{pmatrix}, \begin{pmatrix} 0 \\ 8 \\ 10 \\ 10 \end{pmatrix} \right\}$ eine Basis von $[\mathbb{A}]$.

Falls $u \neq -1$, dann ist unter anderem $\mathbb{B} = \left\{ \begin{pmatrix} 1 \\ 1 \\ 1 \\ 3 \end{pmatrix}, \begin{pmatrix} 0 \\ 8 \\ 10 \\ 10 \end{pmatrix}, \begin{pmatrix} 0 \\ 0 \\ 0 \\ 1 \end{pmatrix} \right\}$ eine Basis von $[\mathbb{A}]$.

c) Für $u = -1$ ist $\text{rg}(B) = 3 > \text{rg}(A) = 2$ und der Vektor e liegt nicht in $[\mathbb{A}]$.

Für $u \neq -1$ ist $\text{rg}(B) = \text{rg}(A) = 3$ und der Vektor e liegt in $[\mathbb{A}]$.

Aufgabe 7.19:

a) Eine Basis von $[\mathbb{A}]=\left\{\begin{pmatrix}2\\1\\2\\1\end{pmatrix},\begin{pmatrix}0\\-3\\0\\-1\end{pmatrix}\right\}$, $\dim([\mathbb{A}])=2$

b) Eine Menge $\mathbb{A}\subseteq\mathbb{R}^4$ kann niemals den $\mathbb{R}^2$ oder den $\mathbb{R}^3$ erzeugen. Da $\dim([\mathbb{A}])=2<\dim(\mathbb{R}^4)=4$ ist, kann $\mathbb{A}$ nicht den kompletten $\mathbb{R}^4$ erzeugen.

c) $\mathbb{A}\cup\mathbb{B}\cup\mathbb{C}$ erzeugt den $\mathbb{R}^4$ nicht, da $\dim([\mathbb{A}\cup\mathbb{B}\cup\mathbb{C}])=3$ ist.

d) Es existieren $v\in\mathbb{R}^4$ mit $v\neq 0$, welche sowohl von $\mathbb{A}$ als auch von $\mathbb{B}$ erzeugt werden, da $\dim([\mathbb{A}]\cap[\mathbb{B}])=\dim([\mathbb{A}])+\dim([\mathbb{B}])-\dim([\mathbb{A}\cup\mathbb{B}])=2+2-3=1>0$ ist.

Aufgabe 7.20:

a) $\dim([\mathbb{A}])=3$, eine Basis von $[\mathbb{A}]=\left\{\begin{pmatrix}1\\0\\0\end{pmatrix},\begin{pmatrix}0\\1\\0\end{pmatrix},\begin{pmatrix}0\\0\\1\end{pmatrix}\right\}$

b) $\mathbb{A}$ ist EZS des $\mathbb{R}^3$.

c) Ja, da $\mathbb{A}$ den gesamten $\mathbb{R}^3$ erzeugt.

Aufgabe 7.21:

a) $\dim([\mathbb{A}])=3$, eine Basis von $[\mathbb{A}]=\left\{\begin{pmatrix}1\\-2\\-4\\-3\end{pmatrix},\begin{pmatrix}0\\1\\2\\4/3\end{pmatrix},\begin{pmatrix}0\\0\\-15\\-20/3\end{pmatrix}\right\}$

b) Es gilt $[\mathbb{B}]\subseteq[\mathbb{A}]$, aber nicht $[\mathbb{B}]=[\mathbb{A}]$.

Aufgabe 7.22:

a) Der $\mathbb{R}^3$ kann niemals Teilmenge eines Unterraums des $\mathbb{R}^4$ sein.

b) Nein, da $\dim([\mathbb{A}]) = 3 < 4 = \dim(\mathbb{R}^4)$ ist.

c) Ja, da $\dim([\mathbb{A}]) = 3 = \dim([\mathbb{A} \cup \mathbb{B}])$ ist.

d) Nein, da $\dim([\mathbb{A}]) = 3 < 4 = \dim([\mathbb{A} \cup \mathbb{C}])$ ist.

Aufgabe 7.23:

a) $\mathbb{L}_h = \left\{ \begin{pmatrix} -3x_3 & 2x_3 & x_3 & 0 \end{pmatrix}^T, x_3 \in \mathbb{R} \right\}$

b) $\dim(\mathbb{L}_h) = 1$

c) Eine Basis von $\mathbb{L}_h = \left\{ \begin{pmatrix} -3 \\ 2 \\ 1 \\ 0 \end{pmatrix} \right\}$

Aufgabe 7.24:

a) $\mathbb{L}_h = \left\{ \begin{pmatrix} x_3 + 2x_4 & -2x_3 - 3x_4 & x_3 & x_4 \end{pmatrix}^T, x_3, x_4 \in \mathbb{R} \right\}$

b) $\dim(\mathbb{L}_h) = 2,$ eine Basis von $\mathbb{L}_h = \left\{ \begin{pmatrix} 1 \\ -2 \\ 1 \\ 0 \end{pmatrix}, \begin{pmatrix} 2 \\ -3 \\ 0 \\ 1 \end{pmatrix} \right\}$

c) $x \notin \mathbb{L}_h$

Aufgabe 7.25:

a) $\mathbb{L}_h = \left\{ \begin{pmatrix} x_1 & -x_1 + 2x_3 & x_3 & -3x_1 + 7x_3 \end{pmatrix}^T, x_1, x_3 \in \mathbb{R} \right\}$

b) Eine Basis von $\mathbb{L}_h = \left\{ \begin{pmatrix} 1 \\ -1 \\ 0 \\ -3 \end{pmatrix}, \begin{pmatrix} 0 \\ 2 \\ 1 \\ 7 \end{pmatrix} \right\}$, $\dim(\mathbb{L}_h) = 2$

Aufgabe 7.26:

a) $\mathbb{L}_h = \left\{ \left(-\tfrac{19}{7}x_3 + x_5,\ -\tfrac{22}{7}x_3 + 2x_5,\ x_3,\ \tfrac{3}{2}x_3 - \tfrac{5}{2}x_5,\ x_5 \right)^T, x_3, x_5 \in \mathbb{R} \right\}$

b) $\dim(\mathbb{L}_h) = 2$, eine Basis von $\mathbb{L}_h = \left\{ \begin{pmatrix} -\tfrac{19}{7} \\ -\tfrac{22}{7} \\ 1 \\ \tfrac{3}{2} \\ 0 \end{pmatrix}, \begin{pmatrix} 1 \\ 2 \\ 0 \\ -\tfrac{5}{2} \\ 1 \end{pmatrix} \right\}$

c) Die Lösungsmenge bildet einen zweidimensionalen Unterraum des $\mathbb{R}^5$

Aufgabe 7.27:

a) $\mathbb{L}_h = \left\{ \left(-\tfrac{3}{2}x_4 - 2x_5 \quad -2x_4 - 4x_5 \quad 3x_4 - \tfrac{1}{2}x_5 \quad x_4 \quad x_5 \right)^T, x_4, x_5 \in \mathbb{R} \right\}$

b) $\dim(\mathbb{L}_h) = 2$, eine Basis von $\mathbb{L}_h = \left\{ \begin{pmatrix} -\tfrac{3}{2} \\ -2 \\ 3 \\ 1 \\ 0 \end{pmatrix}, \begin{pmatrix} -2 \\ -4 \\ -\tfrac{1}{2} \\ 0 \\ 1 \end{pmatrix} \right\}$

c) Ja, da $\mathbb{L}_h \subseteq \mathbb{R}^5$, $\mathbb{L}_h \neq \varnothing$ und $\mathbb{L}_h$ abgeschlossen bezüglich der Vektoraddition und der Multiplikation mit einem Skalar ist und die Axiome der Vektorraumtheorie erfüllt.

Aufgabe 7.28:

a) $\mathbb{L}_h = \left\{ \left(-2x_4 - 2x_5 \quad -3x_3 + x_4 \quad x_3 \quad x_4 \quad x_5 \right)^T, x_3, x_4, x_5 \in \mathbb{R} \right\}$

b) Eine Basis von $\mathbb{L}_h = \left\{ \begin{pmatrix} 0 \\ -3 \\ 1 \\ 0 \\ 0 \end{pmatrix}, \begin{pmatrix} -2 \\ 1 \\ 0 \\ 1 \\ 0 \end{pmatrix}, \begin{pmatrix} -2 \\ 0 \\ 0 \\ 0 \\ 1 \end{pmatrix} \right\}$, $\dim(\mathbb{L}_h) = 3$

c) $a \in \mathbb{R} \setminus \{2\}$

d) Mit Vektoren des $\mathbb{R}^5$ lässt sich niemals ein Unterraum des $\mathbb{R}^4$ erzeugen.

Aufgabe 7.29:

a) $\mathbb{L}_h = \left\{ \begin{pmatrix} -\tfrac{3}{2}x_2 & x_2 & \tfrac{1}{2}x_2 & 0 \end{pmatrix}^T, x_2 \in \mathbb{R} \right\}$

b) Eine Basis von $\mathbb{L}_h = \left\{ \begin{pmatrix} -\tfrac{3}{2} \\ 1 \\ \tfrac{1}{2} \\ 0 \end{pmatrix} \right\}$, $\dim(\mathbb{L}_h) = 1$

c) Nein, da $\mathbb{L}_h \subseteq [\mathbb{A}]$ und $\dim([\mathbb{A}]) = 3 \neq \dim([\mathbb{R}^4]) = 4$ ist.

Aufgabe 7.30:

a) Beispielsweise:

$$\begin{array}{rcrcrcrcrcr} x_1 & - & 6x_2 & + & x_3 & + & x_4 & - & 4x_5 & = & 0 \\ & - & 5x_2 & + & x_3 & + & x_4 & - & 2x_5 & = & 0 \\ & & & & 3x_3 & - & 2x_4 & - & x_5 & = & 0 \end{array}$$

b) $\mathbb{L}_h = \left\{ \begin{pmatrix} \tfrac{1}{11} + \tfrac{17}{11}x_5 & \tfrac{1}{11} - \tfrac{5}{11}x_5 & \tfrac{2}{11} + \tfrac{1}{11}x_5 & \tfrac{3}{11} - \tfrac{4}{11}x_5 & x_5 \end{pmatrix}^T, x_5 \in \mathbb{R} \right\}$

c) Nein, da $\mathbb{L}_h$ nicht abgeschlossen bezüglich der Multiplikation mit einem Skalar und nicht abgeschlossen bezüglich der Vektoraddition ist.

Aufgabe 7.31:

a) Die Vektoren in $\mathbb{B}$ sind l. a., somit kann $\mathbb{B}$ keine Basis eines Unterraums sein.

b) $\mathbb{B}$ ist ein Erzeugendensystem von $\mathbb{L}_h$.

Aufgabe 7.32:

a) Keine Lösung für $a = 0$ und $b \neq 1$

Unendlich viele Lösungen für $a = 0$ und $b = 1$: $\mathbb{L} = \left\{ \begin{pmatrix} 0 & x_2 \end{pmatrix}^T, x_2 \in \mathbb{R} \right\}$

Genau eine Lösung für $a \neq 0$: $x = \begin{pmatrix} -ab & \frac{a+b-1+ab}{2a} \end{pmatrix}^T$

b) $x = \begin{pmatrix} 1 & 1 \end{pmatrix}^T$

c) Da $\mathbb{L} \subseteq \mathbb{R}^2$ ist, ist $\mathbb{L}$ kein Unterraum des $\mathbb{R}^1$.

d) Falls entweder $a = 0 \wedge b = 1$ oder falls $a = 1 \wedge b = 0$ ist.

Aufgabe 7.33:

a) LGS 1: $rg(A) = rg(A \mid 0) = n$, das LGS ist eindeutig lösbar mit $\mathbb{L}_{h,1} = \left\{ \begin{pmatrix} 0 & 0 & 0 \end{pmatrix}^T \right\}$.

LGS 2: $rg(A) = rg(A \mid 0) < n$, das LGS hat unendlich viele Lösungen:

$\mathbb{L}_{h,2} = \left\{ \begin{pmatrix} -2x_2 & x_2 & 0 \end{pmatrix}^T, x_2 \in \mathbb{R} \right\}$

b) Beide LGS sind homogen, die Lösungen der LGS sind somit Unterräume.

LGS 1: $\dim\left(\mathbb{L}_{h,1}\right) = 0$, einzige Basis: $\left\{ \begin{pmatrix} 0 \\ 0 \\ 0 \end{pmatrix} \right\}$

LGS 2: $\dim\left(\mathbb{L}_{h,2}\right) = 1$, eine Basis: $\left\{ \begin{pmatrix} -2 \\ 1 \\ 0 \end{pmatrix} \right\}$

c) i) Gesucht sind eine Basis und die Dimension von $\mathbb{U} = \mathbb{L}_{h,1} \cup \mathbb{L}_{h,2}$, falls $\mathbb{U}$ ein Unterraum ist. Da $\mathbb{L}_{h,1} \subset \mathbb{L}_{h,2}$, folgt $\mathbb{U} = \mathbb{L}_{h,2}$. $\mathbb{L}_{h,2}$ ist ein Unterraum des $\mathbb{R}^3$ mit bekannter Basis und Dimension (siehe Teilaufgabe b)).

(Bei Interpretation der Fragestellung als "ausschließliches oder" entspricht der gesuchte Raum dem oben angegebenen Raum, jedoch ohne den Nullvektor. Da dann unter anderem die Abgeschlossenheitsanforderungen nicht erfüllt sind, handelt es sich nicht um einen Unterraum. Somit lässt sich keine Basis und keine Dimension angeben.)

ii) Gesucht sind nun eine Basis und die Dimension von $\mathbb{U} = \mathbb{L}_{h,1} \cap \mathbb{L}_{h,2}$, falls $\mathbb{U}$ ein Unterraum ist. Da $\mathbb{L}_{h,1} \subset \mathbb{L}_{h,2}$, folgt $\mathbb{U} = \mathbb{L}_{h,1}$. $\mathbb{L}_{h,1}$ ist ein Unterraum des $\mathbb{R}^3$ mit bekannter Basis und Dimension (siehe Teilaufgabe b)).

Kapitel 8

Aufgabe 8.1:

a) EV: x_1 := Anzahl der hergestellten Güter G_1

x_2 := Anzahl der hergestellten Güter G_2

x_3 := Anzahl der hergestellten Güter G_3

ZF: $z = 38x_1 + 46x_2 + 42x_3 \rightarrow \max$

NB:
$$\begin{array}{rcrcrcr} 40x_1 & + & 80x_2 & + & 60x_3 & \leq & 16.000 \\ 6x_1 & + & 7x_2 & + & 7x_3 & \leq & 2.200 \\ & & & & x_1 & \geq & 3x_2 \end{array}$$

NNB: $x_1, x_2, x_3 \geq 0$

b) ZF: $z = 40x_1 + 80x_2 + 60x_3 \rightarrow \min$

NB:
$$\begin{array}{rcrcrcr} 38x_1 & + & 46x_2 & + & 42x_3 & \geq & 9.000 \\ 6x_1 & + & 7x_2 & + & 7x_3 & \leq & 2.200 \\ & & & & x_1 & \geq & 3x_2 \end{array}$$

EV und NNB ändern sich nicht.

Aufgabe 8.2:

a) EV: x_1 := Produktionsmenge Gut 1

x_2 := Produktionsmenge Gut 2

x_3 := Produktionsmenge Gut 3

ZF: $z = 45x_1 + 30x_2 + 25x_3 \rightarrow \max$

NB:

$$\begin{array}{rcl} 40x_1 + 50x_2 + 30x_3 & \leq & 1.000 \\ x_1 & \leq & \tfrac{1}{2}\cdot(x_1 + x_2 + x_3) \\ x_2 & \leq & 10 \\ x_2 & \geq & 2x_1 \\ x_2 & \geq & 2x_3 \end{array}$$

NNB: $x_1, x_2, x_3 \geq 0$

b) Neue Nebenbedingung: $x_3 \geq 30$.

Das LP hat keine zulässige Lösung mehr.

Aufgabe 8.3:

a) EV: m := Lernzeit für Mathematik in Tagen

w := Lernzeit für Wirtschaftsinformatik in Tagen

t := Lernzeit für Technik des betrieblichen Rechnungswesens in Tagen

p := Lernzeit für Produktionswirtschaft in Tagen

ZF: $z = p \rightarrow \max$

NB:

$$\begin{array}{rcl} m + w + t + p & \leq & 18 \\ m + w + t & \leq & 2p \\ m \leq t & \leq & w \\ w & \geq & 4 \\ m & \geq & 3 \end{array}$$

NNB: $m, w, t, p \geq 0$

b) $m = 3,\ w = 4,\ t = 3,\ p = 8$ mit zugehörigem $z^{opt} = 8$

Aufgabe 8.4:

EV: f := Anzahl der Frauen, welche die Party betreten dürfen

m := Anzahl der Männer, welche die Party betreten dürfen

ZF: $z = 14f + 24m \rightarrow \max$

NB:
$$\begin{aligned} f &\leq 800 \\ f &\leq 650 \\ m &\leq 1.000 \\ f + m &\leq 1.400 \\ m &\leq \tfrac{13}{7} f \end{aligned}$$

NNB: $f, m \geq 0$

Aufgabe 8.5:

EV: siehe Aufgabenstellung

ZF: $z = 0,19b + 0,4c + 0,3e + 0,75k + 0,06l + 0,08m + 1,3s + 0,2t \rightarrow \min$

NB:
$$\begin{aligned} 4 \leq\; &l \leq 6 \\ 0,4l \leq w + &m \leq \tfrac{2}{3} l \\ &4b \leq 1 \\ 3 \leq\; &t \leq 5 \\ &e \geq 0,5 \\ &c \geq e \\ &s \geq 4e \\ &k \geq 2,5 \end{aligned}$$

NNB: $b, c, e, k, l, m, s, t, w \geq 0$

Aufgabe 8.6:

EV: x_1 := Anzahl der gehaltenen Rinder

x_2 := Anzahl der gehaltenen Schafe

x_3 := Anzahl der gehaltenen Schweine

ZF: $z = (1.800 - 150)x_1 + (180 - 20)x_2 + (250 - 80)x_3 = 1.650x_1 + 160x_2 + 170x_3 \rightarrow \max$

NB:
$$\begin{array}{rcrcrcl} 30x_1 & + & 2x_2 & + & 8x_3 & \leq & 1.000 \\ 10x_1 & + & 15x_2 & + & 5x_3 & \leq & 16 \cdot 60 \\ 5x_1 & + & 1{,}5x_2 & + & 2x_3 & \leq & 200 \\ & & & & x_1 & \leq & 20 \end{array}$$

NNB: $x_1, x_2, x_3 \geq 0$

Aufgabe 8.7:

EV: k := Karottensaft-Anteil am Getränk

t := Traubensaft-Anteil am Getränk

h := Honig-Anteil am Getränk

p := Pfefferminzlikör-Anteil am Getränk

ZF: $z = 0{,}3k + 0{,}15t + 3h + 2p \rightarrow \min$

NB:
$$\begin{array}{rcccccl} 0{,}05 & \leq & h & \leq & 0{,}1 \\ & & t & \geq & 2k \\ & & k & > & h \\ 0{,}01 & \leq & p & \leq & 0{,}05 \\ k + t & + & h & + & p & = & 1 \end{array}$$

NNB: $k, t, h, p \geq 0$

Aufgabe 8.8:

EV: z := Anzahl der Werbeseiten in Zeitungen

r := Anzahl der Werbespots im Radio [zu je 30 Sekunden]

f := Anzahl der Werbespots im Fernsehen [zu je 30 Sekunden]

l := Werbung auf Litfaßsäulen [in Litfaßsäulenwochen]

ZF: $z = 20.000z + 2.000r + 10.000f + 600l \rightarrow \max$

NB:
$$\begin{array}{rcl} 5.000z + 800r + 6.000f + 300l & \leq & 250.000 \\ z & \geq & 10 \\ l & \leq & 200 \\ f & \geq & r \\ 0{,}5f & \geq & 2z \end{array}$$

NNB: $z, r, f, l \geq 0$

Aufgabe 8.9:

EV: $x_{Öl}$:= Anteil der Ölkontrakte im Portfolio

x_{Ku} := Anteil der Kupferkontrakte im Portfolio

x_{Ni} := Anteil der Nickelkontrakte im Portfolio

ZF: $z = 0{,}04x_{Öl} + 0{,}05x_{Ku} + 0{,}06x_{Ni} \rightarrow \max$

NB:
$$\begin{array}{rcl} x_{Ku} + x_{Ni} & < & x_{Öl} \\ x_{Ku} & \geq & 0{,}1 \\ x_{Ni} + 0{,}05 & \geq & x_{Ku} \\ x_{Ku} + 0{,}05 & \geq & x_{Ni} \\ x_{Öl},\ x_{Ku},\ x_{Ni} & \leq & 0{,}6 \\ x_{Öl} + x_{Ku} + x_{Ni} & = & 1 \end{array}$$

NNB: $x_{Öl}, x_{Ku}, x_{Ni} \geq 0$

Aufgabe 8.10:

EV: x_A := Menge Sorte A in kg

x_B := Menge Sorte A in kg

ZF: $z = 5x_A + 8x_B \rightarrow \min$

NB:

$$\begin{aligned} 2x_A + x_B &\geq 8 \\ 3x_A + 4x_B &\geq 14 \\ x_A + 5x_B &\geq 6 \\ x_A &\leq \tfrac{2}{3}\cdot(x_A + x_B) \\ x_B &\leq \tfrac{2}{3}\cdot(x_A + x_B) \end{aligned}$$

NNB: $x_A, x_B \geq 0$

Aufgabe 8.11:

EV: h := Schlaf pro Nacht zu Hause in Stunden

v := Anzahl der besuchten Vorlesungsblöcke pro Woche

t := Anzahl der besuchten Tutoriumsblöcke pro Woche

m := Bei Maike verbrachte Zeit pro Woche in Stunden

ZF:

$$\begin{aligned} z &= 7h + \tfrac{1}{4}\cdot\tfrac{1}{2}\cdot\tfrac{3}{2}v + \tfrac{3}{4}\cdot\tfrac{3}{2}\cdot\tfrac{3}{2}t + \tfrac{1}{3}\cdot\tfrac{1}{3}m \\ &= 7h + \tfrac{3}{16}v + \tfrac{27}{16}t + \tfrac{1}{9}m \rightarrow \max \end{aligned}$$

NB:

$$\begin{aligned} 5 \leq h &\leq 14 \\ 5 \leq v &\leq 12 \\ t &\geq 1 \\ v &\geq t \\ 2v + 2t &\geq 20 \\ m &\leq 30 \\ \tfrac{3}{2}v + \tfrac{3}{2}t &< m \\ 7h + \tfrac{3}{2}v + \tfrac{3}{2}t + m &\leq (24-3)\cdot 7 - 19 \end{aligned}$$

NNB: $h, v, t, m \geq 0$

Aufgabe 8.12:

EV: x_1 := Produktionsmenge P_1 auf Maschine 1

x_2 := Produktionsmenge P_1 auf Maschine 2

x_3 := Produktionsmenge P_2

x_4 := Produktionsmenge P_3

ZF: $z = 10(x_1 + x_2) + 20x_3 + 15x_4 \rightarrow \max$

NB:

$$\begin{aligned} 2x_1 + 3x_3 &\leq 1.000 \\ 4x_2 + 4x_4 &\leq 2.000 \\ x_1 &\geq \tfrac{2}{3}\cdot(x_1 + x_2) \\ x_4 &\leq \tfrac{1}{3}\cdot(x_1 + x_2 + x_3 + x_4) \end{aligned}$$

NNB: $x_1, x_2, x_3, x_4 \geq 0$

Aufgabe 8.13:

$$z = x_1 + 5x_2 + 2x_3 \rightarrow \max$$

$$\begin{array}{rcrcrcr} x_1 & & & & & \leq & 5 \\ -2x_1 & - & 3x_2 & + & x_3 & \leq & 1 \\ 3x_1 & + & 4x_2 & + & x_3 & \leq & 2 \\ & - & 3x_2 & - & 2x_3 & \leq & -2 \\ x_1 & , & x_2 & , & x_3 & \geq & 0 \end{array}$$

Umformung zum Standardmaximierungsproblem ist nicht möglich.

Aufgabe 8.14:

$$z = x_1 + 2x_2 + 3x_3 \rightarrow \max$$

$$\begin{array}{rcrcrcr} x_1 & & & - & 5x_3 & \leq & 5 \\ 2x_1 & + & 2x_2 & + & x_3 & \leq & 10 \\ -3x_1 & - & 4x_2 & & & \leq & 4 \\ & & & & 2x_3 & \leq & 8 \\ x_1 & , & x_2 & , & x_3 & \geq & 0 \end{array}$$

Umformung zum Standardmaximierungsproblem ist möglich.

Aufgabe 8.15:

Nein, da es sich nicht um eine konvexe Menge handelt.

Aufgabe 8.16:

Die graphische Lösung führt zu: $x^{opt} = \begin{pmatrix}4 & 7\end{pmatrix}^T$, $z^{opt} = 39$

Aufgabe 8.17:

Die graphische Lösung führt zu: $x^{opt} = \begin{pmatrix}2 & 4\end{pmatrix}^T$, $z^{opt} = -4$

Aufgabe 8.18:

Die graphische Lösung führt zu: $x^{opt} = \begin{pmatrix}4 & 1{,}5\end{pmatrix}^T$, $z^{opt} = 6{,}25$

Aufgabe 8.19:

a) D

b) $B, C, \overline{BC}$

c) $A, D, E, \overline{AE}, \overline{ED}$

d) $A, B, \overline{AB}$

Aufgabe 8.20:

$$x^{opt} = \left(\tfrac{9}{4} \quad \tfrac{1}{2}\right)^T, \; s^{opt} = \left(0 \quad 0\right)^T, \; z^{opt} = 8{,}75, \; y^{opt} = \left(\tfrac{5}{4} \quad \tfrac{1}{4}\right)^T$$

Aufgabe 8.21:

$$x^{opt} = \left(8 \quad 4\right)^T, \; s^{opt} = \left(0 \quad 0\right)^T, \; z^{opt} = 68, \; y^{opt} = \left(1{,}3 \quad 0{,}8\right)^T$$

Aufgabe 8.22:

$$x^{opt} = \left(14 \quad 9\right)^T, \; s^{opt} = \left(0 \quad 0 \quad 10\right)^T, \; z^{opt} = 87, \; y^{opt} = \left(0{,}9 \quad 0{,}7 \quad 0\right)^T$$

Somit sind die Kapazitäten 1 und 2 voll ausgelastet.

Aufgabe 8.23:

$$x^{opt} = \left(41{,}5 \quad 18\right)^T, \; s^{opt} = \left(0 \quad 0 \quad 292\right)^T, \; z^{opt} = 1.154, \; y^{opt} = \left(\tfrac{3}{10} \quad \tfrac{47}{40} \quad 0\right)^T$$

Aufgabe 8.24:

$$x^{opt} = \left(\tfrac{10}{3} \quad 0 \quad \tfrac{70}{3}\right)^T, \; s^{opt} = \left(0 \quad 0\right)^T, \; z^{opt} = 110, \; y^{opt} = \left(2 \quad 1\right)^T$$

Aufgabe 8.25:

$$x^{opt} = \left(12{,}5 \quad 25 \quad 0\right)^T, \; z^{opt} = 87{,}5, \; y^{opt} = \left(\tfrac{1}{4} \quad \tfrac{5}{8}\right)^T$$

Aufgabe 8.26:

$$x^{opt} = \left(0 \quad 20 \quad 10\right)^T, \; s^{opt} = \left(0 \quad 0\right)^T, \; z^{opt} = 90, \; y^{opt} = \left(1{,}75 \quad 0{,}25\right)^T$$

Aufgabe 8.27:

$$x^{opt} = (30 \quad 0 \quad 0)^T,\ s^{opt} = (10 \quad 0)^T,\ z^{opt} = 90$$

Aufgabe 8.28:

$$x^{opt} = (2{,}5 \quad 10 \quad 0)^T,\ s^{opt} = (0 \quad 15 \quad 0)^T,\ z^{opt} = 35,\ y^{opt} = (1{,}5 \quad 0 \quad 0{,}5)^T$$

Aufgabe 8.29:

$$x^{opt} = (6 \quad 0 \quad 12)^T,\ s^{opt} = (0 \quad 0)^T,\ z^{opt} = 30,\ y^{opt} = (1 \quad 0)^T$$

Aufgabe 8.30:

$$x^{opt} = (24 \quad 0 \quad 2)^T,\ s^{opt} = (16 \quad 0 \quad 0)^T,\ z^{opt} = 108,\ y^{opt} = \left(0 \quad \tfrac{2}{5} \quad \tfrac{6}{5}\right)^T$$

Aufgabe 8.31:

$$x^{opt} = (0 \quad 5 \quad 6{,}25)^T,\ s^{opt} = (0 \quad 0 \quad 6{,}25)^T,\ z^{opt} = 46{,}25,\ y^{opt} = \left(\tfrac{3}{8} \quad \tfrac{7}{4} \quad 0\right)^T$$

Aufgabe 8.32:

$$x^{opt} = (12 \quad 12 \quad 0)^T,\ s^{opt} = (0 \quad 8 \quad 0)^T,\ z^{opt} = 108,\ y^{opt} = (0{,}7 \quad 0 \quad 1{,}1)^T$$

Aufgabe 8.33:

$$x^{opt} = (17 \quad 6 \quad 0)^T,\ s^{opt} = (0 \quad 0 \quad 26)^T,\ z^{opt} = 86,\ y^{opt} = (1{,}8 \quad 0{,}4 \quad 0)^T$$

Aufgabe 8.34:

$$x^{opt} = \begin{pmatrix} 8 & 4 & 3 \end{pmatrix}^T,\ s^{opt} = \begin{pmatrix} 0 & 0 & 0 \end{pmatrix}^T,\ z^{opt} = 49,\ y^{opt} = \begin{pmatrix} 0{,}6 & 0{,}3 & 0{,}8 \end{pmatrix}^T$$

Aufgabe 8.35:

$$x^{opt} = \begin{pmatrix} 0 & 20/3 & 20/3 \end{pmatrix}^T,\ s^{opt} = \begin{pmatrix} 0 & 40 & 40/3 & 0 \end{pmatrix}^T,\ z^{opt} = 200/3,\ y^{opt} = \begin{pmatrix} 5/9 & 0 & 0 & 5/3 \end{pmatrix}^T$$

Aufgabe 8.36:

$$x^{opt} = \begin{pmatrix} 53/5 & 31/5 & 41/5 \end{pmatrix}^T,\ s^{opt} = \begin{pmatrix} 0 & 0 & 0 & 37/5 \end{pmatrix}^T,\ z^{opt} = 85,\ y^{opt} = \begin{pmatrix} 0 & 1 & 1/2 & 0 \end{pmatrix}^T$$

Aufgabe 8.37:

Das Problem weist unendlich viele Lösungen bei begrenztem Zielfunktionswert auf. Die Lösungsmenge lässt sich darstellen als $\mathbb{L} = \left\{ \begin{pmatrix} x_1 & 10/3 - 2/3 x_1 \end{pmatrix}^T, x_1 \in [0{,}5;4] \right\}$ mit $z^{opt} = 10$.

Aufgabe 8.38:

Eine optimale Lösung kann nicht bestimmt werden, da das Problem unendlich viele Lösungen bei unbegrenztem Zielfunktionswert aufweist.

Aufgabe 8.39:

$$x^{opt} = \begin{pmatrix} 1 & 3 \end{pmatrix}^T,\ s^{opt} = \begin{pmatrix} 0 & 0 & 8 \end{pmatrix}^T,\ y^{opt} = \begin{pmatrix} 0{,}2 & 3{,}2 & 0 \end{pmatrix}^T,\ z^{opt} = 10$$

Aufgabe 8.40:

$$x^{opt} = \begin{pmatrix} 1 & 4{,}5 \end{pmatrix}^T,\ s^{opt} = \begin{pmatrix} 3 & 0 & 0 \end{pmatrix}^T,\ y^{opt} = \begin{pmatrix} 0 & 2{,}75 & 0{,}25 \end{pmatrix}^T,\ z^{opt} = 24{,}5$$

Aufgabe 8.41:

$$x^{opt} = \begin{pmatrix} 0 & 0 & 6 \end{pmatrix}^T,\ s^{opt} = \begin{pmatrix} 0 & 8 & 1 \end{pmatrix}^T,\ y^{opt} = \begin{pmatrix} 2 & 0 & 0 \end{pmatrix}^T,\ z^{opt} = 12$$

Aufgabe 8.42:

$$x^{opt} = \begin{pmatrix} 0 & 2 & 0 \end{pmatrix}^T,\ s^{opt} = \begin{pmatrix} 3 & 0 \end{pmatrix}^T,\ y^{opt} = \begin{pmatrix} 0 & 1 \end{pmatrix}^T,\ z^{opt} = 4$$

Aufgabe 8.43:

$$x^{opt} = \begin{pmatrix} 0 & 1 & 2 \end{pmatrix}^T,\ s^{opt} = \begin{pmatrix} 4 & 0 & 0 \end{pmatrix}^T,\ y^{opt} = \begin{pmatrix} 0 & 1{,}25 & 0{,}25 \end{pmatrix}^T,\ z^{opt} = 9$$

Aufgabe 8.44:

$$x^{opt} = \begin{pmatrix} 12 & 4 & 0 \end{pmatrix}^T,\ s^{opt} = \begin{pmatrix} 0 & 2 & 0 \end{pmatrix}^T,\ y^{opt} = \begin{pmatrix} 2 & 0 & 0 \end{pmatrix}^T,\ z^{opt} = 40$$

Aufgabe 8.45:

a) $p \in [1;3]$

b) $x^{opt} = \begin{pmatrix} 0 & 10 & 1 \end{pmatrix}^T,\ s^{opt} = \begin{pmatrix} 0 & \frac{1}{2} & 0 \end{pmatrix}^T,\ z^{opt} = 46,\ y^{opt} = \begin{pmatrix} \frac{2}{3} & 0 & \frac{8}{3} \end{pmatrix}^T$

c) $x^{opt} = \begin{pmatrix} 0 & \frac{61}{6} & \frac{2}{3} \end{pmatrix}^T,\ s^{opt} = \begin{pmatrix} 0 & 0 & \frac{1}{2} \end{pmatrix}^T,\ z^{opt} = 44\frac{2}{3},\ y^{opt} = \begin{pmatrix} \frac{2}{3} & \frac{8}{3} & 0 \end{pmatrix}^T$

Veränderung: $\Delta x^{opt} = \begin{pmatrix} 0 & \frac{1}{6} & -\frac{1}{3} \end{pmatrix}^T,\ \Delta s^{opt} = \begin{pmatrix} 0 & -\frac{1}{2} & \frac{1}{2} \end{pmatrix}^T,\ \Delta z^{opt} = -\frac{4}{3}$

Aufgabe 8.46:

a) Es kann kein Anfangstableau sein, da eine Zielvariable in der Basis steht. Ein Endtableau kann es nicht sein, da die Zielzeile nicht vollständig ≥ 0 ist.

b) $z = 2x_1 + 3x_2 + 2x_3 + 4x_4 \to \max$

$$\begin{array}{rcrcrcrcr} 2x_1 & + & x_2 & + & 2x_3 & + & x_4 & \leq & 120 \\ 2x_1 & + & x_2 & + & 4x_3 & + & 3x_4 & \leq & 100 \\ x_1 & + & 3x_2 & + & 3x_3 & + & 4x_4 & \leq & 90 \\ x_1 & , & x_2 & , & x_3 & , & x_4 & \geq & 0 \end{array}$$

c) $x^{opt} = \begin{pmatrix}42 & 16 & 0 & 0\end{pmatrix}^T$, $s^{opt} = \begin{pmatrix}20 & 0 & 0\end{pmatrix}^T$, $z^{opt} = 132$, $y^{opt} = \begin{pmatrix}0 & 3/5 & 4/5\end{pmatrix}^T$

Aufgabe 8.47:

a) Alle Werte in der Zielzeile sind ≥ 0.

b) Die Basis enthält die Variablen der pivotisierten Spalten, also x_2, s_2 und x_1.

$x^{opt} = \begin{pmatrix}20 & 20 & 0\end{pmatrix}^T$, $s^{opt} = \begin{pmatrix}0 & 40 & 0\end{pmatrix}^T$

c)

	x_1	x_2	x_3	s_1	s_2	s_3	
s_1	1	1	1	1	0	0	40
s_2	0	2	2	0	1	0	80
s_3	1	0	1	0	0	1	20
Z	–4	–3	–4	0	0	0	0

d) $z = 4x_1 + 3x_2 + 4x_3 \to \max$

e) Kapazitätsbedarf: $b - s^{opt} = \begin{pmatrix}40 & 40 & 20\end{pmatrix}^T$

Aufgabe 8.48:

a) $x^{opt} = \begin{pmatrix}20 & 0 & 5\end{pmatrix}^T$, $s^{opt} = \begin{pmatrix}0 & 0 & 5\end{pmatrix}^T$, $z^{opt} = 35$, $y^{opt} = \begin{pmatrix}1/2 & 1/4 & 0\end{pmatrix}^T$

b) Die Restriktion ist bei der Produktion x^{opt} aus a) nicht bindend, die optimale Lösung ändert sich somit nicht.

c) $x^{opt} = \begin{pmatrix}22 & 0 & 4\end{pmatrix}^T$, $s^{opt} = \begin{pmatrix}2 & 0 & 4 & 0\end{pmatrix}^T$, $z^{opt} = 34$, $y^{opt} = \begin{pmatrix}0 & 1/2 & 0 & 1/5\end{pmatrix}^T$

Aufgabe 8.49:

a) Das Simplex-Tableau hat 4 Zeilen und 7 Spalten.

b) Es können 9 Werte nicht näher bestimmt werden.

	x_1	x_2	s_1	s_2	s_3	
x_1	1	0	?	0	?	$\frac{5}{2}$
x_2	0	1	?	0	?	5
s_2	0	0	?	1	?	$\frac{5}{2}$
Z	0	0	?	0	?	?

c) ZF: $z = 5x_1 + 3x_2 \to \max$

NB:
$$\begin{array}{rcrcr} 2x_1 & + & x_2 & \leq & 10 \\ x_1 & + & 2x_2 & \leq & 15 \\ 2x_1 & + & 3x_2 & \leq & 20 \end{array}$$

NNB: $x_1, x_2 \geq 0$

$z^{opt} = \frac{55}{2}$

Aufgabe 8.50:

a)
$$\begin{array}{rcrcrl} 0{,}5x_1 & + & 2x_2 & \leq & 32 & \text{(I)} \\ 0{,}75x_1 & + & 1{,}5x_2 & \leq & 27 & \text{(II)} \\ 1{,}5x_1 & + & x_2 & \leq & 30 & \text{(III)} \\ 3x_1 & + & x_2 & \leq & 57 & \text{(IV)} \end{array}$$

b) $x^{opt} = (18 \quad 3)^T, \; s^{opt} = (17 \quad 9 \quad 0 \quad 0)^T, \; z^{opt} = 120, \; y^{opt} = (0 \quad 0 \quad 4 \quad 0)^T$

c) Bei veränderter ZF ergibt sich: $x^{opt} = (12 \quad 12)^T, \; s^{opt} = (2 \quad 0 \quad 0 \quad 9)^T, \; z^{opt} = 84$

Die Vermietung der freien Kapazitäten in der neuen Region erbringt 38 €, was zu einem Gesamterlös von 122 € führt. Die beste Möglichkeit ist jedoch umzusiedeln, nichts zu produzieren und alle Kapazitäten zu vermieten. Dies erbringt 404 €.

Aufgabe 8.51:

$$a = 3, \; b = 20, \; c = 10$$

Aufgabe 8.52:

Anlagenbauerin Brigitte sollte Maschine 3 auf 7 oder 8 Einheiten ausbauen. Sie erhält dafür 4.900 € bzw. 6.400 €. Das optimale Produktionsprogramm lautet dann $x^{opt} = \begin{pmatrix} 3/2 & 7/2 & 0 \end{pmatrix}^T$ bzw. $x^{opt} = \begin{pmatrix} 1 & 4 & 0 \end{pmatrix}^T$, der Unternehmensgewinn liegt bei 35.500 € - 4.900 € bzw. 37.000 € - 6.400 € = 30.600 €.

Stichwortverzeichnis